古典名著

阅读无障碍本

颜氏家训

古典名著犹如世代相传的火种，它点亮了人类的智慧和情感。古典名著阅读无障碍本，是通过我们对古典名著的解读、注音、注释、翻译等，让广大的一般读者在阅读过程中，减少一些学习古代经典的障碍，让其在较短的时间里穿透深邃的历史时空，和古人的心灵相接、相励！

叶玉泉 译注

岳麓書社·长沙

图书在版编目(CIP)数据

颜氏家训/颜之推著;叶玉泉译注.—长沙:岳麓书社,2012.3(2022.10重印)

(古典名著阅读无障碍)

ISBN 978-7-80761-777-8

Ⅰ.①颜… Ⅱ.①颜…②叶… Ⅲ.①家庭道德—中国—南北朝时代②颜氏家训—注释③颜氏家训—译文 Ⅳ.①B823.1

中国版本图书馆 CIP 数据核字(2011)第 274327 号

YANSHI JIAXUN

颜氏家训

译　　注:叶玉泉

责任编辑:彭卫才　吴　茵

封面设计:吴颖辉

岳麓书社出版发行

地址:湖南省长沙市爱民路 47 号

直销电话:0731-88804152　0731-88885616

邮编:410006

版次:2012 年 3 月第 1 版

印次:2022 年 10 月第 6 次印刷

开本:890mm×1240mm　1/32

印张:10.5

字数:245 千字

印数:23 001—26 000

ISBN 978-7-80761-777-8

定价:48.80 元

承印:廊坊市博林印务有限公司

如有印装质量问题,请与本社印务部联系

电话:0731-88884129

目　录

导言

家训一般是指家庭中的长辈在为人处世方面对晚辈所做的训导和教诲，在历来重视子女教育的中国传统社会中可谓源远流长。早在西周时期，就有周公作《多士》、《无逸》，以告诫周成王治理国家不可骄奢淫逸。其后家训类篇章不绝如缕。如西汉司马谈的《命子迁》、刘向的《诫子歆书》，三国时代曹操的《遗令》、诸葛亮的《诫子书》，西晋羊祜的《诫子书》、杜预的《家诫》，南北朝南齐、梁时期萧嶷的《敕庐陵王子卿》、王褒的《幼训》、萧纲的《诫子当阳公大心》等。但因篇幅少，内容简略，影响并不大。直到始撰于北齐、成书于隋朝初年的南北朝时期著名学者颜之推的《颜氏家训》的出现，中国历史上才有了第一部内容丰富、体系宏大的家训，并因此在家庭教育史上产生了深远的影响。

颜之推（531—约590以后），字介，原籍琅琊临沂（今山东省临沂市），出身于世业儒术的士族官宦家庭。据《北齐书·文苑传·颜之推传》载，其“九世祖含，从晋元东渡，官至侍中右光禄西平侯。父勰，梁湘东王绎镇西府咨议参军。世善《周官》、《左氏》学。之推早传家业。年十二，值绎自讲《老》、《庄》，便预门徒；虚传非其所好，还习《礼》、《传》。”他博览群书，为文词情典丽，得梁湘东王萧绎赏识，19岁被任为国左常侍，加

镇西墨曹参军。后随萧绎次子萧方诸出镇郢州，掌管记。不久侯景乱起，被俘，几被杀，赖人相救免死，被囚送建业（今江苏省南京市）。侯景乱平，颜之推回到江陵，被已在江陵即位的梁元帝萧绎任命为散骑侍郎。承圣三年（554），西魏军攻占江陵，颜之推再次被俘，并被押往长安。为回江南，他乘黄河水涨，从弘农（今河南省三门峡市西南）偷渡，逃奔北齐首都邺（今河北省临漳县）。但随后陈霸先废梁敬帝自立，陈朝代替梁朝，颜之推南归之愿难遂，即滞居北齐，历官中书舍人、赵州功曹参军、司徒录事参军、通值散骑常侍、黄门侍郎、平原太守，凡20年。577年北齐为北周所灭，颜之推被征为御史上士。581年周相国杨坚受北周禅，建立隋朝，他又于隋文帝开皇年间，被太子杨勇召为学士，不久以疾终。

在六十多年的人生历程中，颜之推"三为亡国之人"，身仕于四朝，屡经世变，行踪遍及江南、河北、关中，"生于乱世，长于戎马，流离播越，闻见已多"，因而能结合自己丰富的生活阅历、独到的人生经验和深邃的生命体悟，撰成一部系统完整的家庭教育的专著。

《颜氏家训》约四万字，共二十篇，是颜之推关于教子、治家、立身、处世、为学等方面的经验总结。其涉及的范围相当广泛，"除人生修养、伦理道德外，音韵、文章、礼制、艺事，乃至谈道、学佛，样样都有，更有当时风俗、史事"（王利器语）。作为一本传布广、影响大的著作，《颜氏家训》在许多方面都有其重要价值。

首先，就家庭教育整体而言，《颜氏家训》提出了不少至今仍有价值的宝贵思想。

一是关于家庭教育的目的，明确表示写此书的目的是"以整齐门内，提撕子孙"（《序致》），即是为了整顿家风、教导子孙，

“行道以利世”（《勉学》）、修身而扬名；二是关于家庭教育的重要性，强调“不教不知”（《序致》），认为家庭教育对子弟的教育具有不可替代性；三是关于家庭教育的前提，认为家庭教化是“自上而行于下”，“自先而施于后”（《治家》）的，位尊者要率先垂范，做到言传身教；四是关于家庭教育的时机，提倡尽早施教，抓住子女一生中最重要的教育契机，“当及婴稚，识人颜色，知人喜怒，便加教诲，使为则为，使止则止”（《教子》）；五是关于家庭教育的原则，强调要以严教为主，做到严与慈相结合，“父母威严而有慈，则子女畏慎而生孝矣”（《教子》），不能“无教而有爱”；六是关于家庭教育的内容，强调要以儒家的经学（《素业》）教育为主并兼及“百家之书”，注重社会实际生活所需要的各种知识和技艺，培养出“德艺同厚”的人才，不能迎合时尚、投机取巧、急功近利。

其次，就学习的意义、态度、方法而论，《勉学》作为《颜氏家训》中最重要的篇章，有关见解尤为值得珍惜和借鉴。作者指出：“人生在世，会当有业”，任何一个人都需要不断学习，“以补不足”、“行道以利世”。认为学习可以“开心明目”，即开启心智、开拓眼界；可以“多知明达”，即获得知识、明白事理；可以“修身利行”，即提高道德修养、有利于人生实践；可以“薄伎在身”，即获取谋求生存的基本技能；还可以敦厉风俗、匡时富国。提倡虚心务实的学习态度，主张相互切磋，不可“闭门读书，师心自是”。强调要勤勉惜时、将学习活动贯穿于人的一生，指出“幼而学者，如日出之光，老而学者，如秉烛夜行，犹贤乎瞑目而无见者也”，主张要“少学而至老不倦”。要做到博与专相结合，特别要“博览机要”。要注重“眼学”，不可道听途说、信口雌黄。要善于在实践中学习，学以致用，做到“起而行之”、“思欲效之”、“应世经务”，将所学知识应用于生活实践。

再次，其他篇章也有很多让今人思考的地方。如《兄弟》篇论述兄弟相处之道，提出要恕己而行、推己及人，以仁爱之心处理家务。《后娶》篇分析后娶续弦可能带来的种种弊端及原因，提出再婚要恰当处理家庭成员的关系，避免出现家人反目成仇的后果。《治家》篇指出婚姻要注重人品，不可贪荣求利；要乐善好施、周济穷困，反对过于贪婪和吝啬，做到“施而不奢，俭而不吝”。《慕贤》篇认为人才关系到国家的兴衰和存亡，要善于向身边的贤人学习，不可“贵耳贱目，重遥轻近”；指出“与善人居，如入芝兰之室，久而自芳；与恶人居，如入鲍鱼之肆，久而自臭也”，注重环境对人成长的影响，强调“必慎交游”。《文章》篇提出“文章当以理致为心肾，气调为筋骨，事义为皮肤，华丽为冠冕”，反对趋末弃本、轻浮华艳；主张“当从三易”（易见事、易识字、易诵读），并把是否通俗易懂、清新自然作为评判文章优劣的标准。《名实》篇认为“德艺周厚，则名必善焉”，指出“名”对社会而言可以使人向善而改善社会风气，对个人而言“生则获其利，死则遗其泽”。《涉务》篇强调“士君子之处世，贵能有益于物”，要崇尚实际，专注世务，“能守一职”，做对国家对社会有用的人，不能只是高谈虚论。《省事》篇主张在为学求艺上“多为少善，不如执一”，待人处事时“为善则预，为恶则去”，做事情要掌握分寸，不可过头；强调要注重气节的培养，不以依附权贵、屈节求官为人生目标。《止足》篇指出“欲不可纵，志不可满”，希望子弟少欲知足、淡泊自抑、取舍有度，不要贪得无厌。《养生》篇认为养生要从“爱养神明，调护气息，慎节起卧，均适寒暄，禁忌食饮，将饵药物”等方面下手，内外兼顾、形神皆养，强调对待生命要“不可不惜，不可苟惜”，不可因贪恋生命而置忠孝仁义于不顾。《音辞》篇指出语言教育是子女教育的一项重要内容，强调对孩子要从小督促其掌握正确的发音。《终制》篇认为“死者，人之常分，不可免也”，主张丧祭从简。

不仅如此，《颜氏家训》对当时诸如“玄风之复扇、佛教之流行、鲜卑之传播、俗文字之盛兴”等思想文化领域和社会生活的许多方面都有较详尽的记述，保留了一些很有价值的历史文献。如《治家》篇论及江东、河北等地区妇女在家庭中地位上的差异，《风操》篇谈到南北风俗习尚的不同，《杂艺》篇对当时书法、绘画名家的记述及其源流的探讨。这些都有助于后人了解南北朝的社会生活史、文化史，对研究《南史》、《北史》有较高的史料价值。

此外，《颜氏家训》还有一定的学术价值。《文章》篇是当时难得一见的文学专论，在中国文学批评史上颇有影响；《归心》篇可视为表明个人宗教观点的学术论文，援儒入佛的理路颇启后人；《书证》篇涉及文字、训诂、校勘，对古书和时人的错误多有纠正；《音辞》篇辨析声韵，评论南北语音的优劣，对历代韵书、字书的讹误多有指陈。它们既是宝贵的学术资料，也反映了颜之推的学术成就。

当然，由于受时代的局限，加上囿于个人的学术思想和处世原则，《颜氏家训》中也有一些不妥帖的、消极的甚至错误的成分。如《兄弟》篇中将仆妾比做“雀鼠”，将妻子比做“风雨”，把导致兄弟关系淡薄的原因归因于各自的妻子童仆，就有失偏颇。《后娶》篇把后娶造成的种种弊端多归罪于后妻所致，《治家》篇认为妇女既不可参与国事又不可主持家政，还把生养过多的女儿当作家庭的灾难，无疑是对妇女的歧视。《文章》篇对作家的评述并不全都得当，其中还有若干事例失实。《书证》、《音辞》篇中关于字形、音义的不少辨析多为后人指摘。《归心》篇关于因果报应的“实例”也显得荒诞无稽。其他篇章表现出的明

哲保身、全身远祸、消极遁世的做人处世之道更是不足为训。

南宋学者和思想家吕祖谦在《杂说》说："《颜氏家训》虽曰平易，然出于胸臆，故虽浅近，而其言有味。"《颜氏家训》之所以能广为流传，与它平易朴实的语言、生动活泼的风格、巧妙的说理艺术也有莫大的关系。它写法上并不是一味的抽象说教，而是先明确提出观点，随即举出一组可读性很强的故事加以证说，既有说服力，又给人以很深的印象。《教子》篇中对北齐一士大夫的话只作原汁原味的记述，却能将其无耻面目刻画得入木三分。《文章》篇用一"好为可笑诗赋"、"击牛酾酒"以招延声誉的士族的故事，将缺乏才华而又要勉强操笔为文的人讽刺得体无完肤。《涉务》篇用建康令王复"以马为虎"的例子，将梁朝士大夫养尊处优、弱不禁风以致"肤脆骨柔，不堪行步"的状况描摹得淋漓尽致。又如《教子》篇用汤药针艾能治病比喻惩戒性教育的必要，《涉务》篇将"名"与"实"的关系比喻为"形之与影"来说明名声依赖于德行，《杂艺》篇引谚语"尺牍书疏，千里面目"形容书法墨迹的效用，《勉学》篇引时谚"博士买驴，书券三纸，未有驴字"嘲讽当时冗长而无指归的文风，都十分形象生动，不像后世不少"家训"类书籍那样让人觉得语言无味、面目可憎。

《颜氏家训》作为中国家训中里程碑式的著作，几乎能被社会的各个阶层所接受，在中国传统社会的家庭教育发展史上一直产生着重要的影响。正由于此，历代对它的评价甚高。南宋著名目录学家晁公武在《郡斋读书志》评及此书说："述立身治家之法，辨正时俗之谬，以训世人。"明代学者王三聘在《古今事物考》称："古今家训，以此为祖。"清初学者王钺在《读书丛残》中说："北齐黄门颜之推《家训》二十篇，篇篇药石，言言龟鉴，凡为人子弟者，当家置册，奉为明训，不独颜氏。"

《颜氏家训》自成书以来，颜氏后裔和历代藏书家曾反复刊刻，广为流布，影响较大的有宋淳熙台州公库本，明嘉靖张璧作序的刻本、万历颜嗣慎刻本和程荣《汉魏丛书》本，清康熙朱轼评点本、雍正黄叔琳刻节钞本、乾隆卢文〔弨〕《抱经堂丛书》刻本、文津阁《四库全书》本。本书注译时，原文以王利器先生的《颜氏家训集解》为底本，参考了其他善本；注释和译文则参阅了王利器、周法高、程小铭、梁海明等当代学者的研究成果，也借鉴了其他译注本的精华，注释力求扼要，译文力求晓畅，意在为读者提供一个简明、实用的古典家教读本。

卷第一

序致　教子　兄弟　后娶　治家

序致第一

题解

“序致”即自序。作为全书的序言，本篇交代了作此家训的目的，并用亲身经历说明了一个人从小接受良好教育的重要性。首先，作者明确表示写此书的目的在于继承先贤的传统，“以整齐门内，提撕子孙”，即是为了整顿家风、教导子孙。然后，回顾了自己少时的成长经历，“追思平昔之指，铭肌镂骨，非徒古书之诫，经目过耳也”，诚恳地告诫子孙要及早接受良好的家庭教育。

原文

夫圣贤之书，教人诚[①]孝，慎言检迹[②]，立身扬名，亦已备[③]矣。魏、晋已[④]来，所著诸子[⑤]，理重事复，递相模敩[⑥]，犹屋下架屋、床上施床[⑦]耳。吾今所以复为此者，非敢轨物范世[⑧]也，业以整齐门内[⑨]，提撕[⑩]子孙。夫同言而信，信其所亲；同命而行，行其所服。禁童子之暴谑[⑪]，则师友之诫，不如傅婢[⑫]之指挥；止凡人之斗阋[⑬]，则尧舜[⑭]之道，不如寡妻[⑮]之诲谕[⑯]。吾望此书为汝曹[⑰]之所信，犹贤于傅婢、寡妻耳。

注释

①诚：即“忠”，避隋文帝父杨忠讳改“忠”为“诚”。②慎言检迹：使言语谨慎、行为检点。③备：完备、周详。④已：同“以”。⑤诸子：本指先秦时代的诸子百家，此处指魏晋以来学者的著述。⑥模斅（xiào）：模仿、仿效。斅，模仿。⑦屋下架屋、床上施床：犹“叠床架屋”，比喻重复、仿效他人而无创新。⑧轨物范世：作为事物的规范、世人的典范。轨，车轨，喻指规则。范，制作器物的模子，喻指模范、榜样。此处皆作动词用。⑨业以整齐门内：用它来使自家门风端正。业，事。⑩提撕：拉扯、提引，引申为提醒、劝勉。⑪暴谑（xuè）：过分地玩闹。谑，戏谑，开玩笑。⑫傅婢：指侍婢，女佣。⑬斗阋（xì）：争斗。阋，争吵。⑭尧舜：即唐尧、虞舜，我国远古部落联盟首领，相传为圣明之君。⑮寡妻：嫡妻、正妻，即妻子。⑯诲谕：教导、规劝。⑰汝曹：你们。

译文

古代圣贤的著述，教导人们要忠诚孝顺，说话谨慎，行为检点，建功立业使自己名声远扬，这些道理都说得很完备了。而魏晋以来所著的各种书籍，类似的道理重复而且内容雷同，互相模仿，好比屋内建屋、床上叠床。我如今之所以要再写这类书，并不是敢以此作为事物的规范、世人的典范，而只是用它来整顿家风，提醒、教导子孙后代罢了。同样的言语，因为是所亲近的人说出的就相信；同样的指令，因为是所敬服的人发出的就执行。禁止小孩过分的嬉闹，师友的训诫不如侍婢的指教；阻止一般人的争吵，尧舜的教导不如妻子的规劝。我希望这本书能被你们所遵信，那它就比侍婢、妻子的话更起作用。

原文

吾家风教[1]，素为整密。昔在龆龀[2]，便蒙诱诲[3]。每从两兄[4]，晓夕温清[5]，规行矩步，安辞定色[6]，锵锵翼翼[7]，若朝严君[8]焉。赐以优言[9]，问所好尚，励短引长，莫不恳笃。年始九岁，便丁[10]荼蓼[11]，家涂[12]离散，百口[13]索然[14]。慈兄鞠[15]养，苦辛备至；有仁无威，导示不切。虽读《礼》、《传》[16]，微[17]爱属文[18]，颇为凡人之所陶染肆欲轻言[19]，不修边幅[20]。年十八九，少[21]知砥砺[22]，习若自然，卒[23]难洗荡。二十已后，大过稀焉。每常心共口敌[24]，性与情竞[25]，夜觉晓非，今悔昨失，自怜无教，以至于斯。追思平昔之指[26]，铭肌镂骨[27]；非徒古书之诫，经目过耳也。故留此二十篇，以为汝曹后车[28]耳。

注释

①风教：家风、家教。 ②龆龀（tiáochèn）：儿童换牙，指童年。 ③诱诲：教导。 ④两兄：指颜之仪、颜之善两兄弟。 ⑤温清：温暖清凉。古代侍奉父母要做到“冬温而夏凊”，即冬天要温被御寒，夏天要扇席致凉。 ⑥安辞定色：言语安详，神色安定。 ⑦锵锵翼翼：形容行走时恭敬有礼。锵锵，同“跄跄”，行走合乎礼节的样子。翼翼，小心恭谨的样子。 ⑧若朝严君：如同朝见威严的君主。严君，常指父母亲或专指父亲，此处指威严的君主。 ⑨优言：褒美之言。 ⑩丁：遭逢。 ⑪荼蓼（liǎo）：苦菜名，比喻苦辛。此处喻指父亲去世，处境艰苦。 ⑫家涂：家道。涂，通“途”。 ⑬百口：全家。古代大家庭人口多，故称百口。 ⑭索然：萧索冷落无生气的样子。 ⑮鞠：抚育。 ⑯《礼》、《传》：指《周礼》和《春秋左传》。 ⑰微：稍稍。 ⑱属（zhǔ）文：联字造句而成为文章，即写文章。属，连接。 ⑲肆欲轻言：放纵私欲而说话轻率。 ⑳不修

边幅：比喻不注意衣着、仪容的整洁。边幅，布帛的边缘。㉑少：同“稍”。㉒砥砺（dǐlì）：磨刀石，引申为磨炼。㉓卒：同“猝”，忽然，短时间。㉔心共口敌：意思是说口里容易轻率说出话来，而心智加以制约不让说出。㉕性与情竞：理智和情感相抗争。㉖指：同“旨”，旨趣、意向。㉗铭肌镂骨：犹“铭心刻骨”，形容印象深刻，永志不忘。铭、镂都是刻的意思。㉘以为汝曹后车：提供给你们作为借鉴。后车，后继之车，意为借鉴。

译文

我家的门风家教，向来严整周密。早在童年时期，我就受到诱导教诲。常常跟随两位兄长，早晚孝顺侍奉双亲，一举一动都规规矩矩，言语安详神色平和，走路恭敬有礼小心翼翼，好像拜见威严的君王一样。父母经常慰勉我们，询问我们的爱好志向，勉励我们扬长避短，没有不恳切而恰当的。我才九岁的时候，父亲去世，家道衰落，整个家庭萧条冷落毫无生气。慈爱的兄长抚养我长大，极其辛苦。但兄长有仁爱而少威严，对我的引导教育也不严格。我虽然诵读《周礼》、《春秋左传》，对写文章也稍有爱好，但受到社会上一般人的影响，放纵欲望言语轻率，而且不修边幅。到了十八九岁，才慢慢懂得要磨砺自己。但是因习惯已成自然，短时间内难以彻底去除。直到二十岁以后，大的过错才较少发生。但还经常心口不一，理性与感情相抗争，夜晚察觉早上的错误，今天悔恨昨天的过失，自己可惜由于缺乏很好教育才会到这一地步。回想起平时的意趣志向，可谓刻骨铭心，不像古书上的劝诫只是眼睛看到耳朵听到而已。所以写下这二十篇《家训》，给你们作为后车之鉴。

教子第二

题解

本篇主要阐述了有关子女教育的问题。作者首先提出对子女的教育要趁早，认为“当及婴稚，识人颜色，知人喜怒，便加教诲”。其次强调要以严教为主，处理好严教和慈爱的关系，并正反举例说明对子女过分溺爱的危害。再次认为对子女要一视同仁，不可偏宠。最后提出为子女安排前程要走正道，不能迎合时尚、投机取巧。

原文

上智不教而成，下愚虽教无益，中庸之人①不教不知也。古者圣王有胎教之法：怀子三月，出居别宫②，目不邪视，耳不妄听，音声滋味，以礼节之。书之玉版③，藏诸金匮④。生子咳哫⑤，师保⑥固明仁孝礼义，导习之矣。凡庶⑦纵不能尔⑧，当及婴稚，识人颜色，知人喜怒，便加教诲，使为则为，使止则止。比及⑨数岁，可省笞⑩罚。父母威严而有慈，则子女畏慎而生孝矣。吾见世间无教而有爱，每不能然。饮食运为⑪，恣其所欲，宜诫翻⑫奖，应诃⑬反笑，至有识知，谓法当尔。骄慢已习，方复制之，捶挞⑭至死而无威，忿怒日隆⑮而增怨，逮于⑯成长，终为败德。孔子云“少成若天性，习惯如自然”是也。俗谚曰：“教妇初来，教儿婴孩。”诚哉斯语！

注释

①中庸之人：智力、品性平常的人。 ②别宫：正式寝宫以外的宫室。 ③玉版：刊刻文字的白石板。 ④金匮（guì）：亦作“金柜”，铜制的柜，古时用以收藏文献或文物。 ⑤咳提：即孩提，指尚在襁褓知发笑、可提抱的小孩。 ⑥师保：古时辅弼帝王和教导王室子弟的官，有师有保，统称“师保”。 ⑦凡庶：平凡百姓。 ⑧尔：如此，这样。 ⑨比及：等到。 ⑩笞（chī）罚：鞭打责罚。 ⑪运为：行为。 ⑫翻：反而。 ⑬诃（hē）：同“呵”，呵斥。 ⑭捶挞（chuítà）：杖击、鞭打。挞，用鞭、棍等打人。 ⑮隆：增加。 ⑯逮于：等到。

译文

智力特出的人，不用教导就能成材；智力低下的人，虽受教导也无补于事；智力平常的人，不教导就不会懂得事理。古时候的圣王，有胎教的做法：怀孕三个月的时候，出去住到专门的房子里，眼睛不能斜视，耳朵不能乱听，听音乐吃东西都要按照礼义加以节制，还把这些要求写在玉版上、藏进金柜里。从孩子出生刚刚会笑开始，就确定师、保，给他们讲解孝、仁、礼、义，来引导他们学习。普通人家纵然不能这样，也应到婴儿能识得别人的脸色、懂得别人的喜怒时，就加以教诲，让他做他就做，让他停下来他就停下来。等到长大几岁，就可省去鞭打惩罚。只要父母既威严又慈爱，子女就会敬畏谨慎从而产生孝心。我见到世上那种对孩子不讲教育而只一味溺爱的，常常不能做到这样。对孩子吃什么干什么，任意放纵。该训诫时反而夸奖，该责骂时反而嬉笑。到孩子懂事后，还认为按道理本来就是这样。骄纵怠慢已经成为习惯时才开始加以制止，即使鞭打得再狠毒也树立不起威严，愤怒得再厉害也只会增加怨恨，直到长大成人，最终成为品德败坏的人。孔子所说的"从小养成的就像天性，习惯了的就成为自然"是很有道理的。俗谚说："教媳妇要在初来时，教儿女要在婴孩时。"这话确实有道理。

原文

凡人不能教子女者，亦非欲陷其罪恶；但重[①]于诃怒伤其颜色，不忍楚挞[②]，惨[③]其肌肤耳。当以疾病为谕[④]，安得不用汤药针艾[⑤]救之哉？又宜思勤督训者，可愿苛虐于骨肉乎？诚不得已也。

注释

①重：难，不忍心。 ②楚挞（tà）：用荆条鞭打。楚，打人用的荆条。 ③惨：使……惨痛。 ④为谕：作比喻。⑤艾：一种茎叶有香气的草本植物，叶干后用于熏烤人体穴位，可治病。

译文

一般人不能很好教育子女，并不是想让子女去作恶犯罪，只是因为不愿看到子女因受呵斥责怒而脸色沮丧，不忍用荆条抽打而使其皮肉受苦。应该用治病来打比方，一个人生了病，哪里有不用汤药、针灸就能治好的呢？还应该想一想那些勤于督促训导子女的父母，他们难道愿意苛刻地虐待自己的亲骨肉吗？确实是不得已啊！

原文

王大司马[①]母魏夫人，性甚严正。王在湓城[②]时，为三千人将，年逾四十，少不如意，犹捶挞之，故能成其勋业。梁元帝[③]时，有一学士，聪敏有才，为父所宠，失于教义：一言之是，遍于行路[④]，终年誉之；一行之非，掩藏文饰[⑤]，冀[⑥]其自改。年登婚宦[⑦]，暴慢日滋，竟以言语不择，为周逖[⑧]抽肠衅[⑨]鼓云。

注释

①王大司马：即王僧辩（？—555），南朝梁将领。字君才，太原祁（今山西祁县）人。曾任司徒、侍中、尚书令及大司马等职。 ②湓（pén）城：湓水汇入长江之处，在今江西九江。 ③梁元帝：即萧绎（508—554），字世诚，梁武帝萧衍第七子，梁简文帝萧纲之弟，侯景乱平后即帝位（552年至554年在位），后被西魏掳杀。 ④行路：行路之人，犹言陌生人。 ⑤文饰：即掩饰，文过饰非。 ⑥冀：希望。 ⑦年登婚宦：到了结婚和为官的年龄，指成年。登，及，到。 ⑧周逖（tì）：梁元帝时任持节通直散骑常侍、壮武将军、高州刺史。 ⑨衅（xìn）：以牲血涂抹器物进行祭祀。

译文

大司马王僧辩的母亲魏夫人，品性非常严谨方正。王僧辩在湓城时，担任统率三千士卒的将领，年纪也超过四十，但稍有不如意的言行，魏夫人仍用棍棒教训他。因此，王僧辩才能成就了功业。梁元帝的时候，有一位学士，聪敏有才华，从小被父亲宠爱，管教失当。如果他一句话说得好，父亲就到处宣扬，巴不得过往行人都知道，一年到头都夸赞不已；若一件事做错了，父亲便为他遮掩粉饰，希望他能够自己改正。这位学士成年以后，暴戾傲慢的性情日益滋长，最终因为说话不检点，被周逖抽出肠子，血被涂抹在战鼓上。

原文

父子之严，不可以狎[1]；骨肉之爱，不可以简[2]。简则慈孝不接，狎则怠慢生焉。由命士[3]以上，父子异宫[4]，此不狎之道也；抑搔[5]痒痛，悬衾箧枕[6]，此不简之教也。或问曰："陈亢[7]喜闻君子之远其子，何谓也?"对曰："有是也。盖君子之不亲教其子也。《诗》有讽刺之辞[8]，《礼》有嫌疑之诫[9]，《书》有悖乱之事[10]，《春秋》有邪僻之讥[11]，《易》有备物之象[12]：皆非父子之可通言[13]，故不亲授耳。"

注释

①狎：亲近而不庄重。 ②简：怠慢。 ③命士：指受朝廷爵命的士。 ④异宫：指分住不同的居室。 ⑤抑搔：按摩抓挠。 ⑥悬衾箧（qiè）枕：把被子捆好悬挂起来，把枕头放进箱子里。箧，小箱子，此处作动词，指用箱子装。 ⑦陈亢：孔子的弟子。《论语·季氏》载其言曰："问一得三：闻《诗》，闻《礼》，又闻君子之远其子也。" ⑧"《诗》"句：指《诗经》里有用婉言隐语相讥刺的言辞。 ⑨"《礼》"句：指《礼记》中有"男女不杂坐……嫂叔不通问"之类避嫌疑的训诫。⑩"《书》"句：指《尚书》里记载有以下犯上之事。 ⑪"《春秋》"句：指《春秋》中载有淫邪乖谬之事。 ⑫"《易》"句：指《易经》载有"男女构精，万物化生"之类备物致用的卦象。⑬通言：畅所欲言。

译文

父子之间要严肃，不可以过分亲近而不庄重；骨肉之间的亲情之爱，不可以简慢不拘礼节。简慢就不能做到父慈子孝，亲近而不庄重就会产生怠慢之心。从受命朝廷之士往上数，父子都分室居住，这是使父子之间不过分亲近的方法。父母有痒痛时子女为他们按摩抓搔，父母起床后子女为他们整理卧具，这些都是讲究礼节的教育。有人问："孔子的弟子陈亢听到有修养的人疏远自己的儿子感到高兴，这是什么缘故呢?"回答是："这是有道理的。因为君子不亲自教授他的孩子。《诗经》里有用婉言隐语相讥刺的言辞，《礼记》中有自避嫌疑的告诫，《尚书》里有违礼作乱的事，《春秋》中有对淫邪乖谬行为的指责，《易经》里有备物致用的卦象，这些都不是父子之间可以畅谈无忌的，所以君子不亲自教自己的孩子。"

原文

齐武成帝[①]子琅邪王[②]，太子[③]母弟也，生而聪慧，帝及后并笃爱之，衣服饮食，与东宫[④]相准[⑤]。帝每面称之曰："此黠[⑥]儿也，当有所成。"及太子即位，王居别宫，礼数[⑦]优僭[⑧]，不与诸王等。太后犹谓不足，常以为言。年十许岁，骄恣无节，器服玩好，必拟[⑨]乘舆[⑩]。尝朝南殿，见典御[⑪]进新冰，钩盾[⑫]献早李，还索不得，遂大怒，询[⑬]曰："至尊[⑭]已有，我何意无?"不知分齐[⑮]，率皆如此。识者多有叔段[⑯]、州吁[⑰]之讥。后嫌宰相[⑱]，遂矫诏[⑲]斩之。又惧有救，乃勒[⑳]麾下军士防守殿门。既无反心，受劳而罢。后竟坐[㉑]此幽薨[㉒]。

注释

①齐武成帝：即高湛（537—569），北齐第四任皇帝（561年至565年在位）。②琅邪王：高湛的第三子高俨。③太子：高俨的哥哥高纬。④东宫：太子所居之处，代指太子。⑤准：比照。⑥黠（xiá）：聪明而狡猾。⑦礼数：古代按名位而分的礼仪等级制度。⑧僭（jiàn）：超越本分，古代指地位在下的冒用在上的名义或礼仪、器物。⑨拟：比照，仿照。

⑩乘舆：皇帝的车子，代指皇帝。 ⑪典御：主管帝王膳食的官员。 ⑫钩盾：主管皇家园林、游猎等事务的官员。 ⑬询(gòu)：同“诟”，骂。 ⑭至尊：指皇帝。 ⑮分齐(jì)：本分界限。 ⑯叔段：即共叔段，春秋时郑庄公的弟弟。因从小受母亲姜氏的偏宠，骄横无节，后谋反未遂出逃。 ⑰州吁：春秋时卫庄公的儿子，受庄公宠爱，杀死其兄桓公自立为君，后被卫国人所杀。 ⑱宰相：指北齐宰相和士开。 ⑲矫诏：假托圣旨。 ⑳勒：率领。 ㉑坐：因……定罪。 ㉒幽薨(hōng)：拘禁而死。薨，古代称诸侯或有爵位的大官死为“薨”。

译文

齐武成帝高湛的三儿子琅邪王高俨，是太子高纬的同母弟弟，他天生聪慧，武成帝和皇后非常喜爱他，穿的吃的都和太子相比照。武成帝常常当面称赞说：“这是个聪明而狡猾的孩子，将来应当有所成就。”等太子即位后，琅邪王搬到别宫居住，他的待遇仍十分优厚，超过其他诸侯王。但太后还认为不够，常因此向皇帝进言。琅邪王十多岁时，骄横放肆得毫无节制，在吃穿用住各方面都要与皇帝相比。他曾经到南殿朝拜，看见主管膳食的官员给皇帝进献刚取出的冰块，主管皇家园林事务的官员给皇帝进献桃李，回府后派人索取没有得到便大怒，骂道：“皇上有的东西，我为什么没有？”根本不知道本分界限，其言行大都如此。有识之士对他多有共叔段、州吁之类的讥刺。后来他嫌弃宰相，便假托圣旨把宰相杀了。他又担心有人来救宰相，就率领手下的军士防守殿门。他本来无反叛之心，受安抚后便罢了兵。但后来因此而被拘禁至死。

原文

人之爱子，罕亦能均；自古及今，此弊多矣。贤俊者自可赏爱，顽鲁者亦当矜怜[①]。有偏宠者，虽欲以厚之，更所以祸之。共叔之死，母实为之。赵王之戮，父实使之[②]。刘表之倾宗覆族[③]，袁绍之地裂兵亡[④]，可为灵龟明鉴[⑤]也。

注释

①矜怜：怜悯。 ②“赵王”句：赵王，即汉高祖刘邦第三子如意，为刘邦宠妃戚夫人所生。因母有宠，刘邦数欲立其为太子，因大臣与吕后反对而罢。刘邦死后，吕后将其毒死，其母戚夫人也遭惨害。 ③“刘表”句：刘表，字景升，东汉末年人，为荆州牧。他的后妻蔡氏偏宠次子刘琮而嫌恶长子刘琦。刘表死后，妻族蔡瑁等人废长立幼，奉表次子刘琮为主。曹操南征，刘琮举州以降，荆州遂没。 ④“袁绍”句：袁绍，字本初，东汉末年人，为冀州牧。他有三子谭、熙、尚，其后妻偏宠少子袁尚，怂恿袁绍立其为嗣。袁绍死后，袁谭、袁尚兄弟反目，争权相攻，被曹操各个击破。 ⑤灵龟明鉴：古人以龟占卜，以鉴（镜子）照形，故“龟鉴”常喻指可资借鉴的事例或道理。

译文

人们喜爱孩子，但很少能平等对待。从古到今，这类弊病很多。有德行有才能的孩子固然让人喜爱，顽劣无知的也应该加以怜悯。那偏爱孩子的父母，虽然是想对孩子好，但往往反而会给他招来祸殃。共叔段的死，实际上是他母亲造成的；赵王如意的被杀，实际上是他父亲造成的。刘表的宗族覆灭、袁绍的兵败地失，这些都像灵龟显示的卦象和明镜照出的影子一样可供人借鉴。

原文

齐朝有一士大夫，尝谓吾曰："我有一儿，年已十七，颇晓书疏[①]，教其鲜卑语及弹琵琶，稍[②]欲通解[③]，以此伏事[④]公卿，无不宠爱，亦要事也。"吾时俛[⑤]而不答。异哉，此人之教子也！若由此业自致卿相，亦不愿汝曹为之。

注释

①书疏：指文书信札。 ②稍：渐渐。 ③通解：通晓理解。 ④伏事：服侍。伏，同"服"。 ⑤俛：同"俯"。

译文

北齐有个士大夫，曾经对我说："我有个儿子，已十七岁了，很会写文书信札，教他说鲜卑语、弹奏琵琶，渐渐地都差不多掌握了，凭这些本事来服侍公卿，没有不被宠爱的，这也是紧要的事情。"我当时低头不答。奇怪啊，这个人用这样的方式来教育孩子！如果靠这种办法当上卿相，我也不愿让你们去干。

兄弟第三

题解

本篇主要论述兄弟相处之道。作者认为兄弟关系是仅次于夫妇、父子关系的一种重要的人伦关系。兄弟之间有天然的血缘关系、骨肉亲情，父母健在时应该相亲相爱，不可因各有妻室儿女损害亲情；父母去世后，应注意巩固兄弟之间的情意，随时消除隔阂。作者还分析了影响兄弟关系的原因以及兄弟不睦带来的危害。要处理好兄弟关系，一是妯娌之间要恕己而行，以仁爱之心处理家务；二是兄弟之间要相互理解、推己及人，做到兄友弟恭、生死相依。

原文

夫有人民而后有夫妇，有夫妇而后有父子，有父子而后有兄弟：一家之亲，此三而已矣。自兹以往至于九族①，皆本于三亲②焉，故于人伦为重者也，不可不笃③。

注释

①九族：指高祖、曾祖、祖父、父亲、己身、子、孙、曾孙、玄孙。或以父族四、母族三、妻族二合为九族。 ②三亲：即夫妇、父子、兄弟三种亲属关系。 ③笃（dǔ）：忠实，一心一意。这里指重视。

译文

有了人类然后才有夫妇，有了夫妇然后才有父子，有了父子然后才有兄弟：一个家庭的亲人，就这三者而已。由此类推，直推到九族，都来源于这三种亲属关系。所以对于人伦关系来说，这三种亲属关系是最为重要的，不可不重视。

原文

兄弟者，分形连气①之人也。方其幼也，父母左提右挈②，前襟后裾③，食则同案④，衣则传服⑤，学则连业⑥，游则共方⑦，虽有悖乱之人，不能不相爱也。及其壮也，各妻其妻⑧，各子其子，虽有笃厚之行，不能不少衰⑨也。娣姒⑩之比兄弟，则疏薄矣。今使疏薄之人，而节量⑪亲厚之恩，犹方底而圆盖，必不合矣。惟友悌⑫深至，不为旁人⑬之所移者，免夫。

注释

①分形连气：指兄弟间形体各别，但气息相通。 ②挈：携带。 ③裾：衣服的后摆。 ④案：摆放食物的木盘，下有短足，以便就地而食。 ⑤衣则传服：指衣服兄长穿过后再传给弟弟穿。 ⑥学则连业：指兄长用过的书籍再传给弟弟用。业，古代书册之版。 ⑦方：地方，处所。 ⑧各妻其妻：各自娶妻。前一“妻”是名词的使动用法，使……成为妻子。后一句前面的“子”用法与此同。 ⑨少衰：渐渐减弱。 ⑩娣姒（dìsì）：即“妯娌”，兄弟之妻的互称，兄嫂为姒，弟媳为娣。 ⑪节量：节制度量。 ⑫悌：敬爱兄长。 ⑬旁人：指兄弟的妻子。

译文

兄弟，是父母所生的形体有别而气息相通的人。在他们小时候，父母左手拉一个，右手牵一个，一个扯着前襟，一个拉住后摆；吃饭用一个案盘；穿衣是哥哥传给弟弟；学习是弟弟用哥哥的课本；游玩是在同一个地方。即使偶有违背伦常礼仪的行为，兄弟间也不会不互相爱护的。等到他们长大成人，各自娶了妻子、有了孩子，即使有忠诚厚道的行为，兄弟间的感情却不能不渐渐减弱。妯娌和兄弟比起来，关系就更加疏远淡薄了。现在让关系疏远淡薄的人来节制度量关系亲密者之间的关系，这就好像给方形的底座配上圆形的盖子，一定是不相合的。只有相爱敬顺、感情至深、不受妻子的影响而改变的兄弟，才能避免上述情况。

原文

二亲既殁[①]，兄弟相顾[②]，当如形之与影，声之与响，爱先人之遗体[③]，惜己身之分气[④]，非兄弟何念哉？兄弟之际，异于他人，望[⑤]深则易怨，地亲则易弭[⑥]。譬犹居室，一穴则塞之，一隙则涂之，则无颓毁之虑。如雀鼠之不恤[⑦]，风雨之不防，壁陷楹[⑧]沦[⑨]，无可救矣。仆妾之为雀鼠，妻子之为风雨，甚哉！

注释

①殁（mò）：死。 ②顾：照顾，照看。 ③先人之遗体：父母所给予的身体。先人，指死去的父母。遗体，古人认为子女的身体是父母所给予的，故称。 ④分气：指分得父母的血气。 ⑤望：希图，期望。 ⑥地亲则易弭（mǐ）：住地相近，接触密切，就容易消除怨恨。弭，停止，消除。 ⑦雀鼠之不恤（xù）：指对麻雀老鼠的穿墙打洞不加提防。恤，忧虑，此处有提防的意思。 ⑧楹：厅堂前的柱子。 ⑨沦：沉没，此处有塌陷、摧折的意思。

译文

父母死后，兄弟间互相照顾，应该像身体与它的影子，声响与它的回音一样密切。互相爱护父母所给予的躯体，互相珍惜从父母那儿分得的血气，不是兄弟谁会这样互相惦念呢？兄弟间的关系与别人不一样，相互期望过高就容易产生怨恨，而接触密切怨恨就容易消除。好比一间居室，有一个洞就堵上，有一条缝隙就涂抹，则不会有倒塌的忧虑了。如果对鸟雀老鼠的穿墙打洞不加注意，对风雨的侵蚀不加提防，那么就会墙壁倒塌、柱子摧折，没法补救了。仆妾比起鸟雀老鼠，妻子比起风雨，那危害更厉害。

原文

兄弟不睦，则子侄[①]不爱；子侄不爱，则群从[②]疏薄[③]；群从疏薄，则僮仆为仇敌矣。如此，则行路[④]皆踖[⑤]其面而蹈[⑥]其心，谁救之哉？人或交天下之士皆有欢爱而失敬于兄者，何其能多而不能少也；人或将[⑦]数万之师得其死力[⑧]而失恩于弟者，何其能疏而不能亲也！

注释

①子侄：兄弟之子。　②群从：指堂兄弟及诸子侄。从，堂房亲属。　③疏薄：疏远淡薄。　④行路：即行路之人，陌生人。　⑤踖（jí）：践踏。　⑥蹈：踩。　⑦将（jiàng）：率领、统帅。　⑧得其死力：指能使部属拼死效力。

译文

兄弟如果不和睦，子侄之间就不会互相爱护；子侄之间不互相爱护，家族的子弟辈就会关系疏远淡薄；子弟辈关系疏远淡薄，僮仆之间就会成为仇敌。这样，过往的路人都会侮辱、欺凌他们，谁还能救助他们呢？有的人能够结交天下之士，相互间都和乐友爱，而对自己的兄长却缺乏敬意，为什么对多数人可做到的而对少数人却不行呢？有的人统帅几万军队，能使部属拼死效力，而对自己的弟弟却缺乏恩爱，为什么对关系疏远的人能做到的而对关系亲密的人却做不到呢？

原文

娣姒者，多争之地也。使骨肉[①]居之，亦不若各归四海，感霜露而相思，伫日月之相望也[②]。况以行路之人，处多争之地，能无间[③]者鲜[④]矣。所以然者，以其当公务[⑤]而执私情，处重责而怀薄义也。若能恕己[⑥]而行，换子而抚，则此患不生矣。

注释

①骨肉：此处指妯娌为同胞姊妹关系而言。 ②“感霜露”二句：感受霜露的寒冷而相互思念，久立着仰观日月的阴晴圆缺而盼望相聚。伫，久立。 ③间（jiàn）：空隙，此处有隔阂、嫌隙的意思。 ④鲜（xiǎn）：少。 ⑤公务：指家庭内部的公共事务。 ⑥恕己：指以仁爱宽恕之心推及别人。恕，宽恕，宽容，原谅。

译文

妯娌之间是容易产生争执的是非之地，即使是让同胞姐妹成为妯娌住在一起，也不如让她们远嫁他方，这样，她们反而会因感受霜露的寒冷而相互思念，久立着仰观日月的阴晴圆缺而盼望相聚。何况妯娌本是互不相识的路人，处在容易产生争执的环境里，互相之间能够不产生隔阂的，就太少了。之所以会这样，是因为面对家庭的公共事务却各怀私情，肩负大的家庭责任却怀有个人的恩怨。如果她们能够本着仁爱之心推己及人地行事，把对方的孩子当做自己的孩子加以抚养，那么这种弊端就不会产生了。

原文

人之事兄，不可[①]同于事父，何怨爱弟不及爱子乎？是反照[②]而不明也！沛国[③]刘琎[④]，尝与兄瓛[⑤]连栋隔壁，瓛呼之数声不应，良久方答。瓛怪问之，乃曰：“向来[⑥]未着衣帽故也。”以此事兄，可以免矣。

注释

①不可：不肯。 ②反照：反观，反省。 ③沛国：古地名，在今安徽淮河以北，河南夏邑、江苏沛县一带。 ④刘琎：南齐人，字子敬，为人方轨正直，有文采。 ⑤瓛：即刘瓛，字子圭，笃志好学，修行明经，被时人目为“关西孔子”。 ⑥向来：刚才。

译文

有人侍奉兄长，不肯像侍奉父亲一样，那又何必埋怨兄长爱自己不如爱他的孩子呢？以来此反省就可知道自己不明智。沛国的刘琎与哥哥刘瓛的住房只隔一壁墙，一次，刘瓛呼唤刘琎，连叫几声都没有应答，过了好一会刘琎才应答。刘瓛感到奇怪问他原因，刘琎说：“因为我刚才还没有穿戴好衣帽。”用这样的态度来侍奉兄长，可以避免兄长减弱对自己的爱了。

原文

江陵[①]王玄绍[②]，弟孝英、子敏，兄弟三人，特相友爱，所得甘旨新异[③]，非共聚食，必不先尝，孜孜[④]色貌，相见如不足者[⑤]。及西台陷没[⑥]，玄绍以形体魁梧，为兵所围；二弟争共抱持，各求代死，终不得解，遂并命[⑦]尔。

注释

①江陵：地名，在今湖北荆门一带。 ②王玄绍：南朝梁代人。其事迹不详。 ③甘旨新异：指美味新奇的食品。 ④孜孜：勤勉不怠的样子。 ⑤相见如不足者：指见面仍有做得不够的感觉。 ⑥西台陷没：指承圣三年十一月西魏攻陷江陵，梁元帝萧绎被俘遭害。西台，即江陵。 ⑦并命：相从而死。

译文

江陵人王玄绍，同弟弟孝英、子敏特别友爱，谁得到美味新奇的食品，如果不是兄弟三人一起吃，一定不会先尝。尽管他们之间都尽心尽力相待，但见面时仍有做得不够的感觉。等到西台陷落时，因为王玄绍身材魁梧，被西魏兵包围。两个弟弟争着保护他，各自请求代替兄长去死，但最终未能解脱厄运，于是一起被杀害。

后娶第四

题解

本篇主要讨论“后娶”的问题。所谓“后娶”即续弦，也就是妻子去世之后再娶后妻。作者列举历史和现实中的事例，反复说明后娶有害，不仅造成父子骨肉分离，也会带来子女身份贵贱之隔及“辞讼”、“谤辱”等问题，使家庭声名狼藉、祖先受侮。因而对续弦之事应慎重对待。此外，作者还分析了后夫和后妻对待前夫之孤与前妻之子的不同态度及原因。篇末以薛包为例，说明只有子女做到至孝至仁，才能妥善处理后娶问题。

原文

吉甫，贤父也，伯奇，孝子也①，以贤父御②孝子，合得终于天性③，而后妻间④之，伯奇遂放。曾参妇死，谓其子曰⑤：“吾不及吉甫，汝不及伯奇。”王骏⑥丧妻，亦谓人曰：“我不及曾参，子不如华、元。”并终身不娶，此等足以为诫。其后，假继⑦惨虐孤遗⑧，离间骨肉，伤心断肠者，何可胜⑨数。慎之哉！慎之哉！

注释

①“吉甫”句：吉甫，即周宣王的大臣尹吉甫。伯奇，古代孝子，尹吉甫的长子。据《初学记》卷二引汉蔡邕《琴操·履霜操》载：伯奇母死，后母谮伯奇，吉甫怒，放伯奇于野。伯奇乃作琴曲《履霜操》以述怀。吉甫感悟，射杀后妻。 ②御：治理、管理，此处指管教。 ③天性：指人与生俱来的本性，如父

慈子孝。④间（jiàn）：离间。⑤“曾参”二句：曾子（前505—前436），姓曾，名参，字子舆，春秋末年鲁国人，孔子的弟子。其子，指曾子的两个儿子曾华、曾元。⑥王骏（？—前15）：西汉成帝时大臣，历任谏大夫、幽州刺史、京兆尹、御史大夫等职。⑦假继：继母。⑧惨虐孤遗：残酷地虐待孤儿遗子。孤，幼而丧父。遗，此处指幼而丧母。⑨胜（shēng）：尽。

译文

吉甫，是贤明的父亲；伯奇，是孝顺的儿子。以贤父来管教孝子，应该能够一直保持父子之间慈孝的天性，但由于后妻的挑拨离间，伯奇于是被放逐。曾参的妻子死后，对儿子说：“我比不上吉甫贤明，你们也比不上伯奇孝顺。”王骏的妻子死后，也对人说：“我比不上曾参，我的儿子比不上曾参的儿子曾华、曾元。”曾参和王骏两人后来都终身没有再娶。这些事例足以让人引以为鉴。后来那些后母残酷地虐待前妻留下的孩子，离间父子的骨肉之情，让人伤心断肠的事，哪里数得清呢？对此要谨慎啊！对此要谨慎啊！

原文

江左[①]不讳[②]庶孽[③]，丧室之后，多以妾媵[④]终[⑤]家事。疥癣蚊虻[⑥]，或未能免，限以大分[⑦]，故稀斗阋之耻。河北[⑧]鄙于侧出[⑨]，不预[⑩]人流[⑪]，是以必须重娶，至于三四，母年有少于子者。后母之弟，与前妇之兄，衣服饮食，爰[⑫]及婚宦，至于士庶[⑬]贵贱之隔，俗以为常。身没[⑭]之后，辞讼[⑮]盈公门[⑯]，谤辱彰道路，子诬母为妾[⑰]，弟黜兄为佣[⑱]，播扬先人之辞迹[⑲]，暴露祖考[⑳]之长短，以求直己[㉑]者，往往而有。悲夫！自古奸臣佞妾，以一言陷人者众矣！况夫妇之义，晓夕移之，婢仆求容，助相说引[22]，积年累月，安有孝子乎？此不可不畏。

注释

①江左：长江下游以东地区。 ②讳：忌讳，顾忌。 ③庶孽：妾所生的子女。 ④媵（yìng）：古代嫁女时随嫁或陪嫁的人，正妻以外的侧室。 ⑤终：结束。此处指继续管下去。⑥疥癣蚊虻：喻指危害不大的纠纷。疥、癣是两种危害不大的皮肤病，蚊、虻是两种小害虫。 ⑦大分：名分。 ⑧河北：黄河以北地区。 ⑨侧出：不是正妻所生的子女。 ⑩预：参与。⑪人流：有地位、有身份者的行列。 ⑫爰：发语词，无义。⑬士庶：士族和庶族。 ⑭没：同“殁”，死。 ⑮辞讼：争执诉讼。 ⑯公门：衙门、官府。 ⑰子诬母为妾：前妻之子污蔑后母为妾。 ⑱弟黜（chù）兄为佣：后母之子（弟）贬斥前妻之子（兄）为仆。 ⑲辞迹：言语，行迹。此处指隐私。 ⑳祖考：指已去世的祖先。考，已去世的父亲。 ㉑直己：使自己显得正直。 ㉒说引：劝说、引诱。

译文

江东不避忌妾所生的子女，正妻死后，多由妾媵来继续主持家事。细小的纠纷或许不能避免，但限于名分，所以家庭内很少有争吵之类可耻的事情发生。河北一带鄙视不是正妻所生的子女，不让他们进入有身份人的行列，所以妻死后必须重娶，甚至重娶三四次，这样有的后母年龄比前妻的儿子还小。后母所生的孩子和前妻生的孩子，在衣服饮食以及婚姻做官上，甚至会有士人与庶人、贵族与下等人一样的差别，而世俗对此习以为常。这样，到本人死后，家里的诉讼之事充盈官府，诽谤辱骂之声在路上都能听到，前妻之子污蔑后母为妾，后母之子贬斥前妻之子为

仆，他们传播宣扬先人的隐私，暴露祖先的是非好坏，以此来表明自己的正直，这种事经常可以见到。真可悲啊！自古以来的奸臣佞妾，用一句话来陷害人的多得很。何况凭夫妇的情义，早晚都可改变丈夫的心意，而婢女仆人为了讨主子的欢心，帮着劝说引诱，长年累月，哪里还会有孝子呢？这不能不让人感到畏惧。

原文

凡庸之性①，后夫多宠前夫之孤，后妻必虐前妻之子。非唯妇人怀嫉妒之情，丈夫有沈惑②之僻，亦事势③使之然也：前夫之孤，不敢与我子争家，提携鞠养④，积习生爱，故宠之；前妻之子，每居己生之上，宦⑤学婚嫁，莫不为防焉，故虐之。异姓⑥宠则父母被怨，继亲⑦虐则兄弟为仇，家有此者，皆门户之祸也。

注释

①凡庸之性：一般人的秉性。　②沈惑：沉溺于所爱而迷惑。沈，同“沉”。　③事势：事物发展的趋势。　④鞠养：抚养。　⑤宦：仕宦、做官。　⑥异姓：指前夫之子。　⑦继亲：后母。

译文

一般人的秉性，后夫大多宠爱前夫的孩子，后妻必然虐待前妻的孩子。这不只是妇女有好嫉妒的性情，而男子有沉迷于所爱而迷惑的毛病，也是事物的情势促使他们这样的。前夫的孩子，不敢与自己的孩子争夺家产，而从小照顾抚养他，日子久了自然生爱，因而宠爱他；前妻的孩子，常常居于自己所生孩子之上，无论是读书做官还是婚姻嫁娶，没有不需防范的，因而虐待他。异姓之子受宠爱则父母会遭怨恨，后母虐待前妻之子则兄弟会成为仇敌。家庭里发生这类事情，都是家门的祸患。

原文

思鲁[1]等从舅[2]殷外臣，博达[3]之士也。有子基、谌，皆已成立[4]，而再娶王氏。基每拜见后母，感慕[5]呜咽，不能自持，家人莫忍仰视。王亦凄怆，不知所容，旬月求退，便以礼遣[6]，此亦悔事也。

注释

①思鲁：颜子推的长子。 ②从舅：母亲的堂兄弟。 ③博达：博学通达。 ④成立：指长大成人。 ⑤感慕：因感触而思念。 ⑥遣：送回。

译文

思鲁他们的表舅父殷外臣，是一位博学通达的读书人，他有两个儿子叫殷基、殷谌，都已长大成人。殷外臣妻死后又娶了王氏，殷基每当拜见后母时，因感念生母而失声痛哭，难以控制自己，家里人都不忍抬头看他那悲痛的神情。王氏也非常凄苦悲伤，不知如何才能为孩子们所接纳，婚后才十几天就请求退婚，殷外臣只好依照礼节将她送回娘家，这也是件值得懊悔的事。

原文

《后汉书》曰：安帝[1]时，汝南[2]薛包孟尝[3]，好学笃行，丧母，以至孝闻。及父娶后妻而憎包，分出之。包日夜号泣不能去，至被殴杖。不得已，庐[4]于舍外，旦入而洒扫。父怒，又逐之，乃庐于里门[5]，昏晨不废[6]。积岁余，父母惭而还之。后行六年服，丧过乎哀[7]。既而弟子求分财异居，包不能止，乃中分[8]其财：奴婢引[9]其老者，曰："与我共事久，若不能使也。”田庐取其荒顿[10]者，曰：“吾少时所理[11]，意所恋也。”器物取其朽败者，曰：“我素所服[12]食，身口所安也。”弟子数破其产，还复赈给[13]。建光[14]中，公车[15]特征[16]，至拜[17]侍中[18]。包性恬虚，称疾不起，以死自乞。有诏[19]赐告[20]归也。

注释

①安帝：即汉安帝刘祜（94—125）。章帝孙、清河王刘庆子，殇帝死后继位。 ②汝南：郡名，在今河南上蔡西南。③薛包孟尝：薛包，字孟尝。 ④庐：名词作动词，搭建房子。⑤里门：乡里之门。古代以二十五家为里。 ⑥昏晨不废：指早晚向父母请安。 ⑦丧过乎哀：古代父母死后儿子服丧三年，薛包服丧六年，超过了一般人。 ⑧中分：平分。 ⑨引：领取。⑩荒顿：犹荒废。 ⑪理：治。 ⑫服：用。 ⑬赈给：救济、供给。 ⑭建光：汉安帝刘祜年号（121—122）。 ⑮公车：汉魏时官署名，为卫尉的下属机构，设公车令，受理臣民上书及征召等事宜。 ⑯特征：特别征召。 ⑰拜：授予官职。 ⑱侍中：官名。 ⑲诏：诏书，皇帝的命令或文告。 ⑳赐告：汉制，官吏病满三月当免，天子特赐其保留官职归家养病，称赐告。

译文

《后汉书》上说：安帝的时候，汝南郡有位姓薛名包字孟尝的，他爱好学习，行为诚实，母亲已去世，以格外孝顺闻名。等到他父亲娶了后妻，就憎恨薛包，让他分家另住。薛包日夜放声痛哭，不肯离去，以至被父亲用棍棒殴打。薛包不得已，在家门外搭建了间屋子居住，清早就进家清扫房屋。父亲很恼怒，又赶他走。薛包就在里门外搭建了房屋居住，但每天早晚都向父母请安。过了一年多，父母感到惭愧而让他回到家里。父母死后，薛包守丧六年，超过守丧三年的丧礼要求。不久，弟弟要求分家居住，薛包不能劝阻，就把家产平分：奴婢领取老的，说："他们与我共事的时间长，你使唤不了。"田地房屋要其中荒废了的，说："这些是我年轻时经营过的，感情上有所依恋。"器具物品要其中朽败了的，说："这些是我向来用惯了的。"他的弟弟几次败家，薛包仍然多次救济他。建光年间，官府特地征聘他，直到授予他侍中之职。但薛包生性恬淡虚寂，声称卧病不起，以快要死了为由乞求回家，皇帝只好下诏书让他保留官职回家养病。

治家第五

题解

本篇阐述了治理家庭的一些观点和主要注意事项：家庭教化是上行下效的，位尊者要率先垂范；要赏罚分明，宽严适中；要施而不奢，俭而不吝；要勤于农事，躬俭节用；要亲自主事，以防欺诈；要宽待子媳，不得残害女婴；婚姻要注重人品，不可贪荣求利；要爱护书籍，杜绝妖妄之费。

原文

夫风化①者，自上而行于下者也，自先而施于后者也。是以父不慈则子不孝，兄不友则弟不恭，夫不义则妇不顺矣。父慈而子逆②，兄友而弟傲，夫义而妇陵③，则天之凶民，乃刑戮④之所摄⑤，非训导之所移也。笞怒废于家，则竖子⑥之过立见⑦；刑罚不中⑧，则民无所措⑨手足。治家之宽猛，亦犹国焉。

注释

①风化：教育感化。 ②逆：指忤逆父母。 ③陵：同“凌”，欺侮。 ④刑戮：受刑或被处死。 ⑤摄：同“慑”，威慑，使畏惧。 ⑥竖子：指小孩子。 ⑦见（xiàn）：同“现”。⑧中（zhòng）：适当、得当。 ⑨措：安放，安置。

译文

教育感化是从上向下推行的，是从先向后施加影响的。所以父亲不慈爱儿子就不孝顺，兄长不友爱弟弟就不恭敬，丈夫不仁义妻子就不温顺。父亲慈爱而子女忤逆，兄长友爱而弟弟傲慢，丈夫仁义而妻子欺凌，那就是天生的凶恶之人，要用刑罚杀戮来使他们畏惧，而不是靠训诲诱导可以改变的。家庭里如果废止鞭打、呵怒，孩子的过错就会马上出现；刑罚如果用得不恰当，老百姓就不知如何是好。治家的宽严，也好比治国一样。

原文

孔子曰："奢则不孙[①]，俭则固[②]；与其不孙也，宁固。"又云："如有周公[③]之才之美，使骄且吝，其余不足观也已。"然则可俭而不可吝已。俭者，省约为礼之谓也；吝者，穷急不恤[④]之谓也。今有施则奢，俭则吝；如能施而不奢，俭而不吝，可矣。

注释

①孙：同"逊"，谦逊，恭顺。 ②固：鄙陋，寒碜。 ③周公：西周政治家，姓姬名旦，周文王之子、武王之弟，曾佐武王灭商纣，并辅佐周成王。 ④恤：救济。

译文

孔子说："奢侈就显得不恭顺，节俭就显得固陋。与其不恭顺，宁可固陋。"又说："如果有周公那样的美好才能，但假使他既骄傲且吝啬，余下的也就不值得称道了。"这样看来是应该节俭而不可吝啬了。节俭，说的是俭省节约以合乎礼数；吝啬，说的是对困难危急也不周济。现在常有讲施舍就成为奢侈，讲节俭就进入到吝啬。如果能够做到施舍而不奢侈，俭省而不吝啬，那就好了。

原文

生民之本，要当稼穑[①]而食，桑麻以衣。蔬果之畜[②]，园场之所产；鸡豚[③]之善[④]，埘圈[⑤]之所生。爰及栋宇器械，樵苏[⑥]脂烛，莫非种殖之物也。至能守其业者，闭门而为生之具[⑦]以足，但家无盐井耳。今北土风俗，率[⑧]能躬俭节用，以赡[⑨]衣食；江南奢侈，多不逮[⑩]焉。

注释

①稼穑（jiàsè）：种植与收割，泛指农业劳动。稼，播种谷物。穑，收获谷物。 ②畜：同“蓄”，积聚，储藏。 ③豚（tún）：小猪，亦泛指猪。 ④善：同“膳”，指美食。 ⑤埘圈（shíjuàn）：埘，鸡窝。圈，养猪羊等牲畜的围栏。 ⑥樵苏：做燃料用的柴草。 ⑦为生之具：维持生活的物品。 ⑧率：大都。 ⑨赡：供给。 ⑩不逮：比不上。逮，及。

译文

老百姓生存的根本，是播种收获谷物来吃饭，种植桑麻来穿衣。所贮藏的蔬菜水果，是果园菜圃所出产的；所吃的鸡肉猪肉等美味，是鸡窝猪圈所畜养的。直到房屋器具，柴草蜡烛，没有不是耕种养殖的产物。至于那些善于保守家业的，可以关上门而生活必需品都够用，只是家里没有盐井罢了。如今北方的风俗，大多能做到省俭节用，以供衣食所需。而江南一带风俗奢侈，多数比不上北方人会持家。

原文

梁孝元世，有中书舍人[①]，治家失度，而过严刻，妻妾遂共货[②]刺客，伺醉而杀之。世间名士，但务宽仁；至于饮食饷馈[③]，僮仆减损，施惠然诺[④]，妻子节量[⑤]，狎[⑥]侮宾客，侵耗[7]乡党[8]：此亦为家之巨蠹[9]矣。

注释

①中书舍人：官名，为中书省属官，参与机密，权力甚重。②货：贿赂，此处指买通。③饷馈：馈赠。饷，馈送。④然诺：许诺，答应。⑤节量：指控制。⑥狎：亲近而不庄重。⑦侵耗：侵吞克扣，此处指侵犯、损害。⑧乡党：泛指乡里。⑨蠹（dù）：本指蛀虫，引申为侵害家庭的人或事。

译文

梁朝孝元帝时，有一位中书舍人，治家没有一定的法度，待家人过于严厉苛刻。妻妾就共同买通刺客，乘他喝醉时杀死了他。世上的名士，只求宽厚仁爱，以至于弄得待客馈送的饮食，被僮仆减少，答应接济他人的东西，被妻子克扣，甚至轻视侮辱宾客，侵犯损害乡邻，这也是治家的大祸害。

原文

齐吏部侍郎房文烈，未尝嗔怒[1]，经霖雨[2]绝粮，遣婢籴[3]米，因尔逃窜，三四许[4]日，方复擒之。房徐曰："举家无食，汝何处来？"竟无捶挞。尝寄人宅[5]，奴婢彻[6]屋为薪略[7]尽，闻之颦蹙[8]，卒无一言。

注释

①嗔（chēn）怒：生气发怒。嗔，生气。②霖雨：连绵大雨。霖，下雨三天以上为"霖"。③籴（dí）：买进粮食。④许：大约，左右。⑤寄人宅：以宅寄人，将房子借给人居住。⑥彻：同"撤"，拆毁。⑦略：犹"几"，差不多。⑧颦蹙（píncù）：皱眉蹙额，不快乐的样子。

译文

齐朝的吏部侍郎房文烈，从不生气发怒，一次连续几天下雨家里断粮，他派一名婢女买米，婢女乘机逃跑了，过了三四天，才把她抓住。房文烈只是平缓地对她说："全家人都没吃的了，你跑哪里去啦?"竟然没有痛打她。他曾经把房子借给别人居住，借房人家的奴婢拆房子当柴烧，差不多要拆光了，他听到后只皱了皱眉头，最终没说一句话。

原文

裴子野[①]有疏亲故属[②]饥寒不能自济者，皆收养之。家素清贫，时逢水旱，二石[③]米为薄粥，仅得遍焉，躬[④]自同之，常无厌色。邺下[⑤]有一领军[⑥]，贪积已甚，家童八百，誓满一千；朝夕每人肴膳，以十五钱为率[⑦]，遇有客旅，更无以兼。后坐事伏法，籍[⑧]其家产，麻鞋一屋，弊衣数库，其余财宝，不可胜言。南阳[⑨]有人，为生[⑩]奥博[⑪]，性殊[⑫]俭吝，冬至后女婿谒[⑬]之，乃设一铜瓯[⑭]酒，数脔[⑮]獐肉。婿恨其单率[⑯]，一举尽之。主人愕然，俯仰[⑰]命益[⑱]，如此者再[⑲]。退而责其女曰："某郎[⑳]好酒，故汝常贫。"及其死后，诸子争财，兄遂杀弟。

注释

①裴子野（469—530）：字几原，南朝人，祖籍河东闻喜(今山西闻喜县)，仕齐、梁两朝，南朝著名史学家、文学家。
②疏亲故属：即远亲旧属。 ③石（dàn）：古代容量单位，十斗为一石。 ④躬：自身，亲自。 ⑤邺下：古地名，在今河北省临漳县西南。 ⑥领军：官名，领军大将军的省称。 ⑦率：尺度、标准。 ⑧籍：没收入官。 ⑨南阳：郡名，治所在今河南省南阳市。 ⑩为生：经营产业。 ⑪奥博：指深藏广蓄，积累

富厚。 ⑫殊：特别。 ⑬谒（yè）：拜访。 ⑭瓯（ōu）：盛酒器。 ⑮脔（luán）：切成小块的肉。 ⑯单率：简单草率。⑰俯仰：低头和抬头，比喻很短的时间。 ⑱益：添加。⑲再：两次。 ⑳郎：六朝人称婿为郎。

译文

裴子野只要有饥寒无力自救的远近亲戚和旧属，都收养下来。他家里一向清寒贫困，有时遇上水旱灾害，用二石米煮成稀粥，才勉强让大家都吃上，自己和大家一起吃稀粥，从没有流露厌倦之色。邺下有个领军，积聚财物特别贪婪。家僮已有了八百人，还发誓要凑满一千。早晚每人的饭菜，以十五文钱为标准，遇到有客人来，也不增加一点。后来因犯罪被处死，登记没收他的家产，麻鞋有一屋子，朽坏的衣服装了几个仓库，其余的财宝更是多得说不清。南阳地方有个人，他深藏广蓄、聚敛富厚，但性格特别吝啬。冬至后女婿来看他，他只准备了一铜瓯的酒，几块獐子肉。女婿嫌太简单轻慢，一下子就吃尽喝光了。这个人非常吃惊，只好勉强叫仆人赶快添上一点，这样添了两次，散席后责怪女儿说："你的丈夫太爱喝酒，所以弄得你老是贫穷。"等到他死后，几个儿子争夺家财，于是发生了兄长杀弟弟的事情。

原文

妇主中馈[①]，惟事酒食衣服之礼耳，国不可使预政，家不可使干蛊[②]。如有聪明才智，识达古今，正当[③]辅佐君子[④]，助其不足，必无牝鸡晨鸣[⑤]，以致祸也。

注释

①中馈：指家中供膳诸事。 ②干蛊（gǔ）：主事，主持家政。 ③正当：正应该。 ④君子：此处指丈夫。 ⑤牝（pìn）

鸡晨鸣：母鸡报晓，比喻妇女干政。

译文

妇女主持家务，只是操办酒食衣服等礼仪方面的事罢了。就国家而言不可让她们参与政事，就家庭而言不可让她们主持家政。如果有聪明能干、博古通今的妇女，正应该辅佐丈夫，以弥补他们的不足，绝不可学母鸡在清晨打鸣，招致灾祸。

原文

江东妇女，略无交游，其婚姻之家[①]，或十数年间，未相识者，惟以信[②]命赠遗，致殷勤[③]焉。邺下风俗，专以妇持门户[④]，争讼曲直，造请逢迎[⑤]，车乘填街衢[⑥]，绮罗盈府寺[⑦]，代子求官，为夫诉屈。此乃恒、代之遗风[⑧]乎？南间贫素[⑨]，皆事[⑩]外饰[⑪]，车乘衣服，必贵整齐；家人妻子，不免饥寒。河北[⑫]人事[⑬]，多由内政[⑭]，绮罗金翠[⑮]，不可废阙[⑯]；羸[⑰]马悴[⑱]奴，仅充[⑲]而已；唱和[⑳]之礼，或尔汝[㉑]之。河北妇人，织纴组紃[㉒]之事，黼黻[㉓]锦绣罗绮[㉔]之工，大优于江东也。

注释

①婚姻之家：亲家。 ②信：指送信的人。 ③殷勤：殷切的情意。 ④持门户：当家的意思。 ⑤造请逢迎：泛指一切交际应酬。造，往，到。逢迎，招呼应酬。 ⑥街衢（qú）：街道。衢，四通八达的道路。 ⑦府寺：官署。 ⑧恒、代之遗风：指北魏鲜卑族旧俗。北魏都城在代郡，代郡属恒州。 ⑨南间贫素：南方那些清贫寒素的人家。南间，南方。 ⑩事：做，从事。 ⑪外饰：外表的装饰，指摆阔气、讲排场。 ⑫河北：黄河以北地区。 ⑬人事：指交际应酬。 ⑭内政：家庭内部事务，此处指主持家务的妻子。 ⑮绮罗金翠：绫罗绸缎类的衣服

和黄金翡翠类的首饰。 ⑯阙：缺少。 ⑰羸（léi）：瘦弱。 ⑱悴：衰弱，疲萎。 ⑲充：充数。 ⑳唱和（hè）：夫唱妇随，此处指夫妇。 ㉑尔汝：夫妻间以“尔”“汝”相称，指随便而不庄重。 ㉒织纴（rèn）组紃（xún）：泛指一切纺织活动。纴，织布帛的丝缕，此处指纺织。组，薄而阔的丝带。紃，圆形像绳的带子。皆作动词用。 ㉓黼黻（fǔfú）：古代礼服上所绣的花纹。 ㉔锦绣罗绮（qǐ）：这里借指穿着丝绸衣服的贵妇。罗，轻软有稀孔的丝织品。绮，有纹彩的丝织品。

译文

江东一带的妇女，没有一点交游，她们的娘家与婆家，有十几年间未曾见面的，只是派人问候，互赠礼品来表达各自的深厚情意。邺下的风俗，专由妇女当家。她们与外人争辩是非，应酬交际，乘的车马挤满街道，贵妇充盈官府。有的替儿子求官，有的为丈夫诉冤，这恐怕是鲜卑的遗风吧？南方那些家境贫寒的人家，都注重外表的装饰，车马衣服以整齐为贵，而家中的妻子儿女却难免挨饿受冻。河北一带的交际应酬，多由妻子出面，绫罗绸缎金银翡翠不能没有，而瘦弱的马匹、憔悴的奴仆不过是凑数而已。至于夫唱妇随的礼节有的被互相轻贱所代替了。河北一带的妇女，纺织、刺绣一类的女工手艺，比江东的妇女强得多。

原文

太公[①]曰：“养女太多，一费也。”陈蕃[②]曰：“盗不过五女之门。”女之为累，亦以深矣。然天生蒸[③]民，先人[④]传体，其如之何？世人多不举[⑤]女，贼[⑥]行骨肉，岂当如此而望福于天乎？吾有疏亲，家饶[⑦]妓媵[⑧]，诞育[⑨]将及，便遣阍竖[⑩]守之。体有不安，窥窗倚户，若生女者，辄[⑪]持将去[⑫]；母随号泣，

使人不忍闻也。

注释

①太公：即姜太公吕尚，曾佐周武王灭纣。②陈蕃（？—168）：字仲举，汝南平舆（今河南平舆北）人。东汉末大臣，曾任太尉、太傅。③蒸：众多。④先人：指父母。⑤举：养。⑥贼：伤害。⑦饶：多，富有。⑧妓媵：家妓婢妾。⑨诞育：临产，分娩。⑩阍竖：守门的人。阍，守门人。竖，童仆。⑪辄：就。⑫持将去：指抱走、抢走。

译文

姜太公："女儿养得太多，是一大耗费。"陈蕃说："盗贼也不光顾有五个女儿的家庭。"女儿带来的拖累，也太沉重了。然而天生众民，女儿也是父母传下的骨肉，你拿她怎么办呢？世上的人大都不愿抚养女儿，生下的亲骨肉也要加以残害，难道这样做还盼望老天赐福吗？我有一个远方亲戚，家中有很多姬妾，有谁产期快到时，就派看门人去监守。一旦产妇身体不适，他们就从门窗里窥视，如果生下的是女儿，就立即抱走。母亲追出来号啕大哭，真让人不忍心听下去。

原文

妇人之性，率[1]宠子婿[2]而虐儿妇。宠婿，则兄弟[3]之怨生焉；虐妇，则姊妹[4]之谗行焉。然则女之行[5]留，皆得罪于其家者，母实为之。至有谚云："落索[6]阿姑[7]餐。"此其相报也。家之常弊，可不诫哉！

注释

①率：大多，大都。 ②子婿：女婿。 ③兄弟：指女儿的兄弟。 ④姊妹：指儿子的姊妹。 ⑤行：指女子嫁出去。 ⑥落索：冷落萧索。 ⑦阿姑：婆婆。

译文

女人的秉性，大多宠爱女婿而虐待儿媳。宠爱女婿，儿子的不满就会由此产生；虐待儿媳，女儿的谗言就会随之而至。那么女子不论是嫁出去还是娶进来，都要得罪家人，这实在是当母亲的造成的。以至有谚语说："当婆婆的吃饭好冷清。"这是对她的报应啊。这种家里经常出现的弊端，能不警诫吗！

原文

婚姻素对①，靖侯②成规。近世嫁娶，遂有卖女纳财③，买妇输④绢，比量⑤父祖，计较锱铢⑥，责多还少，市井⑦无异。或猥⑧婿在门，或傲妇擅室⑨，贪荣求利，反招羞耻，可不慎欤！

注释

①素对：清寒但清白的配偶。素，寒素。 ②靖侯：即颜之推九世祖颜含。他曾告诫子孙说："婚姻勿贪世家。"（见本书《止足》篇）。 ③卖女纳财：指嫁女儿收受彩礼财物。 ④输：缴纳。 ⑤比量：比较衡量。 ⑥锱铢：旧制锱为一两的四分之一，铢为一两的二十四分之一。比喻极其微小的数量。 ⑦市井：古代做买卖之处，也用以指商人。 ⑧猥：猥琐。 ⑨擅室：在家中独揽大权。擅，独揽，占有。

译文

婚配要选择清寒而清白的人家，这是我家先祖靖侯立下的规矩。近年来嫁女儿娶媳妇，竟然有卖女儿收受钱财，用彩礼买媳妇的，比量算计对方父辈祖辈的权势地位，斤斤计较对方财礼的多寡；要求的多而回报的少，同商人没有两样。结果，有的招的女婿猥琐卑贱，有的娶来的媳妇凶悍擅权。他们贪荣求利，反而招来羞耻，对此不能够不慎重啊！

原文

借人典籍，皆须爱护，先有缺坏，就为补治，此亦士大夫百行[①]之一也。济阳[②]江禄[③]，读书未竟[④]，虽有急速，必待卷束[⑤]整齐，然后得起，故无损败，人不厌其求假焉。或有狼籍几案[⑥]，分散部帙[⑦]，多为童幼婢妾之所点[⑧]污，风雨虫鼠之所毁伤，实为累德。吾每读圣人之书，未尝不肃敬对之；其故纸有五经词义，及贤达姓名，不敢秽用[⑨]也。

注释

①百行：封建社会士大夫所订的立身行己之道，共有百事，故称百行。　②济阳：郡名，治所在今河南兰考县东北堌阳镇。③江禄：字彦遐，南朝梁人。　④竟：完毕，终了。　⑤卷束：卷起捆束。古代的书籍抄写在绢帛上，然后卷成一类收藏，称为书卷。　⑥狼籍几案：指书籍凌乱不堪地摆放在几案上。　⑦部帙（zhì）：部，古代书籍按内容分为若干门类，每一类称为一部。帙，古人用以装书的套子。　⑧点：同“玷”。　⑨秽用：用在污秽不洁的地方，如把书籍用来盖坛子、糊窗或当薪用。

译文

借他人的书籍，都应当加以爱护。如果借来时有缺损残破，就替别人修补好，这也是士大夫立身处世的百行之一。济阳的江禄，读书未结束时，即使碰到急事，也一定要把书籍收拾整齐后才起身，所以他借的书没有损坏的，别人也乐意借书给他。有的人把书乱七八糟地摆放在桌上，同类的书和包书的套子分散各处，大多被孩童、婢妾弄脏，或被风雨侵蚀被虫鼠毁坏，实在有损道德。我每次读圣人的书，没有不严肃恭敬地面对的。如果古书上有《五经》的词义和贤达的姓名，我绝不亵渎乱用。

原文

吾家巫觋[1]祷请[2]绝于言议，符书[3]章醮[4]亦无祈焉，并汝曹所见也。勿为妖妄之费。

注释

①巫觋（xí）：指以装神弄鬼替人祈祷为职业的人，女为巫，男为觋。 ②祷请：向鬼神祈祷请求。 ③符书：道士为驱鬼召神、消灾求福而画的神秘图形或文书。 ④章醮（jiào）：拜表设祭，道教的一种祈祷形式。

译文

在我家，请男女巫师消灾赐福的事绝对不提起，也不请道士画符书设道场拜表设祭，这些都是你们看到的。千万不要为这类妖妄之事破费。

卷第二

风操　慕贤

风操第六

题解

本篇记述了士大夫应遵循的种种礼仪规范及风俗习尚，包括如何对待去世的父母、避讳、取名、称谓、送别、丧礼、申诉、结拜、礼待宾客等方面，并将南北风俗习尚的差异进行了对比。

原文

吾观《礼经》①，圣人之教：箕帚②匕箸③，咳唾④唯诺⑤，执烛沃盥⑥，皆有节文⑦，亦为至⑧矣。但既残缺，非复全书；其有所不载，及世事变改者，学达君子，自为节度⑨，相承行之，故世号士大夫风操。而家门颇有不同，所见互称长短；然其阡陌⑩，亦自可知。昔在江南，目能视而见之，耳能听而闻之。蓬生麻中，不劳翰墨⑪。汝曹生于戎马⑫之间，视听之所不晓，故聊记录以传示子孙。

注释

①《礼经》：指《礼记》。　②箕帚：清扫工具，畚箕和扫帚。　③匕箸（zhù）：匙和筷子。　④咳唾：咳嗽和吐口水。　⑤唯诺：应答。　⑥沃盥（guàn）：指浇水洗手。　⑦节文：节

制修饰。 ⑧至：完备。 ⑨节度：节制调度。 ⑩阡陌：本指田间小路，南北向为阡，东西向为陌。此处指途径。 ⑪翰墨：可能是“绳墨”之误。绳墨，木匠画直线用的工具。 ⑫戎马：指战争。

译文

我看《礼经》，上面有圣人的教诲：为长辈清扫时该怎样使用畚箕、扫帚，进餐时该怎样使用调匙、筷子，在长辈前如何咳唾、应答，为长辈如何拿蜡烛、端水盥洗，都有一定的约束规范，说得也够周详的了。但此书已经残缺，不再是全本。那上面有些未记载的礼仪规范，以及需要根据世事的变化作相应改变的礼节，博学通达的君子就自己去权衡度量，互相承袭而加以推行，所以这些礼仪规范就被世人称为士大夫风操。虽然各个家庭门风颇有不同，对所见到的礼仪规范看法也不同，但它们的大致路径还是清楚的。我从前在江南的时候，对这些礼仪规范耳闻目睹，早已深受其熏染，就像蓬蒿生长在麻中不扶自直一样。你们生长在战乱年代，这些礼仪规范看不见也听下到，所以我姑且记录下来，以此传示子孙后代。

原文

《礼》曰：“见似目瞿，闻名心瞿。”①有所感触，恻怆②心眼。若在从容平常之地，幸须申③其情耳。必不可避，亦当忍之。犹如伯叔兄弟，酷类先人，可得终身肠断，与之绝耶？又：“临文不讳④，庙中不讳，君所无私讳。”盖知闻名，须有消息⑤，不必期⑥于颠沛⑦而走也。梁世谢举⑧，甚有声誉，闻讳必哭，为世所讥。又有臧逢世⑨，臧严之子也，笃学修行，不坠⑩门风；孝元⑩经牧江州⑪，遣往建昌⑫督事，郡县民庶，竞修笺书，朝夕辐辏[13]，几案[14]盈积，书有称“严寒”者，必对之流涕，不省[15]取记，多废公事，物情[16]怨骇，竟以不办而还。此并过事也。

注释

①“见似”二句：见到与去世的父母相似的容貌，听到与去世的父母相同的名字，就会感到惊骇。瞿（jù），惊动不安的样子。 ②恻怆（cèchuàng）：哀伤。恻，悲痛。怆，悲伤。③申：抒发，表达。 ④讳：指对帝王或尊长的名字避而不直称。⑤消息：此处是斟酌的意思。 ⑥期：一定要。 ⑦颠沛：形容闻先人名讳后仓皇趋避的样子。 ⑧谢举：南北朝时梁朝人，字言扬，中书令谢览之弟。幼好学，能清言，与览齐名。 ⑨臧逢世：南北朝梁朝人。 ⑩坠：丧失。 ⑩孝元：指梁元帝萧绎。⑪经牧江州：指出任江州刺史。经牧，管辖治理。江州，治所在湓口（今江西九江）。 ⑫建昌：江州的属县。 ⑬辐辏（còu）：车轴集中于轴心，比喻信函聚集于官署。 ⑭几案：案桌。此处指文书档案。 ⑮省：检查，察看。 ⑯物情：人情。

译文

《礼记》上说：“见到与死去的亲人容貌相似的目惊，听到与死去的亲人名字相同的心惊。”因为有所感触，自然心目凄怆。如果在一般情况下，就应该让这种感情表达出来。如果无法避开时，也应该有所忍耐。譬如伯叔、兄弟，容貌酷似先人，难道能够终身都因见到他们而极度悲痛以至和他们断绝往来吗？《礼记》上又说：“做文章不用避讳，在庙中祭祀不用避讳，在君王面前也不用避自己父母的名讳。”看来听到先人的名字时应该有所斟酌，不必一定要匆忙趋避。梁朝的谢举，很有声望，但听到自己先人的名字就哭，结果为世人所讥笑。还有臧逢世，是臧严的儿子，学问踏实，品行端正，不失其好家风。梁元帝出任江州刺史，派他去建昌督办公事，郡县的百姓，竞相给他写信，早晚汇集起来，堆满了案桌。有的信上写了“严寒”二字的，他看到了一定对信流泪，不再省察其中到底有无可取可记的事情，公事因此多被荒废，引起人们的怨恨惊骇，最终因避讳影响办事而被召回。这都是把避讳之事做过了头。

原文

近在扬都①，有一士人讳审，而与沈氏交结周厚，沈与其书，名而不姓，此非人情也。凡避讳者，皆须得其同训②以代换之：桓公③名白，博④有五皓⑤之称；厉王名长，琴有修短之目⑥。不闻谓布帛为布皓，呼肾肠为肾修也。梁武⑥小名阿练，子孙皆呼练为绢；乃谓销炼物⑦为销绢物，恐乖⑧其义。或有讳云者，呼纷纭为纷烟；有讳桐者，呼梧桐树为白铁树，便似戏笑耳。

注释

①扬都：即建康（今江苏南京市）。 ②同训：同义词。 ③桓公：即春秋五霸之一的齐桓公。 ④博：博戏，古代的一种棋戏。 ⑤五皓：即五白，古代赌博之戏，五子全白。 ⑥“厉王”二句：指因汉代淮南厉王名长，他的儿子刘安编《淮南子》时为避讳，把“长”改为“修”。 ⑥梁武：指梁武帝萧衍。 ⑦销炼物：指熔化的金属类物质。 ⑧乖：不符合。

译文

近来在扬都，有个士人避讳“审”字，而同时又与姓沈的友情深厚，姓沈的给他写信，只署名而不写上姓，这样避讳就不近人情了。凡要避讳的字，都得用它的同义词来替换。齐桓公名叫小白，五白这种博戏就有了五皓这种称呼；淮南厉王名长，他的儿子刘安编《淮南子》时就把琴的长短改为修短。但还没有听说过把布帛称作布皓，把肾肠称作肾修的。梁武帝的小名叫阿练，他的子孙都把练称作绢，然而把销炼物称作销绢物，恐怕就有悖词的原意了。还有忌讳云字的人，把纷纭叫做纷烟；忌讳桐字的人，把梧桐树称作白铁树，这就像在开玩笑了。

原文

周公名子曰禽[①]，孔子名儿曰鲤[②]，止在其身，自可无禁。至若卫侯、魏公子[③]、楚太子，皆名虮虱；长卿[④]名犬子，王修[⑤]名狗子，上有连及[⑥]，理未为通，古之所行，今之所笑也。北土多有名儿为驴驹、豚子者，使其自称及兄弟所名，亦何忍哉？前汉有尹翁归[⑦]，后汉有郑翁归，梁家[⑧]亦有孔翁归又有顾翁宠，晋代有许思妣[⑨]、孟少孤[⑩]。如此名字，幸当避之。

注释

①禽：周公姬旦的儿子名伯禽。 ②鲤：孔子的儿子名鲤，字伯鱼。 ③魏公子：应为韩公子。 ④长卿：即西汉辞赋家司马相如。 ⑤王修：字敬人，晋代太原人，官至著作郎。 ⑥上有连及：指名为“犬子”“狗子”向上有辱及父母之嫌。 ⑦尹翁归：西汉平陵人，字子兄。“翁”有“父亲”的意思，故颜之推认为以“翁”取名不妥。 ⑧梁家：即梁朝。 ⑨许思妣：东晋淮南太守许柳之子，名永，字思妣。妣，原指母亲，后称已经死去的母亲。 ⑩孟少孤：即孟陋，字少孤，东晋人。史称“丧母，毁瘠殆于灭性，不饮酒食肉十有余年”。孤，幼年丧父。

译文

周公给儿子取名叫禽，孔子给儿子取名为鲤，这类名字只限于他们本身，自然可不必管它。至于像卫侯、魏公子、楚太子的名字都叫虮虱，司马长卿的名字叫犬子，王修的名字叫狗子，这就牵涉到他们的父母，在道理上就讲不通了。古人这么称呼，到今天就成了笑柄。北方有许多人给儿子取名为驴驹、猪子，假如让他们这样自称或让他的兄弟这样称呼他，又怎么忍心呢？前汉有尹翁归，后汉有郑翁归，梁朝有孔翁归，又有顾翁宠；晋代有许思妣、孟少孤，像这类名字，都应尽量避免。

原文

今人避讳，更急于古[①]。凡名子者，当为孙地[②]。吾亲识[③]中有讳襄、讳友、讳同、讳清、讳和、讳禹，交疏[④]造次[⑤]，一座百犯，闻者辛苦[⑥]，无憀赖[⑦]焉。

注释

①更急于古：指比古人更严格。 ②为孙地：为孙子留有余地。 ③亲识：亲近熟识的人。 ④交疏：交往疏远。 ⑤造次：匆忙、仓促。 ⑥辛苦：悲痛。 ⑦无憀赖：无所适从。憀赖，即“聊赖”。

译文

现在的人避讳，比古人更严格。那些为儿子取名字的人，应当为他们的孙子留有余地。我亲近熟识的人中有讳“襄”字、讳“友”字、讳“同”字、讳“清”字、讳“和”字、讳“禹”字的。交往疏远的人一时仓猝，说出话来就会冒犯众人，听话的人感到伤心，让人无所适从。

原文

昔司马长卿慕蔺相如[1]，故名相如；顾元叹[2]慕蔡邕[3]，故名雍。而后汉有朱伥[4]字孙卿[5]，许暹[6]字颜回[7]，梁世有庾晏婴[8]、祖孙登[9]，连古人姓为名字，亦鄙事[10]也。

注释

①蔺相如：战国时赵国大臣。　②顾元叹：即顾雍，字元叹，三国吴郡吴县（今苏州）人。　③蔡邕（yōng）：东汉文学家、书法家。　④朱伥：东汉寿春人，曾任长乐少府、司徒。⑤孙卿：即荀卿、荀子。　⑥许暹（xiān）：未详。　⑦颜回：字子渊，春秋时期鲁国人，孔子弟子。　⑧晏婴：字平仲，春秋时齐国大夫。　⑨孙登：字公和，三国魏汲郡（今河南卫辉）人。博才多识，善长啸，阮籍和嵇康曾求教于他。　⑩鄙事：庸俗、浅陋之事。

译文

从前司马长卿钦慕蔺相如，所以就改名为相如；顾元叹钦慕蔡邕，所以就取名为雍。而后汉有朱伥字孙卿，许暹字颜回，梁朝有庾晏婴、祖孙登，这些人把古人的姓都作为自己的名字，也是很鄙俗的事。

原文

昔刘文饶[1]不忍骂奴为畜产[2]，今世愚人遂以相戏，或有指名为豚犊[3]者。有识傍观，犹欲掩耳，况当之者乎？

注释

①刘文饶：即刘宽，东汉人，其为人温仁多恕。　②畜产：畜生。　③豚犊（túndú）：豚，小猪。犊，小牛。

译文

从前，刘文饶不忍心奴仆被骂为畜牲，现在那些愚蠢的人，却拿这类字眼互相开玩笑，有的还指名道姓称别人为小猪小牛的。有见识的旁观者，都想把耳朵捂住，何况那当事人呢？

原文

近在议曹①，共平章②百官秩禄③，有一显贵，当世名臣，意嫌所议过厚。齐朝有一两士族文学之人，谓此贵曰："今日天下大同④，须为百代典式⑤，岂得尚作关中⑥旧意？明公⑦定是陶朱公大儿⑧耳！"彼此欢笑，不以为嫌。

注释

①议曹：官署名，掌言职。 ②平章：商量处理。 ③秩禄：指官员的品级和俸禄。 ④大同：指隋已灭陈，天下统一。 ⑤典式：典范模式。 ⑥关中：古代以函谷关以西、渭河流域一带为关中。北朝时西魏建都于山西大同，此处代指西魏。 ⑦明公：对对方的尊称，指贤明通达事理的人。 ⑧"陶朱公"句：陶朱公即春秋时越国大夫范蠡。范蠡的长子因吝啬钱财而使其弟被杀。

译文

最近我在议曹参加商讨评议百官的俸禄标准问题，有一位显贵，是当今名臣，认为商议的标准过于优厚了。有一两位原齐朝士族的文学侍从就对这位显贵说："现在天下一统，应该给后世树立典范法式，哪能还依照以前的旧例呢？明公这样吝啬，一定是陶朱公的大儿子吧！"彼此欢笑，竟不感到嫌恶。

原文

昔侯霸[①]之子孙，称其祖父曰家公；陈思王[②]称其父为家父，母为家母；潘尼[③]称其祖曰家祖。古人之所行，今人之所笑也。今南北风俗，言其祖及二亲，无云家者；田里猥人[④]，方有此言耳。凡与人言，言己世父[⑤]，以次第[⑥]称之，不云家者，以尊于父，不敢家[⑦]也。凡言姑姊妹女子子[⑧]：已嫁，则以夫氏称之；在室[⑨]，则以次第称之。言礼成他族[⑩]，不得云家也。子孙不得称家者，轻略[⑪]之也。蔡邕书集，呼其姑姊为家姑家姊；班固[⑫]书集，亦云家孙。今并不行也。

注释

①侯霸：字君房，东汉初大臣。 ②陈思王：指曹植。③潘尼：字正叔，荥阳中牟（今属河南）人，西晋文学家。④田里猥人：田里，农村里。猥人，鄙俗之人。 ⑤世父：伯父。 ⑥以次第：按排行顺序。 ⑦不敢家：不敢以“家”相称。 ⑧女子子：即女子。 ⑨在室：女子未出嫁。 ⑩礼成他族：指女子出嫁后成为丈夫家族的人。 ⑪轻略：轻视忽略。⑫班固：字孟坚，东汉史学家。

译文

从前侯霸的子孙，称他们的祖父为家公；陈思王曹植称他的父亲为家父，母亲为家母；潘尼称他的祖父为家祖。古人的这些称呼，在现在的人看来就是笑柄。现在南北各地风俗，提到祖父母及双亲，没有在前面加“家”的；只有村里的鄙贱之人，才会这样称呼。凡是与别人谈话，提到自己的伯父，就按父辈排行次序称呼。不加上“家”字的原因，是因为伯父尊于父亲，所以不敢称“家”。凡是说到自己的姑母、姊妹，已经出嫁的，就用她丈夫的姓氏称呼她；未出嫁的，就按兄弟姊妹的排行次序称呼她。就是说女子出嫁就成了婆家的人，不能称“家”。对子孙不可称“家”的原因，是为了表示对他们的轻视。蔡邕的书集中称他的姑、姊为家姑、家姊，班固的书集中也说到家孙，现在都不这样称呼了。

原文

凡与人言，称彼祖父母、世父母①、父母及长姑②，皆加尊字，自叔父母以下，则加贤字，尊卑之差也。王羲之③书，称彼之母与自称己母同，不云尊字，今所非也。

注释

①世父母：即伯父母。　②长姑：父亲的姐姐。　③王羲之：字逸少，东晋书法家。

译文

凡与人言谈，提到对方的祖父母、伯父母、父母及长姑，都在称呼前加“尊”字；从叔父母以下，则在称呼前加“贤”字，以表示尊卑差别。王羲之的信，称呼别人的母亲和称呼自己的母亲都一样，前面不加尊字，现在的人认为这是不对的。

原文

南人冬至①岁首②，不诣③丧家；若不修书，则过节束带④以申慰⑤。北人至岁⑥之日，重行吊礼；礼无明文，则吾不取。南人宾至不迎，相见捧手而不揖⑦，送客下席而已；北人迎送并至门，相见则揖，皆古之道也，吾善其迎揖。

注释

①冬至：中国农历的二十四节气之一，时间在每年阳历的12月21日至23日之间。　②岁首：一年的第一天。　③诣：到。

④束带：整饬衣冠，束紧衣带，表示恭敬。 ⑤申慰：表达慰问。 ⑥至岁：指冬至、岁首二节。 ⑦揖（yī）：拱手俯身行礼。

译文

南方人在冬至、岁首这两个节日里，不到办丧事的人家去吊唁；如果不写信致哀，就过完节再穿戴整齐亲自去表示慰问。北方人在冬至、岁首这两个节日中，特别重视吊唁活动，这在礼仪上没有明文规定，我是不赞同的。南方人在客人来时不迎接，见面时只是拱手而不作揖，送客仅仅离开坐席而已；北方人迎送客人都到门口，相见时则作揖，这些都是古代的遗风，我赞许北方人的迎接作揖之礼。

原文

昔者，王侯自称孤、寡、不谷[①]，自兹以降，虽孔子圣师，与门人言皆称名也。后虽有臣仆之称，行者盖亦寡焉。江南轻重[②]，各有谓号[③]，具诸《书仪》。北人多称名者，乃古之遗风，吾善其称名焉。

注释

①孤、寡、不谷：均为古代王侯谦以自称之词。 ②轻重：指地位的低和高、身份的贱和贵。 ③谓号：称谓别名。

译文

过去，王公诸侯都自称孤、寡、不谷，从那以后，即使是孔子那样的至圣先师，与门人谈话时也都自称名字。后来虽然有人自称臣、仆，但这样做的人不多。江南的人不论地位高低身份贵贱，都各有称号，这都记载在《书仪》中。北方人大多称名字，这是古人的遗风，我赞许这种称名字的做法。

原文

言及先人，理当感慕，古者之所易，今人之所难。江南人事不获已[①]，须言阀阅[②]，必以文翰[③]，罕有面论者。北人无何便尔话说[④]，及相访问。如此之事，不可加于人也。人加诸己，则当避之。名位未高，如为勋贵所逼，隐忍[⑤]方便，速报取了；勿使烦重，感辱祖父。若没[⑥]，言须及者，则敛容肃坐，称大门中[⑦]，世父、叔父则称从兄弟门中，兄弟则称亡者子某门中，各以其尊卑轻重为容色之节，皆变于常。若与君言，虽变于色，犹云亡祖亡伯亡叔也。吾见名士，亦有呼其亡兄弟为兄子弟子门中者，亦未为安贴[⑧]也。北土风俗，都不行此。太山[⑨]羊侃[⑩]，梁初入南。吾近至邺[⑪]，其兄子肃访侃委曲[⑫]，吾答之云："卿从门中在梁，如此如此。"肃曰："是我亲第七亡叔，非从也。"祖孝征[⑬]在坐，先知江南风俗，乃谓之云："贤从弟门中，何故不解?"

注释

①不获已：不得已，没有办法。　②阀阅：指家世门第。③文翰：文辞、书信。　④无何便尔话说：无缘无故便找人聊天。无何，无故，没来由。　⑤隐忍：克制忍耐。　⑥没(mò)：同"殁"，去世。　⑦大门中：对别人称自己已故的祖父和父亲。以下所言"门中"，都是称已故的家庭或家族成员。⑧安贴：妥帖。　⑨太山：即泰山。　⑩羊侃：字祖忻，泰山梁父（今山东泰安市东南）人，梁末将领，官至都官尚书。⑪邺：北齐都城，在今河北临漳县。　⑫委曲：事情的经过、底细。　⑬祖孝征：名珽，北齐人。

译文

说到先人，按理应当产生感念思慕之情，这在古人是很容易的，而现在的人却感到困难。江南人除非迫不得已，否则，在与别人谈及家世的时候，一定是以书信的形式，很少有当面谈及的。北方人无缘无故找人聊天，甚至到家相访，像当面谈及家世这样的事，就不应当施加于别人。如果别人把这样的事强加于你，就应该尽力回避。名声地位不高，如果被权贵所逼而必须言及家世，就应该隐忍敷衍一下，简单回答，尽快结束谈话，千万不要烦琐重复，以免有辱自己的祖辈父辈。如果自己的祖父、父亲已经去世，谈话中必须提到他们，就要表情严肃，端正坐姿，口称“大门中”，对伯父、叔父则称“从兄弟门中”，对已过世的兄弟，则称兄弟的儿子“某某门中”，并且要各自依照他们的尊卑贵贱，来确定自己表情上应掌握的分寸，与平时的表情要完全不同。如果是与国君谈话提及自己去世的长辈，虽然表情上也有所改变，但还是可以说“亡祖、亡伯、亡叔”等称谓。我看见一些名士，与国君谈话时，也有称他的亡兄、亡弟为兄之子“某某门中”或弟之子“某某门中”的，这是不很妥帖的。北方的风俗，完全不是这样。泰山的羊侃，是梁朝初年到南方来的。我最近到邺城，他哥哥的儿子羊肃来拜访我，询问羊侃有关事情的原委，我回答说：“您从门中在梁朝时，情况是这样的……”羊肃说：“他是我已逝的亲七叔，不是‘从’。”祖孝征当时也在坐，他早就知道江南的风俗，就对羊肃说：“就是指贤从弟门中，您怎么不了解?”

原文

古人皆呼伯父叔父，而今世多单呼伯叔。从父[①]兄弟姊妹已孤，而对其前，呼其母为伯叔母，此不可避者也。兄弟之子已孤，与他人言，对孤者前，呼为兄子弟子，颇为不忍；北土人多呼为侄。案《尔雅》、《丧服经》、《左传》，侄虽名通男女，并是对姑之称[②]。晋世已来，始呼叔侄；今呼为侄，于理为胜也。

注释

①从父：伯父、叔父的通称。 ②“并是对姑之称”：都是相对姑姑而称侄。

译文

古代人都称呼伯父、叔父，而现在多只单称伯、叔。叔伯兄弟、姊妹死去父亲后，在他们面前，称他们的母亲为伯母、叔母，这是无法回避的。兄弟的儿子死了父亲，与别人谈话时，当着他们的面，称他们为兄之子或弟之子，颇不忍心。北方大多数称他们为侄。据《尔雅》、《丧服经》、《左传》诸书，侄这个称呼虽然男女都可用，但都是对姑姑而言。晋代以来，才开始称叔侄。如今统称为侄，从道理上讲是恰当的。

原文

别易会难，古人所重；江南饯[①]送，下泣言离。有王子侯[②]，梁武帝弟，出为东郡[③]，与武帝别，帝曰：“我年已老，与汝分张[④]，甚以恻怆。”数行泪下。侯遂密云[⑤]，赧然[⑥]而出。坐此被责，飘飖舟渚[⑦]，一百许[⑧]日，卒不得去。北间风俗，不屑此事，歧路[⑨]言离，欢笑分首[⑩]。然人性自有少涕泪者，肠虽欲绝，目犹烂然[⑪]。如此之人，不可强责。

注释

①饯（jiàn）：设酒食送行。 ②王子侯：皇室所封的侯。 ③东郡：建康以东之郡。 ④分张：分别。 ⑤密云：指作悲伤状而不掉眼泪。 ⑥赧（nǎn）然：形容羞愧、难为情的样子。 ⑦渚（zhǔ）：水中小块陆地。 ⑧许：表示约略估计的词，左右。 ⑨歧路：即岔路。 ⑩分首：同“分手”。 ⑪烂然：眼目明亮的样子。

译文

分别时容易再见面困难，所以，古人对离别很重视。江南为人饯行时，谈到分离就掉眼泪。有一位王子侯，是梁武帝的弟弟，将到建康以东之郡任职，前来与武帝告别。武帝说：“我年纪已经老了，与你分别，感到很伤心。”说着流下几行眼泪。王子侯装出悲伤的样子却挤不出眼泪，只好羞愧出宫。他因这件事被指责，在舟船岸渚间飘荡了一百多天，最终还是不能离开。北方风俗，就不看重这种事，在岔路口谈起别离，都是欢笑着分手。当然，本来就有一些天性很少流泪的人，即使悲痛得肝肠欲断，眼睛仍然炯炯有神；像这样的人，就不可勉强去责备他。

原文

凡亲属名称，皆须粉墨[①]，不可滥也。无风教者，其父已孤，呼外祖父母与祖父母同，使人为其不喜闻也。虽质于面[②]，皆当加外以别之；父母之世叔父[③]，皆当加其次第以别之；父母之世叔母，皆当加其姓以别之；父母之群从[④]世叔父母及从祖父母，皆当加其爵位若姓以别之。河北士人，皆呼外祖父母为家公家母；江南田里间亦言之。以家代外，非吾所识。

注释

①粉墨：即粉饰，指用辞藻修饰。②质于面：当着面。③世叔父：世父和叔父。世父，指伯父。④群从：指诸子侄辈。

译文

凡是亲属的名称，都应该有所粉饰，不可滥用。缺乏教养的人，在祖父祖母去世后，对外祖父外祖母的称呼与祖父祖母一个样，让人听了很不舒服。即使是当着外祖父外祖母的面，在称呼上都应加"外"字以示区别。父母亲的伯父、叔父，都应当在称呼前加上排行顺序以示区别；父母亲的伯母、叔母，都应当在称呼前加上他们的姓以示区别；父母亲的子侄辈的伯父、叔父、伯母、叔母以及他们的从祖父母，都应当在称呼前加上他们的爵位和姓以示区别。河北的男子，都称外祖父、外祖母为家公、家母；江南乡间也是这样称呼。用"家"字代替"外"字，这我就弄不懂了。

原文

凡宗亲[1]世数，有从父，有从祖[2]，有族祖[3]。江南风俗，自兹已往，高秩[4]者，通呼为尊；同昭穆[5]者，虽百世犹称兄弟；若对他人称之，皆云族人。河北士人，虽三二十世，犹呼为从伯从叔。梁武帝尝问一中土[6]人曰："卿北人，何故不知有族?"答云："骨肉易疏，不忍言族耳。"当时虽为敏对，于礼未通。

注释

①宗亲：同宗的亲属。②从祖：父亲的堂伯叔。③族祖：祖父的堂伯叔。④秩：官吏的职位或品级。⑤昭穆：据

古代宗法制度，祖先的牌位按辈次排列，以始祖居中，二、四、六世居左，称昭；三、五、七世居右，称穆。后泛指家族的辈分。 ⑥中土：中原，汉以后以今河南一带为中土。

译文

宗族亲属的世系辈数，有从父，有从祖，有族祖。江南的风俗，从本世往上数，对官职高的，通称为尊；同宗同辈的，即使隔了一百代，仍然称为兄弟；如果对外人称呼他们，则都称为族人。河北地区的男子，虽然已隔二三十代，仍然称从伯从叔。梁武帝曾经问一位中原人说："你是北方人，为什么不知道有'族'这种称呼呢？"他回答说："骨肉的关系容易疏远，所以我不忍心用'族'来称呼。"这在当时虽称得上是机敏的回答，但从礼仪上却讲不通。

原文

吾尝问周弘让[①]曰："父母中外[②]姊妹，何以称之？"周曰："亦呼为丈人[③]。"自古未见丈人之称施于妇人也。吾亲表所行，若父属者，为某姓姑；母属者，为某姓姨。中外丈人之妇，猥俗呼为丈母[④]，士大夫谓之王母、谢母云。而《陆机集》有《与长沙顾母书》，乃其从叔母也，今所不行。

注释

①周弘让：南朝陈人。 ②中外：一称中表，即内外之意。舅父之子为内兄弟，姑母之子为外兄弟。 ③丈人：对亲戚长辈的通称。 ④丈母：指父辈的妻子。

译文

我曾经问周弘让说："父母亲的中表姊妹，如何称呼？"周弘让回答说："也把他们称做丈人。"自古以来没有听见过把女人叫做丈人的。我的亲表们所奉行的称呼是：如果是父亲的中表姊妹，就称她为某姓姑；如果是母亲的中表姊妹，就称她为某姓姨。中表长辈的妻子，俚俗称她们为丈母，士大夫则称她们为王母、谢母等等。而《陆机集》中有《与长沙顾母书》，顾母是陆机的从叔母，现在不这样称呼了。

原文

齐朝士子，皆呼祖仆射[①]为祖公，全不嫌有所涉[②]也，乃有对面以相戏者。

注释

①仆射（yè）：职官名。　②有所涉：指称祖珽为祖公与称祖父为祖公无法区别。

译文

齐朝的士大夫们，都称祖珽仆射为祖公，完全不顾这种称呼牵涉到祖父的称呼，甚至还有当着祖珽的面用这种称呼开玩笑的。

原文

古者，名以正体[①]，字以表德[②]，名终则讳之，字乃可以为孙氏。孔子弟子记事者[③]，皆称仲尼；吕后微时[④]，尝字高祖为季；至汉爰种[⑤]，字其叔父曰丝；王丹与侯霸子语[⑥]，字霸为君房。江南至今不讳字也。河北士人全不辨之，名亦呼为字，字固呼为字。尚书王元景[⑦]兄弟，皆号名人，其父名云，字罗汉，一皆讳之，其余不足怪也。

注释

①名以正体：名是用来标明自身的。 ②字以表德：字是用来表明德行的。 ③记事者：指记录孔子行事的弟子。 ④“吕后”句：吕后微贱时曾称汉高祖的字为季。吕后，名雉，汉高祖刘邦的妻子。微，卑贱。 ⑤爰种：汉文帝时任常侍骑，其叔父爰盎字丝，景帝“七国之乱”后被封为太常。 ⑥“王丹”句：王丹字仲回，侯霸字君房，皆为东汉人。 ⑦王元景：王元景即王昕，北齐人，字元景；其弟王晞，子叔朗；其父王云，字罗汉。

译文

古时候，名是用来表明本身的，字是用来表示德行的，名在死后就要避讳，字却可以作为孙辈的氏。孔子的弟子记事时，都称孔子为仲尼；吕后在微贱时，曾称呼汉高祖的字叫季；到汉人爰种，称他叔父的字叫丝；王丹和侯霸的儿子谈话，称侯霸的字叫君房。江南地方至今对称字不避讳。河北地区的士大夫对名和字完全不加区别，名也称作字，字当然称作字。尚书王元景兄弟，都号称是有名望的人，他们的父亲名云，字罗汉，他们对父亲的名和字都一概避讳，其余的人就不足怪了。

原文

《礼·间传》云：“斩缞[①]之哭，若往而不反[②]；齐缞[③]之哭，若往而反；大功[④]之哭，三曲而偯[⑤]；小功[⑥]、缌麻[⑦]，哀容可也[⑧]，此哀之发于声音也。”《孝经》云：“哭不偯。”皆论哭有轻重质文之声也。礼以哭有言者为号，然则哭亦有辞也。江南丧哭，时有哀诉之言耳；山东[⑨]重丧，则唯呼苍天，期功[⑩]以下，则唯呼痛深，便是号而不哭。

注释

①斩缞（cuī）：“五服”中最重的丧服。用最粗的生麻布制成，不缝左右及下边，用于子及未嫁女对父母、嫡长孙对祖父母、媳妇对公婆、妻妾对夫、弟对兄等至亲之丧。 ②往而不反：痛哭至气竭仿佛再回不过气似的，形容悲哀程度之深。③齐缞：“五服”的第二等，用料与斩缞同，缝左右及下边，用于对祖父母、伯叔、妻子、弟弟、继母等之丧。 ④大功：“五服”的第三等，用较粗的熟麻布制成，用于对堂兄弟、未嫁的堂姊妹、已婚姊妹及姑等之丧。 ⑤偯（yǐ）：哭的余声。 ⑥小功：用较细的熟麻布制成，用于对同曾祖父的兄弟、伯叔等之丧。 ⑦缌（sī）麻：“五服”中最轻的一种。用较细熟麻布制成，用于本宗之族曾祖父母、族祖父母、族父母、族兄弟以及外甥、婿、妻之父母、表兄等之丧。 ⑧哀容可也：脸上露出悲痛的表情就可以了。 ⑨山东：指太行山、恒山以东地区。 ⑩期功：期即期服，一年之丧；功即大功、小功。

译文

《礼记·间传》上说：“服斩缞之丧的人哭泣，痛哭至气竭仿佛再回不过气似的；服齐缞之丧的人哭泣，连续不断好像有去有来；服大功之丧的人哭泣，哭声一波三折，余音犹存；服小功、缌麻之丧的人哭泣，脸上露出悲痛的表情就可以了。这些就是不同程度的悲哀在声音上的表现。《孝经》上说：“孝子痛哭父母气竭而止，不会拖出余音。”这些都是讲述哭声有轻与重、质朴与曲折的区别。礼俗以哭声伴有话语为号，这样哭泣也可以带有言辞。江南哭丧时，不时伴有哀诉的话语；山东一带服斩缞的重丧时，哭泣时只是呼叫苍天；服一年的齐缞及大功、小功以下的丧时，哭泣时只诉说悲痛深重，这就是号而不哭。

原文

江南凡遭重丧，若相知者，同在城邑，三日不吊[①]则绝[②]之。除丧[③]，虽相遇则避之，怨其不己悯[④]也。有故及道遥者，致书可也；无书亦如之[⑤]。北俗则不尔。江南凡吊者，主人之外，不识者不执手；识轻服[⑥]而不识主人，则不于会所[⑦]而吊，他日修名[⑧]诣其家。

注释

①吊：哀悼、慰问。 ②绝：绝交。 ③除丧：丧期过后。 ④不己悯：即“不悯己”，不怜惜自己。 ⑤如之：如同那样，即如同对待“三日不吊”者一样。 ⑥轻服：“五服”中较轻的几种，如大功、小功、缌麻之类。 ⑦会所：此处指治丧的地方。 ⑧名：名刺，相当今天的名片。

译文

江南地区，凡遭重丧的人家，如果是相识的人，又同住在一个城镇里，三天之内不去吊丧，丧家就会与他断绝交往。除掉丧服后，丧家与他在路上相遇，也要避开他，因为恨他不怜恤自己。如果是另有原因或道路遥远而不能前来吊丧，可以写信来表示慰问；不来信的，丧家也会像对待同住一个城镇而不来吊丧的人一样对待他。北方的风俗则不是这样。江南地区凡是来吊丧的，除了主人之外，对不认识的人就不握手；如果只认识服轻丧服的人而不认识主人，就不到治丧的地方去吊唁，而是改天准备好名刺再上他家去慰问。

原文

阴阳说云：“辰[①]为水墓，又为土墓，故不得哭。”王充[②]《论衡》云：“辰日不哭，哭则重丧。”今无教者，辰日有丧，不问轻重，举家清谧[③]，不敢发声，以辞吊客。道书[④]又曰："晦[⑤]歌朔哭，皆当有罪，天夺其算[⑥]。"丧家朔望[⑦]，哀感弥深，宁当惜寿，又不哭也？亦不谕[⑧]。

注释

①辰：地支第五位，此处指辰日，农历每月初一日。 ②王充：字仲任，会稽上虞（今属浙江省）人，东汉时期思想家。 ③清谧（mì）：清静。 ④道书：指道家之书。 ⑤晦：农历每月的最后一天，朔日的前一天。 ⑥算：数，指寿命。 ⑦望：农历每月十五日（有时是十六日或十七日）。 ⑧谕：明白。

译文

阴阳家说："辰为水墓，又为土墓，所以辰日不得哭泣。"王充的《论衡》引迷信的人的话说："辰日不能哭泣，哭泣就一定是重丧。"现在那些没有教养的人，辰日遇到丧事，不问丧的轻重，全家都静悄悄的，不敢发出哭声，并谢绝吊丧的客人。道家的书说："晦日唱歌，朔日哭泣，都是有罪的，上天会减损他的寿命。"丧家在朔日和望日的时候，悲痛之情更深重，难道应当珍惜寿命，就不哭泣了吗？我真不明白。

原文

偏傍之书[①]，死有归杀[②]。子孙逃窜，莫肯在家；画瓦[③]书符，作诸厌胜[④]；丧出之日，门前然[⑤]火，户外列灰[⑥]，祓[⑦]送家鬼[⑧]，章断注连[⑨]。凡如此比，不近有情，乃儒雅[⑩]之罪人，弹议所当加也。

注释

①偏傍之书：指旁门左道的书。偏傍，不正。 ②归杀：也作归煞、回煞。旧时迷信谓人死之后灵魂若干日回家一次叫"归

杀”。 ③画瓦：在瓦片上画图像以镇邪。 ④厌（yā）胜：古代的一种巫术，谓能用诅咒压服鬼邪或人物。 ⑤然：同“燃”。 ⑥户外列灰：在门外撒灰以观死人魂魄之迹。 ⑦祓（fú）：古代除灾祈福的仪式。 ⑧家鬼：家里的人死后的鬼魂。 ⑨章断注连：向天官上章以求断绝死者之殃染及生者。注连，传染的意思。 ⑩儒雅：指儒学正统。

译文

旁门左道的书说：人死之后鬼魂若干天会回家一次。这一天，家中的子孙们都逃避在外，没有人肯留在家中。用画瓦、书符、念咒语来驱鬼镇邪。出丧那一天，门前燃火，屋外铺灰，举行种种仪式驱走家鬼，向天官上章以求断绝死者之殃染及生者。所有这类迷信恶俗，都不近人情，是儒学雅道的罪人，应该对此加以指斥批评。

原文

己孤，而履岁[①]及长至[②]之节，无父，拜母、祖父母、世叔父母、姑、兄、姊，则皆泣；无母，拜父、外祖父母、舅、姨、兄、姊，亦如之：此人情也。

注释

①履岁：踏入一年的头一天，即元日（农历正月初一）。 ②长至：指冬至。

译文

自己失去了父亲或母亲，在元日及冬至两个节日里，如果没有父亲的，拜望母亲、祖父母、叔伯父母、姑姑、兄长、姐姐，都要哭泣；没有母亲的，拜望父亲、外祖父母、舅舅、姨母、兄长、姐姐，也要哭泣：这是人之常情。

原文

江左[①]朝臣，子孙初释服[②]，朝见二宫[③]，皆当泣涕；二宫为之改容。颇有肤色充泽[④]，无哀感者，梁武薄[⑤]其为人，多被抑退[⑥]。裴政[⑦]出服，问讯[⑧]武帝，贬瘦枯槁，涕泗滂沱，武帝目送之曰："裴之礼不死也。"

注释

①江左：江东，指梁朝。 ②释服：服丧期满，除去丧服。③二宫：指皇帝和太子。 ④充泽：丰满润泽。 ⑤薄：轻视，看不起。 ⑥抑退：贬抑斥退。 ⑦裴政：字德表，河东闻喜人。梁豫州刺史裴邃孙、廷尉卿裴之礼之子。梁时封夷陵侯，入周任员外散骑侍郎、刑部下大夫、少司宪。隋时任襄州总管。⑧问讯：指行僧礼。

译文

江东的大臣，他们的子孙刚脱下丧服，朝见皇帝和太子，都应当哭泣流泪。皇帝和太子都会感动得改变面容。有一些肤色丰满光泽，没有哀痛感的，梁武帝就看不起他们的为人，大多被贬抑斥退。裴政除去丧服，以僧礼朝见梁武帝，身体瘦弱、形容枯槁，涕泗滂沱，梁武帝目送他出去，说："裴之礼没有死啊。"

原文

二亲既没，所居斋寝[①]，子与妇弗忍入焉。北朝顿丘[②]李构[③]，母刘氏，夫人亡后，所住之堂，终身锁闭，弗忍开入也。夫人，宋广州刺史[④]纂[⑤]之孙女，故构犹染江南风教。其父奖，为扬州刺史，镇寿春[⑥]，遇害。构尝与王松年[⑦]、祖孝征数人同集谈宴[⑧]。孝征善画，遇有纸笔，图写为人。顷之，因割鹿尾[⑨]，戏截画人以示构，而无他意。构怆然动色，便起就马[⑩]

而去。举坐惊骇，莫测其情。祖君寻[11]悟，方深反侧[12]，当时罕有能感此者。吴郡[13]陆襄[14]，父闲被刑，襄终身布衣蔬饭，虽姜菜有切割，皆不忍食；居家惟以掐摘供厨。江宁[15]姚子笃，母以烧死，终身不忍啖炙[16]。豫章[17]熊康父以醉而为奴所杀，终身不复尝酒。然礼缘人情，恩由义断，亲以噎[18]死，亦当不可绝食也。

注释

①斋寝：斋戒时所住的房屋。 ②顿丘：地名，今河南浚县。 ③李构：北齐黎阳人，尚书左仆射李奖之子，终官太府卿。卒后，赠吏部尚书。 ④刺史：本为监察官，后变为地方军事行政长官。 ⑤纂：即刘纂。 ⑥寿春：魏晋南北朝时期淮南军事重镇。故址在今安徽寿县。 ⑦王松年：北齐人，曾任给事黄门侍郎。 ⑧谈宴：亦作“谈燕”，边宴饮边叙谈。 ⑨鹿尾：鹿的尾巴，为古代珍贵食品。 ⑩就马：骑马。 ⑪寻：顷刻，不久。 ⑫反侧：惶恐不安。 ⑬吴郡：郡名。治所在吴县（今苏州）。 ⑭陆襄：字赵卿。梁武帝时为太子家令、鄱阳内史、度支尚书。侯景乱平，元帝赠侍中，追封余干县侯。其父陆闲受南齐肖遥光谋反事牵连被杀。 ⑮江宁：今江苏南京。或作“江陵”。 ⑯啖炙：啖，食，吃。炙，烤肉。 ⑰豫章：郡名，治所在今江西南昌。 ⑱噎（yē）：食物堵住喉咙。

译文

父母去世之后，他们生前斋戒时所住的房屋，儿子和媳妇都不忍心进去。北朝顿丘郡的李构，他母亲刘氏死后，她生前所住的屋子，李构终身将其锁着，不忍心开门进去。李构的母亲，是南朝宋代的广州刺史刘纂的孙女，所以李构仍然受到江南风教的熏陶。他的父亲李奖，是扬州刺史，镇守寿春时被人杀害。李构曾经同王松年、祖孝征几个人聚在一起喝酒谈天。祖孝征善于画画，又碰上有纸笔，就画了一个人。过了一会，他因为割取宴席上的鹿尾，就开玩笑地把人像割断给李构看，但并无他意。李构却悲痛得变了脸色，起身乘马就走了。在场的人全都惊诧不已，却猜不出其中的原因。祖孝征不久醒悟过来，才深感不安，当时却很少有人能理解的。吴郡的陆襄，他的父亲陆闲曾遭刑戮，陆襄终身穿布衣吃素餐，即使是生姜用刀割过，他都不忍心吃；日常生活只用手掐摘蔬菜供厨房所用。江宁的姚子笃，因为母亲是被烧死的，所以他终身不忍心吃烤肉。豫章的熊康，父亲因酒醉后被奴仆杀害，所以他终身不再尝酒。然而礼是因为人的感情需要而设立的，恩情也可根据事理而决断，假如父母亲是因为吃饭噎死了，也不至于因此绝食吧。

原文

《礼经》：父之遗书，母之杯圈[①]，感其手口之泽[②]，不忍读用。政[③]为常所讲习，雠校[④]缮写，及偏加服[⑤]用，有迹可思者耳。若寻常坟典[⑥]，为生[⑦]什物[⑧]，安可悉废之乎？既不读用，无容散逸[⑨]，惟当缄保[⑩]，以留后世耳。

注释

①杯圈：一种木制饮器。 ②手口之泽：手汗和口泽之气。 ③政：同“正”。 ④雠（chóu）校：校对。 ⑤服：用。 ⑥坟典：“三坟五典”的简称，相传为上古之书，此处指一般的书籍。 ⑦为生：营生。 ⑧什物：指各种物品器具。 ⑨散逸：散失亡佚。 ⑩缄（jiān）保：封存保护。缄，封。

译文

《礼经》上说：父亲遗留的书籍，母亲用过的口杯，能感受到上面有父母的手汗和唾液，就不忍心阅读或使用。只因为这些东西是他们生前经常用来讲习、校对、缮写和专门使用的，有遗迹可引发哀思罢了。如果是一般的书籍，以及各种日用品，哪能全部废弃呢？父母的遗物既然不阅读使用，就不要让它们分散亡佚，而应当封存保护起来，以便留传给后代。

原文

思鲁等第四舅母，亲吴郡张建女也，有第五妹，三岁丧母。灵床①上屏风，平生旧物，屋漏沾湿，出曝②晒之，女子一见，伏床流涕。家人怪其不起，乃往抱持；荐③席淹渍④，精神伤怛⑤，不能饮食。将以问医，医诊脉云："肠断矣！"因尔便吐血，数日而亡。中外⑥怜之，莫不悲叹。

注释

①灵床：为死者虚设的坐卧之具。 ②曝（pù）：晒。 ③荐:草席、草垫。 ④淹渍：浸泡，淹浸。 ⑤怛（dá）：忧伤，悲苦。 ⑥中外：中表亲属。

译文

思鲁几兄弟的四舅母，是吴郡张建的亲女儿，她有一位五妹，三岁时失去母亲。灵床上的屏风，是她母亲生前使用过的东西，因屋漏被沾湿，被拿出去曝晒。那女子一见，就伏在床上流泪。家人见她一直不起来，感到奇怪，就过去抱她起身，只见垫席已被泪水浸湿，她精神悲苦忧惧，不能饮食。带她去看病，医生把脉后说："肠子已经断了！"女子为此吐血，几天后就死了。中外亲属都怜惜她，无不悲伤叹息。

原文

《礼》云："忌日[①]不乐。"正以感慕罔极[②]，恻怆无聊[③]，故不接外宾，不理众务耳。必能悲惨自居，何限于深藏也？世人或端坐奥室[④]，不妨言笑，盛营甘美[⑤]，厚供斋食[⑥]；迫有急卒[⑦]，密戚至交，尽无相见之理：盖不知礼意乎！

注释

①忌日：指父母及其他亲属逝世的日子。因禁忌饮酒、作乐等事，故称。 ②罔极：无穷尽，无边际。指对父母的无穷哀思。 ③无聊：郁郁寡欢。 ④奥室：内室，深宅。 ⑤盛营甘美：指弄了很多甜美的食物。营，谋求。 ⑥斋食：素食。 ⑦卒：同"猝"，急促，突然。

译文

《礼记》上说："忌日不作乐。"正因为感伤思慕，哀思无穷，郁郁寡欢，所以不接待宾客，不处理各种事物。如果真的能伤心独处，又何必局限于深藏不出呢？世上有的人虽端坐在深宅之中，却并不妨碍他言笑，多多地准备甘美的食品，优厚地供给素餐。可一旦遇到紧急的事，至亲密友都无法和他们相见，这种人大概不懂得礼的意义吧！

原文

魏世王修[①]母以社日[②]亡。来岁社日，修感念哀甚，邻里闻之，为之罢社。今二亲丧亡，偶值[③]伏腊[④]分至[⑤]之节，及月小晦后，忌之外，所经此日，犹应感慕，异于余辰，不预[⑥]饮宴、闻声乐及行游也。

注释

①王修：字叔治，本名为王脩。北海郡营陵人，魏时为大司农郎中令。 ②社日：古代祭祀土地神的日子。民俗中有春秋两祭，称为春社和秋社。 ③偶值：恰好碰上。值，遇到，逢着。④伏腊：伏祭和腊祭之日。伏祭在夏季伏日，腊祭在农历十二月。 ⑤分至：分指春分、秋分，至指冬至、夏至。 ⑥预：参与。

译文

魏国王修的母亲因为是在社日这天去世的，第二年的社日，王修感怀思念母亲，十分哀痛。邻居们听到这事，为此而停止社日的活动。现在，父母去世的日子，如果刚好碰上伏祭、腊祭、春分、秋分、夏至、冬至这些节日，以及忌日前后三天，忌月晦日的前后三天，除忌日这天外，凡在上述的日子里，仍应对父母感怀思慕，与别的日子有所不同，做到不参加宴饮、不听声乐以及不外出游玩。

原文

刘绍、缓、绥[①]，兄弟并为名器[②]，其父名昭，一生不为照字，惟依《尔雅》火旁作召耳。然凡文与正讳[③]相犯，当自可避；其有同音异字，不可悉然。刘字之下，即有昭音[④]。吕尚[⑤]之儿，如不为上；赵壹[⑥]之子，傥不作一：便是下笔即妨，是书皆触[⑦]也。

注释

①“刘绍”句：刘绍，南北朝梁代人字言明，曾官尚书祠部郎。刘绍弟刘缓，字含度，曾官湘东王记室。绥，本传不载，疑为衍字。其父刘昭，字宣卿，平原高唐人，曾为剡令。 ②名

器：知名的人才。③正讳：指父母的正名。④“刘字之下”句：繁体的“刘”字下半是“钊”字，而“钊”与“昭”同音。⑤吕尚：即姜太公姜尚。⑥赵壹：字符叔，东汉汉阳西县人，辞赋家。⑦触：指触犯忌讳。

译文

刘绍、刘缓两兄弟，同为有名望的人，他们的父亲名昭。所以兄弟俩一辈子都不写照字，只是依照《尔雅》用“火”旁加“召”来代替。然而凡文字与正名相同，当然应该避讳；如果出现同音异字，就不可全部避讳了。“刘”字的下半部分就有“昭”的音。吕尚的儿子如果不能写“上”字，赵壹的儿子如果不能写“一”字，就会一下笔就犯难，一写字就犯讳了。

原文

尝有甲设宴席，请乙为宾；而旦[①]于公庭见乙之子，问之曰：“尊侯[②]早晚[③]顾宅？”乙子称其父已往，时以为笑。如此比例[④]，触[⑤]类慎之，不可陷于轻脱[⑥]。

注释

①旦：早晨。②尊侯：对对方父亲的尊称。③早晚：何时。④比例：可比照的事例。⑤触：碰到。⑥轻脱：轻佻，不谨慎、不慎重。

译文

曾经有甲设宴，请乙作客。而早上在官署见到乙的儿子，就问他：“令尊什么时候光顾寒舍？”乙的儿子说他父亲已经去了。当时传为笑柄。此类事例，碰上后要慎重对待，不可陷于轻佻。

原文

江南风俗，儿生一期[①]，为制新衣，盥[②]浴装饰，男则用弓矢纸笔，女则刀[③]尺针缕[④]，并加饮食之物及珍宝服玩，置之儿前，观其发意所取，以验贪廉愚智，名之为试儿[⑤]。亲表聚集，致宴享[⑥]焉。自兹已后，二亲若在，每至此日，常有酒食之事耳。无教之徒，虽已孤露[⑦]，其日皆为供顿[⑧]，酣畅声乐，不知有所感伤。梁孝元年少之时，每八月六日载诞[⑨]之辰，常设斋讲[⑩]；自阮修容[⑪]薨殁之后，此事亦绝。

注释

①期（jī）：一周年。 ②盥（guàn）：洗。 ③刀：剪刀。 ④缕：线。 ⑤试儿：又称“试周”“抓周”，孩子满周岁时，拿各种东西放置其前，观其所取。 ⑥宴享：大宴宾客。享，款待。 ⑦孤露：幼孤而羸弱，泛指失去父母。孤，幼而无父。 ⑧供顿：设宴待客。顿，放置食物之所，此处指吃一次饭。 ⑨载诞：生日。载，始。 ⑩设斋讲：设斋堂讲佛经。 ⑪阮修容：会稽余姚人，齐始安王遥光纳为妾，后入东昏侯宫，梁武帝纳为彩女，生世祖梁元帝，拜为修容（古代宫妃的位号，为九嫔之一）。

译文

江南的风俗，在孩子出生一周年的时候，要给他缝制新衣，洗浴打扮，男孩就用弓箭纸笔，女孩就用刀尺针线，再加上饮食，还有珍宝和衣服玩具，放在孩子面前，看他动念头想抓取什么东西，用来测试他是贪婪还是廉洁，是愚蠢还是聪明，这叫做试儿。这一天，亲人和表亲戚都聚集在一起，宴请招待他们。此后，父母亲只要还在世，每到这天，都会置酒备饭。那些没有教养的人，虽然父母已经去世，这一天仍要设宴待客，尽兴痛饮，纵情声乐，不知道应该有所感伤。梁孝元帝年轻的时候，每到八月六日生日这天，常常吃素讲经。自他母亲阮修容去世以后，这种事也绝迹。

原文

人有忧疾，则呼天地父母[①]，自古而然。今世讳避[②]，触途急切。而江东士庶，痛则称祢[③]。祢是父之庙号，父在无容[④]称庙，父殁何容辄呼？《苍颉篇》[⑤]有倄[⑥]字，《训诂》云："痛而謼[⑦]也，音羽罪反[⑧]。"今北人痛则呼之。《声类》音于耒反，今南人痛或呼之。此二音随其乡俗，并可行也。

注释

①"人有忧疾"句：《史记·屈原贾生列传》云："夫天者，人之始也，父母者，人之本也，人穷则反本；故劳苦倦极，未尝不呼天也，疾痛惨怛，未尝不呼父母也。" ②今世讳避：指今世认为呼天呼父母为触忌，嫌有怨恨祝诅之意，故讳避。 ③祢：父亲死后入宗庙之称。或释为"奶"之俗字。 ④容：许，可。 ⑤《苍颉篇》：秦丞相李斯所作字书。 ⑥倄：痛哭声。 ⑦謼：同"呼"。 ⑧反：反切，用两个汉字合起来为一个汉字注音的方法。

译文

人有忧患疾病，就呼喊天地父母，自古以来都是这样。现在的人讲究避讳，处处比古人严格。而江东的士族庶族，悲痛时就叫祢。祢是已故父亲的庙号，父亲在世都不可以叫庙号，父亲死后怎能随便呼叫他的庙号呢？《苍颉篇》中有倄字，《训诂》解释说："这是痛苦时发出的声音，发音是羽罪反。"现在北方人悲痛时就这样叫。《声类》注这个字的音是于耒反，现在南方人悲痛时会这样喊。这两个音随乡俗而定，都是可行的。

原文

梁世被系劾[1]者，子孙弟侄，皆诣[2]阙[3]三日，露跣[4]陈谢。子孙有官，自陈解职。子则草屩[5]粗衣，蓬头垢面，周章[6]道路，要候[7]执事[8]，叩头流血，申诉冤枉。若配[9]徒隶[10]，诸子并立草庵[11]于所署门，不敢宁宅[11]，动经旬日[12]，官司[13]驱遣，然后始退。江南诸宪司[14]弹人事，事虽不重，而以教义见辱者，或被轻系而身死狱户者，皆为怨仇，子孙三世不交通[15]矣。到洽[16]为御史中丞，初欲弹刘孝绰[17]，其兄溉先与刘善，苦谏不得，乃诣刘涕泣告别而去。

注释

①系劾：囚禁弹劾。系，拘禁。劾，揭发罪状。 ②诣：到。 ③阙：皇宫门前两边供瞭望的楼，借指朝廷。 ④露跣(xiǎn)：露，露髻，即不戴帽子，露出发髻。跣，光着脚，不穿鞋袜。 ⑤屩（jué)：草鞋。 ⑥周章：章皇周流，意即惊恐不安。 ⑦要候：中途等候。 ⑧执事：主管人员。 ⑨配：流放。 ⑩徒隶：服劳役的犯人。 ⑪庵：小草舍。 ⑪宁宅：安居。 ⑫动经旬日：常常要住上十来天。动，常常，动不动。旬，十天为一旬。 ⑬官司：官府。 ⑭宪司：即御史。 ⑮交通：往来结交。 ⑯到洽：彭城武原人，梁武帝时任御史中丞。⑰刘孝绰：彭城人，南朝文学家，梁武帝时官廷尉正。

译文

梁朝被拘囚弹劾的官员，他的子孙弟侄们都要赶到朝廷，整整三天免冠赤足，陈述请罪；子孙中如有做官的，就主动请求解除官职；儿子们则穿上草鞋和粗布衣服，蓬头垢面，惊惶不安地守候在道路上，拦住主管官员，叩头流血，申诉冤枉。如果被发配去服苦役，他的儿子们就一起在官署门前搭起茅草屋，不敢在家中安居，一住就是十来天，直到官府驱逐才离开。江南地区各宪司弹劾某人，案情虽不严重，但如果是因为教义而受弹劾之辱，或被拘囚而死在狱中，两家就会结为怨仇，子孙三代都不相往来。到洽任御史中丞的时候，开始想弹劾刘孝绰，到洽的哥哥到溉早先与刘孝绰友善，他苦苦规劝到洽不要弹劾刘孝绰而未能如愿，就前往刘孝绰处，流着泪与他告别然后离去。

原文

兵凶战危，非安全之道。古者，天子丧服以临师[①]，将军凿凶门而出[②]。父祖伯叔，若在军阵，贬损[③]自居，不宜奏乐宴会及婚冠[④]吉庆事也。若居围城之中，憔悴容色，除去饰玩[⑤]，常为临深履薄[⑥]之状焉。父母疾笃，医虽贱虽少，则涕泣而拜之，以求哀也[⑦]。梁孝元在江州，尝有不豫[⑧]，世子方等[⑨]亲拜中兵参军李猷焉。

注释

①“天子”句：天子穿着丧服面对军队。 ②凿凶门而出：凿一扇向北的门出去，以示将军出征用丧礼处之，表示必死的决心。 ③贬损：抑制，约束。 ④冠：指行冠礼。古时男子二十岁行成人礼，可以从此结发戴帽。 ⑤饰玩：装饰之品，玩好之器。 ⑥临深履薄：《诗经·小雅·小旻》：“如临深渊，如履薄冰。”形容因形势险恶而谨慎畏惧的样子。 ⑦“父母疾笃”四句：指父母有病，做儿子的应该拜医以求药。笃，病重。哀，怜悯。 ⑧不豫：天子病叫不豫。 ⑨世子方等：指梁世祖的长子萧方等。

译文

兵器是凶器，战争是危事，都不是安全之道。古时天子穿上丧服去检阅军队，将军凿一扇凶门然后由此出征。某人的父祖伯叔如果在军队里，他就要自我约束，不宜参加奏乐、宴会以及婚礼冠礼等吉庆活动；如果被围困在城邑之中，就应该面容憔悴，除去饰物器玩，时时显出如临深渊、如履薄冰的样子。如果父母病重，医生即使位卑年少，他也应该向医生哭泣下拜，以求得医生的怜悯。梁孝元帝在江州的时候曾经生病，他的长子方等就亲自拜求过中兵参军李猷。

原文

四海之人，结为兄弟，亦何[①]容易。必有志均义敌[②]，令终如始者，方可议之。一尔之后[③]，命子拜伏，呼为丈人[④]，申[⑤]父友之敬；身事彼亲，亦宜加礼。比见北人，甚轻此节，行路相逢，便定昆季[⑥]，望年观貌，不择是非，至有结父为兄，托子为弟者。

注释

①亦何：犹谈何。 ②志均义敌：指志向与道义都相合。均，均衡。敌，匹敌。 ③一尔之后：一旦结拜。尔，如此。 ④丈人：对长辈的称呼。 ⑤申：表示。 ⑥昆季：即兄弟。昆，哥哥。季，兄弟排行次序最小的。

译文

四海异姓之人结拜为兄弟，谈何容易！必须是志同道合，对朋友始终如一的人，才可加以考虑。一旦与人结为兄弟，就要让自己的孩子向他下拜，称他为丈人，表达对父亲朋友的尊敬；自己侍奉结拜兄弟的父母，也应该增加礼数。我近来常常见到一些北方人，在这一点上很轻率，两个人陌路相逢，便结为兄弟，只问年龄看外貌，也不斟酌一下是否妥当，以至于有把父辈当做兄长，把子侄辈当做弟弟的。

原文

昔者，周公一沐三握发，一饭三吐餐[①]，以接白屋之士[②]，一日所见者七十余人。晋文公以沐辞竖头须，致有图反之诮[③]。门不停宾，古所贵也。失教之家，阍寺[④]无礼，或以主君寝食嗔怒，拒客未通[⑤]，江南深以为耻。黄门侍郎裴之礼，号善为士大夫，有如此辈，对宾杖之；其门生[⑥]僮仆，接于他人，折旋[⑦]俯仰，辞色应对，莫不肃敬，与主无别也。

注释

①“一沐三握发”二句：沐浴一次须三次握住已散之发，吃一顿饭中间须三次停食，以接待宾客。形容求贤殷切。 ②白屋之士：指平民。 ③“晋文公”二句：据《左传·僖公二十四年》：有一个叫头须的童仆，曾偷窃府库的钱财帮助晋公子重耳（晋文公）作为返国的费用。文公即位后头须求见，文公借口洗头不见。头须说：“沐则心覆，心覆则图反，宜吾不得见也。”心覆，指心倒过来。图反，指考虑问题不正常。 ④阍寺：守门人。 ⑤拒客未通：指拒绝为客人通报。 ⑥门生：门子，门下供使役的人。 ⑦折旋：即折还，曲行，古代行礼时的动作。

译文

从前，周公沐浴一次须三次握住已散之发，吃一顿饭中间须三次停食，来接待平民寒士，一天之内曾接见过七十多人。而晋文公以正在沐浴为借口拒绝接见有功于他的童仆头须，以致遭到“图反”的嘲笑。不让宾客滞留家门，这是古人所看重的。那些没有教养的家庭，守门人也没有礼貌，有的以主人正在睡觉、吃饭或发脾气为借口，拒绝为客人通报，江南人深以此事为耻。黄门侍郎裴之礼，被称作士大夫的楷模，如果家里有这样的人，他会当着客人的面用棍子抽打。他的门子、僮仆在接待客人的时候，进退礼仪、言辞表情和应对客人，无不严肃恭敬，与主人没有两样。

慕贤第七

题解

慕贤意为仰慕贤人。作者认为圣贤难遇、人才难得，与贤人交往非常重要，强调要与贤能的人交朋友。要善于向身边的贤人学习，不可“贵耳贱目，重遥轻近”。对于人才，不应掠人之美，也不可轻视地位低下者。同时列举正反两方面的例子，说明人才关系到国家的兴衰和存亡。

原文

古人云：“千载一圣，犹旦暮也；五百年一贤，犹比髆也。①”言圣贤之难得，疏阔②如此。傥③遭不世④明达君子，安可不攀附⑤景仰⑥之乎？吾生于乱世，长于戎马，流离播越⑦，闻见已多；所值⑧名贤，未尝不心醉魂迷向慕之也。人在年少，神情未定，所与款狎⑨，熏渍陶染⑩，言笑举动，无心于学，潜移暗化⑪，自然似之；何况操履⑫艺能⑬，较⑭明易习者也⑮？是以与善人居，如入芝兰之室，久而自芳也；与恶人居，如入鲍鱼之肆，久而自臭也⑯。墨子悲于染丝⑰，是之谓矣。君子必慎交游焉。孔子曰：“无友不如己者。⑱”颜、闵⑲之徒，何可世得⑳！但优于我，便足贵之。

注释

①“千载”句：一千年出一位圣人，还近得像从早到晚之间；五百年出一位贤人，还密得像肩碰肩。比，紧靠。髆（bó），肩膀。 ②疏阔：相隔遥远、稀少。 ③傥：假如。 ④不世：

不世出，指罕见、少见。古人以三十年为一世。⑤攀附：指与圣贤相交结。⑥景仰：仰慕。⑦播越：离散，流亡。⑧值：遇到，碰上。⑨款狎：款洽狎习。指相互间诚恳融洽，关系亲密不拘礼节。⑩熏渍陶染：指受其影响和熏陶。渍，浸染。⑪潜移暗化：即潜移默化，指人的思想或性格不知不觉受到感染、影响而发生变化。潜，暗中。⑫操履：操守德行。履，践踏，引申为实行。⑬艺能：本领技能。⑭较：同“皎”，明显。⑮也：读为“耶”，表疑问的语气词。⑯“是以”六句：语本《说苑·杂言》。意思是说人的性情会随环境的影响而变化。鲍鱼之肆，卖咸鱼的店铺。肆，作坊、店铺。⑰“墨子”句：《墨子·所染篇》载：“子墨子见染丝者而叹曰：‘染于苍则苍，染于黄则黄，所入者变，其色亦变，五入而已则为五色矣：故染不可不慎也。’”墨子，战国时期著名的思想家，墨家学派的创始人。⑱无友不如己者：不要跟不如自己的人交朋友。无，同“毋”。友，交朋友。语见《论语·学而》。⑲颜、闵：指孔子弟子颜回、闵子骞，皆以德行称。⑳何可世得：哪能每代人都遇得到呢？

译文

古人说：“一千年出一个圣人，还近得像从早到晚之间；五百年出一个贤人，还密得像肩碰肩。”这是说圣贤难得，相隔遥远，如此稀少。假如遇到世间少有的明达君子，怎能不攀附景仰呢？我出生在乱离之世，成长在战争之中，迁移流亡，见闻已多，遇上名流贤士，没有不心醉神迷向往钦慕的。人年轻时，精神性情还没有定型，和那些情投意合的朋友朝夕相处，受到熏陶浸染，他人的言谈笑貌、举手投足，即使无心去学习，也会受到潜移默化的影响，自然变得相似，何况人家的操守德行、技艺才能，是更为明显易于学习的呢？因此和善人在一起，好像进入培育芝兰的屋子，时间一久自然就变得芬芳；和恶人在一起，如同进入卖咸鱼的店铺，时间一久自然就变得腥臭。墨子看见染丝的情形，感叹丝染在什么颜色里就会变成什么颜色。所以君子与人交往一定要谨慎。孔子说："不要和不如自己的人交朋友。"像颜回、闵子骞那样的人，哪能常有呢？只要他人有胜过我的地方，就足以让我看重了。

原文

世人多蔽①，贵耳贱目，重遥轻近。少长②周旋③，如有贤哲，每相狎侮④，不加礼敬；他乡异县，微藉⑤风声，延颈企踵⑥，甚于饥渴。校其长短，核⑦其精粗，或彼不能如此矣。所以鲁人谓孔子为东家丘⑧。昔虞国宫之奇，少长于君，君狎之，不纳其谏，以至亡国⑨，不可不留心也。

注释

①蔽：蒙蔽。这里指有偏见。　②少长：此指从年少到长大。　③周旋：交往。　④狎侮：轻慢侮弄。　⑤藉：凭借，依靠。　⑥延颈企踵（zhǒng）：伸长头颈，踮起脚跟。形容仰慕或企望之切。　⑦核：考核、核实。　⑧"鲁人"句：指鲁国人不识孔子的才德，轻蔑地称他为"东家丘"。东家，即主人。丘，孔子的名。　⑨"虞国宫之奇"五句：据《左传·僖公二年》和《左传·僖公五年》载：晋国假道（借道）于虞以伐虢，虞公许之，宫之奇谏，不听。晋灭虢还师，遂灭虞。宫之奇，春秋时虞国大夫。

译文

世人大多有所壅蔽而存有偏见，重视所听见的而轻视所看见的，重视远处的而轻视身边的。从小到大一起交往的人中，如果有贤哲之人，也往往会轻慢侮弄，对他缺少礼貌尊敬。而对他乡异县的，稍稍凭借传闻名声，就会伸长头颈、踮起脚跟，如饥似渴地想见一见。其实比较二者的长短，审察二者的优劣，也许远处的还不如身边的。因此，鲁国人轻蔑地把孔子叫做“东家丘”。从前虞国宫之奇年龄稍长于国君，虞君对他很随便，不采纳他的劝谏，以至于落了个亡国的结局。这样的教训不能不留心啊！

原文

用其言，弃其身，古人所耻[①]。凡有一言一行，取于人者，皆显称[②]之，不可窃人之美，以为己力；虽轻虽贱者，必归功焉。窃人之财，刑辟[③]之所处；窃人之美，鬼神之所责。

注释

①“用其言”三句：据《左传·定公九年》载：郑驷歂杀邓析而用其竹刑，君子谓子然（郑驷歂的字）于是乎不忠。 ②显称：公开地声称。 ③刑辟（bì）：刑法，刑律。

译文

采用某人的意见却抛弃这个人，这种行为被古人认为是可耻的。凡是一个建议、一件事情，得到过别人的帮助，就应该公开声明，不该窃取他人的成果，当成自己的功劳。即使是地位低下的人，也一定要归功于他。窃取别人的钱财，会遭到刑罚的处置；窃取别人的成果，会遭到鬼神的谴责。

原文

梁孝元前在荆州[①]，有丁觇[②]者，洪亭民耳，颇善属文[③]，殊工[④]草隶，孝元书记，一皆使之。军府[⑤]轻贱[⑥]，多未之重，耻令子弟以为楷法[⑦]。时云：“丁君十纸，不敌王褒[⑧]数字。”

吾雅爱其手迹，常所宝持[9]。孝元尝遣典签[10]惠编送文章示萧祭酒[11]，祭酒问云："君王比[12]赐书翰[13]，及写诗笔[14]，殊为佳手[15]，姓名为谁？那得都无声问[16]？"编以实答。子云叹曰："此人后生无比[17]，遂不为世所称，亦是奇事。"于是闻者少[18]复刮目[19]。稍仕至尚书仪曹郎[20]，末为晋安王[21]侍读[22]，随王东下。及西台[23]陷殁，简牍[24]湮散[25]，丁亦寻[26]卒于扬州[27]。前所轻者，后思一纸，不可得矣。

注释

①"梁孝元"句：据《梁书·元帝纪》：梁武帝普通七年(526)，湘东王（后为梁元帝）萧绎出为使持节都督荆、湘等六州诸军事，西中郎将、荆州刺史。荆州，治所在江陵（今湖北）。②丁觇（chān）：梁、陈时人，善隶书，与擅长草书的智永为世人并称为"丁真永草"。③属（zhǔ）文：写文章。属，连缀，把……串联起来。④工：擅长。⑤军府：湘东王萧绎时都督六州诸军事，故其治所称为军府。⑥轻贱：指军府的那些轻薄卑贱之徒。⑦楷法：本指楷书之法，此处指典范、法则。⑧王褒：字子渊，琅邪临沂人，工书法，为时所重。⑨宝持：珍藏。⑩典签：官名，又称为签帅。⑪萧祭酒：指梁国子祭酒萧子云，王褒的姑父，善草隶。祭酒，官名。⑫比：近来。⑬书翰：指书信。⑭诗笔：诗文。六朝人以诗笔对言，笔指无韵之文。⑮佳手：高手。⑯声问：即声闻，犹声誉。⑰后生无比：指在后辈中没有人能与之相比。⑱少：同"稍"，渐渐。⑲刮目：即刮目相看。⑳仪曹郎：官名，掌礼乐、学校、衣冠及图书册命等。㉑晋安王：即梁简文帝萧纲，梁武帝第三子，天监五年（506）封晋安王。㉒侍读：诸王属官，负责给帝王、皇子进读书史、讲解经义。㉓西台：指江陵。南北

朝时称中央政府为台省，梁元帝在江陵称帝，而江陵在建康以西，故曰西台。㉔简牍（dú）：本指写字用的狭长竹板和木板，引申为书籍、文书。㉕湮（yān）散：散失、亡佚。㉖寻：不久。㉗扬州：指扬州治所建康（今南京市）。

译文

梁元帝从前在荆州时，有个叫丁觇的，是洪亭的百姓，很善于写文章，尤其擅长写草书、隶书，元帝的文书抄写，全部交给他做。可是，军府里那些轻薄卑贱之徒，对他的书法却不重视，不愿自己的子弟模仿学习，一时有“丁君写的十张纸，比不上王褒几个字”的说法。我一向喜爱丁觇的书法，经常加以珍藏。梁元帝曾经派典签惠编送文章给祭酒萧子云看，萧子云问道：“君王近来所赐的书信和所写的诗文，真出于好手，此人姓什么叫什么，怎么会毫无名声?”惠编如实予以回答。萧子云叹道：“这人在后辈中没有谁能比得上，却不为世人称道，也算是件奇怪的事。”从此后听到这话的人才对丁觇稍稍刮目相看。丁觇后来逐步当了尚书仪曹郎，最后做了晋安王的侍读，随晋安王顺江东行。等到西台陷落时，那些书信文件湮没散失，丁觇不久也死于扬州。以前那些轻视丁觇的人，后来想得到丁觇的一纸书法也不可能了。

原文

侯景[①]初入建业[②]，台门[③]虽闭，公私[④]草扰[⑤]，各不自全。太子左卫率[⑥]羊侃[⑦]坐东掖门[⑧]，部分[⑨]经略[⑩]，一宿皆办，遂得百余日抗拒凶逆[⑪]。于时城内四万许[⑫]人，王公朝士不下一百，便是恃[⑬]侃一人安之，其相去如此。古人云：“巢父[⑭]、许由[⑮]，让于天下；市道小人，争一钱之利。”亦已悬[⑯]矣。

注释

①侯景：字万景，北魏怀朔镇人，后降东魏高欢。太清元年（547）二月降梁，二年八月发兵反，攻破梁都城建康。②建业：即建康，今江苏南京。③台门：台城（禁城）的门。④公私：指官吏百姓。⑤草扰：为混乱所侵扰。⑥太子左卫率：官名，掌东宫护卫之职。⑦羊侃（495—549）：字祖忻，泰山梁父（今山东泰安市东南）人，梁末著名大将。大通三年（529）授徐州刺史，封高昌县侯。侯景之乱发生后，用各种方法打退侯景进攻，后城破，在战斗中病死。⑧东掖门：台城正南端门，其左右二门称东、西掖门。⑨部分：部署处理。⑩经略：规划安排。⑪凶逆：指侯景叛军。⑫许：左右。⑬恃:凭借，依靠。⑭巢父：相传为尧时隐士，以树为巢，而寝其上，故号曰巢父。⑮许由：巢父友人，相传尧召其为九州长，许由不受。⑯悬：悬殊。

译文

侯景刚攻入建业的时候，台门虽已紧闭，但台城内的官吏百姓都惊恐不安，人人自危。这时，太子左卫率羊侃坐镇东掖门，他部署策划抵抗事宜，仅一个晚上全都安排好了，于是争取到一百多天的时间来抵抗凶恶的叛军。当时，台城内有四万左右的人，其中的王公大臣不下一百，全靠羊侃一人来安定局面，他们之间的差距是如此之大。古人说："巢父、许由把天下都推辞掉了，而市井小人却为一个小钱争夺不休。"两者的差距也太悬殊了。

原文

齐文宣帝[①]即位数年，便沉湎[②]纵恣[③]，略无纲纪[④]；尚能

委政尚书令杨遵彦[5]，内外清谧[6]，朝野晏如[7]，各得其所，物无异议，终天保[8]之朝。遵彦后为孝昭[9]所戮，刑政于是衰矣。斛律明月[10]齐朝折冲之臣[11]，无罪被诛，将士解体[12]，周人始有吞齐之志，关中至今誉之。此人用兵，岂止万夫之望[13]而已哉！国之存亡，系其生死。

注释

①齐文宣帝：即北齐的建立者高洋，字子建。东魏时封齐王，后代魏自立。 ②沉湎（miǎn）：沉迷。 ③纵恣：肆意放纵。 ④纲纪：法度、准则。 ⑤杨遵彦：即杨愔，弘农华阴人，小名秦王。官至北齐尚书令，拜骠骑大将军，封开封王。后孝昭帝高演篡位，被杀。 ⑥清谧：清静安宁。 ⑦晏如：安然。 ⑧天保：北齐文宣帝高洋的第一个年号，五五〇年五月至五五九年十二月。 ⑨孝昭：即北齐孝昭帝高演，字延安，文宣帝母弟。 ⑩斛（hú）律明月：即斛律光，北齐名将斛律金之子，官至太子太保，因北周用离间计遭北齐后主高纬猜忌被杀。⑪折冲之臣：忠勇而使敌人不敢来犯之臣。折冲，使敌方的战车折返，意谓抵御、击退敌人。 ⑫解体：指人心叛离、斗志瓦解。 ⑬望：为人所敬仰。

译文

北齐文宣帝即位几年后，就沉迷酒色，肆意放纵，全无纲常法度。但还能把政事委托给尚书令杨遵彦，才使内外安定，朝野平静，君臣各得其所，大家没有什么异议，整个天保一朝保持了这种局面。杨遵彦后来被孝昭帝所杀，刑政从此衰败下去。斛律明月是北齐安邦御敌的重臣，却无罪被杀，将士因此人心叛离，北周人才萌生了吞并北齐之志，关中一带的人们至今对他仍称赞不已。这个人用兵，岂止是千万人希望之所归而已啊！他的生死，关系着国家的存亡命运。

原文

张延隽之为晋州行台[①]左丞，匡维[②]主将，镇抚疆埸[③]，储积器用，爱活[④]黎民，隐若敌国[⑤]矣。群小不得行志，同力迁之。既代之后，公私扰乱，周师一举，此镇先平。齐亡之迹，启[⑥]于是矣。

注释

①行台：凡朝廷遣大臣督诸军于外，谓之行台。 ②匡维：匡正维护，指匡扶社稷、治国安邦。 ③疆埸（yì）：边疆。埸，疆界，边境。 ④爱活：爱护救助。 ⑤隐若敌国：形容威重可与一国相匹敌。隐，威重之貌。敌国，与国相匹敌。 ⑥启：开始。

译文

张延隽任晋州行台左丞时，辅佐帮助主将，镇守安抚边疆，储藏聚集物资，爱护救助百姓，其威严庄重仿佛可与一国相匹敌。那些卑鄙小人不能按自己的意愿行事，就联合起来放逐了他。取代他之后，晋州一片混乱，北周军队一起兵，晋州就先被平定。北齐败亡的迹象，就是从这里开始的。

卷第三

勉学

勉学第八

题解

本篇是关于学习问题的专述。作者论述了学习的重要性，认为学习可以开心明目、多知明达、修身利行、薄伎在身、敦厉风俗、匡时富国；对不学无术、养尊处优的贵游子弟进行了嘲讽。提出了自己关于学习的主张：读书要“博览机要”、勤奋、虚心、多切磋、重视“眼学”、向实践学习、学以致用等等。同时对以玄学为代表的空疏学风进行了批评。

原文

自古明王圣帝，犹须勤学，况凡庶[1]乎！此事遍于经史，吾亦不能郑重[2]，聊举近世切要[3]，以启寤[4]汝耳。士大夫子弟，数岁已上，莫不被教，多者或至《礼》、《传》[5]，少者不失《诗》、《论》[6]。及至冠[7]婚，体性[8]稍定，因此天机[9]，倍须训诱。有志尚[10]者，遂能磨砺，以就素业[11]；无履立[12]者，自兹堕[13]慢，便为凡人。人生在世，会当[14]有业：农民则计量[15]耕稼，商贾则讨论货贿[16]，工巧则致精器用，伎艺[17]则沉思法术[18]，武夫则惯习弓马，文士则讲议经书。多见士大夫耻涉农商，羞务工伎，射则不能穿札[19]，笔则才记姓名，饱食醉酒，忽忽[20]无事，以此销[21]日，以此终年。或因家世余绪[22]，得一阶半级[23]，便自为足，全忘修学；及有吉凶大事，议论得失，蒙然[24]张口，如坐云雾；公私宴集，谈古赋诗，塞默低头，欠伸[25]而已。有识旁观，代其入地。何惜数年勤学，长受一生愧辱哉！

注释

①凡庶：平凡百姓。 ②郑重：此处是频繁的意思。 ③切要：重要。 ④启寤：启发开悟。寤，同“悟”。 ⑤《礼》、《传》：指《礼记》和《春秋三传》。 ⑥《诗》、《论》：指《诗经》和《论语》。 ⑦冠（guàn）：古代男子二十行加冠之礼，称冠礼，表示已成年。 ⑧体性：体格性情。 ⑨因此天机：乘此难得的机会。 ⑩志尚：志向，理想。 ⑪素业：清素之业，即士人所从事的儒业。 ⑫履立：操守，此处指毅力。 ⑬堕：同“惰”。 ⑭会当：应当。 ⑮计量：计划盘算。 ⑯货贿：指商品买卖。贿，布帛。 ⑰伎艺：泛指艺人。 ⑱法术：方法技术。 ⑲札：铠甲上的金属叶片。 ⑳忽忽：迷糊，恍惚。 ㉑销：同“消”。 ㉒余绪：留传给后世的部分。绪，前人留下的事业。 ㉓一阶半级：犹一官半职。阶、级，指官员的品次、等级。 ㉔蒙然：懵懵懂懂的样子。蒙，同“懵”。 ㉕欠伸：打呵欠。

译文

自古以来的明王圣帝，尚且还需勤奋学习，何况是普通百姓呢！这类事情在经籍史书中随处可见，我也不能一一列举，姑且举出近代重要的，来启发提醒你们。士大夫的子弟，几岁以后，没有不受教育的，多的读到《礼记》、《春秋三传》，少的起码也学了《诗经》和《论语》。等到行冠礼成婚的年纪，体质性情稍稍定型，乘此难得的机会，更须加倍对他们进行教训诱导。其中有志向有理想的，就能经受磨炼，成就士人的事业；没有操守毅力的，从此怠惰下去，就成为庸人。人生在世，都应当有一定的职业。农民要计划盘算耕地种植，商人要讨论买卖生财，工匠要使器用精致，艺人要考虑方法技术，武夫要熟悉骑马射箭，文士要讲习研讨经书。常常看到不少士大夫耻于涉足农商，羞于从事手工技艺，射箭不能射穿铠甲上的薄片，握笔才勉强会写姓名，饱食醉酒，迷糊恍惚，以此来打发日子，以此来了结一生。有的凭着家世余荫，弄到一官半职，就自感满足，完全忘记修业学习。等到有吉凶大事，议论得失的时候，就懵懵懂懂张口结舌，像坐在云雾之中。公家或私人集会宴欢，大家谈古论今、吟诗作赋，只能沉默低头，打打呵欠而已。有见识的人在旁看到，替他羞愧得恨不能钻到地下。为什么舍不得勤学几年时间，而宁愿一辈子长时间受愧辱呢？

原文

梁朝全盛之时，贵游子弟[①]，多无学术，至于谚云："上车不落则著作[②]，体中何如[③]则秘书[④]。"无不熏衣剃面，傅[⑤]粉施朱，驾长檐车[⑥]，跟[⑦]高齿屐[⑧]，坐棋子方褥[⑨]，凭[⑩]斑丝[⑪]隐囊[⑫]，列器玩于左右，从容出入，望若神仙。明经[⑬]求第[⑭]，则顾[⑮]人答策[⑯]；三九[⑰]公宴，则假手[⑱]赋诗。当尔之时，亦快士[⑲]也。及离乱之后，朝市迁革[⑳]，铨衡选举[㉑]，非复曩者[㉒]之亲；当路[㉓]秉权[㉔]，不见昔时之党。求诸身而无所得，施之世而无所用。被褐[㉕]而丧珠，失皮而露质，兀[㉖]若枯木，泊[㉗]若穷流[㉘]，鹿独[㉙]戎马之间，转死沟壑[㉚]之际。当尔之时，诚驽[㉛]材也。有学艺者，触地而安[㉜]。自荒乱已来，诸见俘虏。虽百世小人[33]，知读《论语》、《孝经》者，尚为人师；虽千载冠冕[34]，不晓书记者，莫不耕田养马。以此观之，安可不自勉耶？若能常保数百卷书，千载终不为小人也。

注释

①贵游子弟：无官职的王公贵族叫贵游，其子弟叫贵游子弟。泛指不学无术、游手好闲的贵族子弟。 ②著作：即著作郎，官名，掌编纂国史。 ③体中何如：当时书信中的客套话。④秘书：即秘书郎，官名，掌校订经籍。 ⑤傅：涂抹。 ⑥长檐车：一种用车幔覆盖整个车身的车子。 ⑦跟：穿着。 ⑧高齿屐（jī）：一种装有高齿的木底鞋。 ⑨棋子方褥：一种用方格图案的织品制成的方形坐褥。 ⑩凭：靠着，依靠。 ⑪斑丝：有斑点或斑纹的丝织品。 ⑫隐囊：靠枕。 ⑬明经：六朝取士时的考试科目。经，经典。 ⑭第：科举考试及格的等次。⑮顾：同“雇”。 ⑯答策：即对策，汉代出现的察举制度的一种考试方法，就是把策题书于简册之上使应举者作文答问。 ⑰三九：即三公九卿。 ⑱假手：借别人之手。 ⑲快士：身心快意之士。 ⑳朝市迁革：指朝廷更迭。朝市，朝廷。 ㉑铨衡选举：指考察选拔官吏。铨衡，考核、品评。 ㉒曩（nǎng）者：从前。 ㉓当路：即当道，掌握大权。 ㉔秉权：执掌权柄。秉，掌握，把持。 ㉕被褐（pīhè）：身穿粗布衣服。被，通“披”。 ㉖兀（wù）：高高地突起。此处形容昏沉无知的样子。㉗泊：疑作“洦”（pái），浅水。 ㉘穷流：干涸的水流。㉙鹿独：孤苦伶仃、颠沛流离的样子。 ㉚转死沟壑（hè）：指弃尸于山沟深谷。 ㉛驽（nú）：劣马，比喻才能低下。 ㉜触地而安：指到处可以安身。 ㉝小人：指平民百姓。 ㉞冠冕：古代帝王、官员所戴的帽子，此处借代仕宦之家。

译文

梁朝全盛时期，贵族子弟大多不学无术，以至有谚语说：“上车不摔跤可当著作郎，会说身体好可做秘书郎。”没有人不讲究熏衣剃面，涂脂抹粉，驾着长檐车，踏着高齿屐，坐着有方格图案的方块褥子，倚着用染色丝织成的靠枕，左右摆满了器用玩物，不慌不忙地进进出出，看上去真像神仙一般。到参加明经考试求取及第时，就雇人顶替自己回答策问；出席朝廷显贵的宴会，就请人帮助作文赋诗。这种时候，他们也算得上是称心快意之士。等到战乱流离之后，朝廷变迁，考察选拔人才的不再是从前的亲属，当政掌权的不再是过去的旧党。他们想靠自己求得一官半职却无能为力，想在社会上发挥作用却一无所用。他们穿着粗布衣服，内里没有真正本领，失去华丽的外表，露出虚弱无能的本质，昏沉无知像枯槁的木头，要死不活像干涸的水流，在兵荒马乱中颠沛流离，最后抛尸山沟深谷之间。在这个时候，这些贵族子弟真成了蠢材。而有学问才艺的人，却随处可以安身。从战乱以来，我见过不少俘虏，即使世代都是平民，只要懂得读《论语》、《孝经》，还能给人家当老师；即使历代都是世家大族，只要不懂得书牍，没有不是去耕田养马的。由此看来，怎能不自勉自励呢？如果能经常保有几百卷书，就是再过上千年也不会成为下等人。

原文

夫明六经[①]之指[②]，涉[③]百家之书，纵不能增益德行，敦厉风俗[④]，犹为一艺，得以自资。父兄不可常依，乡国不可常保，一旦流离，无人庇荫[⑤]，当自求诸身耳。谚曰：“积财千万，不如薄伎[⑥]在身。”伎之易习而可贵者，无过读书也。世人不问愚智，皆欲识人之多，见事之广，而不肯读书，是犹求饱而懒营馔[⑦]，欲暖而惰裁衣也。夫读书之人，自羲、农[⑧]已来，宇宙之下，凡识几人，凡见几事，生民[⑨]之成败好恶，固不足论，天地所不能藏，鬼神所不能隐也。

注释

①六经：指《诗》、《书》、《乐》、《易》、《礼》、《春秋》六部儒家经典。 ②指：同“旨”，旨意。 ③涉：涉猎，浏览。④敦厉风俗：使风俗变得敦厚。敦厉，敦促、劝勉。 ⑤庇荫：庇护，指提供财力、物力或势力以保护后代子孙。 ⑥伎：同“技”。 ⑦馔（zhuàn）：膳食。 ⑧羲、农：伏羲、神农，均为传说中的古代帝王。 ⑨生民：人民，普通人。

译文

通晓六经旨意，涉猎百家著述，即使不能提高道德修养，劝勉世风习俗，也不失为一种才艺，可用来满足自己的需要。父亲兄长不能长期依靠，家乡邦国不能常保无虞，一旦流离失所，没有人来庇护资助你时，就该自己去想办法了。俗话说：“积财千万，不如薄技在身。”容易学习而又可贵的本事，无过于读书。世人不管愚蠢还是聪明，都希望认识的人多，见识的事广，但却不肯读书，这就好比想要饱餐却懒得做饭，想要暖和却懒得裁衣一样。那些读书的人，从伏羲、神农以来，在这世界上，共了解了多少人，见识了多少事，对一般人的成败好恶看得清清楚楚，这本不用说，就是天地鬼神的事，也瞒不过他们。

原文

有客难[①]主人[②]曰：“吾见强弩[③]长戟[④]，诛罪安民，以取公侯者有矣；文义[⑤]习吏[⑥]，匡时[⑦]富国，以取卿相者有矣；学

备古今，才兼文武，身无禄位，妻子饥寒者，不可胜数，安足贵学乎？”主人对曰：“夫命之穷达，犹金玉木石也；修以学艺，犹磨莹[8]雕刻也。金玉之磨莹，自美其矿璞；木石之段块，自丑其雕刻。安可言木石之雕刻，乃胜金玉之矿璞[9]哉？不得以有学之贫贱，比于无学之富贵也。且负甲为兵，咋[10]笔为吏，身死名灭者如牛毛，角立杰出者如芝草；握素披黄[11]，吟道咏德，苦辛无益者如日蚀，逸乐名利者如秋荼[12]，岂得同年而语[13]矣。且又闻之：生而知之者上，学而知之者次。所以学者，欲其多知明达耳。必有天才，拔群出类，为将则暗与孙武[14]、吴起[15]同术，执政则悬[16]得管仲[17]、子产[18]之教，虽未读书，吾亦谓之学矣。今子即不能然，不师古之踪迹，犹蒙被而卧耳。

注释

①难：诘难。　②主人：作者自称。　③弩（nǔ）：弩弓，一种用机械力量射箭的弓。　④戟（jǐ）：古代一种合戈、矛为一体的长柄兵器。　⑤文义：阐释义理。文，文饰，此处作阐释解。义，义理，礼仪。　⑥习吏：学习为吏之道。　⑦匡时：匡正时政。　⑧磨莹：磨砺。莹，磨治玉石。　⑨矿璞：矿，未经冶炼的金属。璞，未经雕琢的玉石。　⑩咋（zé）：啃，咬。⑪握素披黄：指勤奋读书。素，即白绢，古代用来书写的丝织品。黄，即黄卷。素、黄均指书籍。　⑫秋荼（tú）：荼至秋而花繁叶密，比喻繁多。荼，一种开白花的茅草。　⑬同年而语：相提并论，同等比较。　⑭孙武：齐国人，春秋时杰出的军事家。　⑮吴起：卫国人，战国时期的军事家。　⑯悬：预先。⑰管仲：管夷吾，春秋时齐国政治家，曾在齐为相四十年。⑱子产：公孙侨，春秋时郑国的执政。

译文

有位客人诘问我道："我看见有的人凭着强弓长戟，讨伐叛逆，安抚民众，以取得公侯的爵位；有的人凭着阐释义理、研习吏道，匡正时政，使国家富强，以取得卿相的官职；有的人学贯古今，文武双全，却身无官禄爵位，妻子儿女饥寒交迫。类似这样的事数不胜数，学习又哪里值得推重呢？"我回答说："人的命运是困窘还是通达，就好像金玉木石；研习学问技艺，就好像琢磨与雕刻的工夫。琢磨过的金玉，自然比矿石、璞玉美；一段一块的木、石，自然比雕刻过的丑。但我们怎么能说雕刻过的木石胜过尚未琢磨过的金玉呢？同样，我们不能拿有学问的人的贫贱与没有学问的人的富贵相比。况且，披起铠甲当兵的和口含笔管当小吏的，身死名灭的多如牛毛，出类拔萃的人少如芝草。勤奋读书，修道立德的，含辛茹苦、劳而无益的少如日蚀，而获得安逸快乐、求得名利的多如秋草。二者怎么能相提并论呢？另外，我又听说：生下来就明白事理的是上等人，经过学习才会的是次一等的人。人之所以要学习，是想使自己增长知识、通达道理。如果有天才的话，那就是出类拔萃的人，当将领他们就暗中具备了孙子、吴起的军事谋略；执政就先天获得了管仲、子产的政治素养。像这样的人，即使不读书，我也说他们已经读过了。现在你既然不能达到这样的水平，如果不效仿古人勤奋好学的榜样，那就像蒙着被子睡大觉，什么也不知道。"

原文

人见邻里亲戚有佳快[①]者，使子弟慕而学之，不知使学古人，何其蔽也哉？世人但知跨马被甲[②]，长稍[③]强弓，便云我能为将；不知明乎天道[④]，辨乎地利，比量[⑤]逆顺，鉴达[⑥]兴亡

之妙也。但知承上接下，积财聚谷，便云我能为相；不知敬鬼事神，移风易俗，调节阴阳⑦，荐举贤圣之至也。但知私财不入，公事夙⑧办，便云我能治民；不知诚己⑨刑物⑩，执辔如组⑪，反风灭火⑫，化鸱为凤⑬之术也。但知抱令守律⑭，早刑晚舍⑮，便云我能平狱⑯；不知同辕观罪⑰，分剑追财⑱，假言而奸露⑲，不问而情得⑳之察也。爰㉑及农商工贾，厮役㉒奴隶，钓鱼屠肉，饭牛㉓牧羊，皆有先达㉔，可为师表，博学求之，无不利于事也。

注释

①佳快：优秀、才华出众。 ②被甲：即披甲。 ③矟(shuò)：同“槊”，长矛。 ④天道：天时、天象。 ⑤比量：比较权衡。 ⑥鉴达：明察通达。 ⑦阴阳：中国古代哲学的一对范畴，古代思想家以此解释自然界两种对立和相互消长的物质势力。 ⑧夙：早晨，此处有尽快的意思。 ⑨诚己：使自己忠诚。 ⑩刑物：给人做出榜样。刑，同“型”，模范、典范。 ⑪执辔（pèi）如组：本指善于驾驭马匹，比喻御民有方。辔，马缰绳。组，用丝织成的宽带子。 ⑫反风灭火：指行德政而感动上天。见《后汉书·儒林传》载刘昆事。反，同“返”，返回。 ⑬化鸱（chī）为凤：指为政善于以德化民。见《后汉书·循吏传》载仇览事。鸱，即猫头鹰，古人视为恶鸟，此处喻指恶人。 ⑭抱令守律：坚守法令、法律。 ⑮早刑晚舍：早上判刑，晚上给予赦免。 ⑯平狱：谓公正判案。狱，官司，案件。 ⑰同辕观罪：将嫌疑犯一同绑在车辕上以观察罪过。事见《左传·成公十七年》。 ⑱分剑追财：与下句“假言而奸露”同，说明善于分辨案情，善于断案。见《太平御览》卷六三九。 ⑲假言而奸露：见《魏书·李崇传》。 ⑳不问而情得：不审问而获得案情

的真相。㉑爰：乃，至于。㉒厮役：供人使唤的仆役。㉓饭牛：喂牛。饭，喂养。㉔先达：有德行有学问的前辈。

译文

人们看到邻居亲戚中有才华出众的好榜样，便叫子弟去仰慕学习，而不知道叫他们去学习古人，为什么这样糊涂呢？世人只知道骑骏马披铠甲，使长矛拿强弓，就说我也能当将领，却不知道作为一个将领要有明察天道，辨识地利，比较权衡逆境顺境，明察通晓兴盛衰亡的能耐。只知道承上接下，积财聚谷，就说我也能当宰相，却不知道作为一个宰相要有敬神事鬼，移风易俗，调节阴阳，推荐选举贤圣之人的水平。只知道不谋私财，早办公事，就说我也能治理百姓，却不知道治理百姓要诚己待人，为人楷模，驭民有方，有救灾灭祸、教化百姓的本领。只知道坚守律令，早判晚赦，就说我能公正判案，却不知道判案要有善于观察罪过，长于分辨案情，用假话诱使奸人暴露，不用审讯而案情自明的洞察力。至于农夫、商贾、工匠、仆役、奴隶、渔民、屠夫、喂牛牧羊的人们中，都有有德行有学问的前辈，可以作为学习的榜样，广泛地向他们学习，没有不利于成就事业的。

原文

夫所以读书学问，本欲开心①明目，利于行耳。未知养亲者，欲其观古人之先意承颜②，怡声下气③，不惮劬劳④，以致甘腝⑤，惕然⑥惭惧，起而行之也；未知事君者，欲其观古人之守职无侵⑦，见危授命⑧，不忘诚谏⑨，以利社稷，恻然自念，思欲效之也；素骄奢者，欲其观古人之恭俭节用，卑以自牧⑩，礼为教本⑪，敬者身基⑫，瞿然⑬自失，敛容⑭抑志也；素鄙吝⑮者，欲其观古人之贵义轻财，少私寡欲，忌盈恶满，

赒穷恤匮[16]，赧然[17]悔耻，积而能散也；素暴悍者，欲其观古人之小心黜己[18]，齿弊舌存[19]，含垢藏疾[20]，尊贤容众，苶然[21]沮丧，若不胜衣[22]也；素怯懦者，欲其观古人之达生[23]委命[24]，强毅正直，立言必信，求福不回[25]，勃然奋厉[26]，不可恐慑[27]也。历兹以往，百行皆然。纵不能淳，去泰去甚[28]。学之所知，施无不达。世人读书者，但能言之，不能行之，忠孝无闻，仁义不足。加以断一条讼，不必得其理；宰[29]千户县[30]，不必理其民；问其造屋，不必知楣[31]横而棁[32]竖也；问其为田，不必知稷早而黍迟也。吟啸谈谑[33]，讽咏辞赋，事既优闲[34]，材增迂诞[35]，军国经纶[36]，略无施用。故为武人俗吏所共嗤诋[37]，良[38]由是乎！

注释

①开心：开发心智。 ②先意承颜：指孝子先揣摩父母之意而顺承其志。 ③怡声下气：指声气和悦，言行恭顺。 ④不惮（dàn）劬（qú）劳：不害怕劳累。惮，畏惧，害怕。劬，过分劳苦，勤劳。 ⑤甘腝（nèn）：鲜美柔软的食物。腝，同“嫩”。 ⑥惕然：恐惧的样子。 ⑦侵：侵犯他人的职权。⑧见危授命：在危急关头勇于献出自己的生命。授命，献出生命。 ⑨诚谏：即忠谏。 ⑩卑以自牧：以谦卑自守。牧，养。⑪教本：教化的根本。 ⑫身基：安身立命的基础。 ⑬瞿（jù）然：惊骇貌。 ⑭敛容：收起笑容，脸色变得严肃。⑮鄙吝：过分爱惜钱财。 ⑯赒（zhōu）穷恤匮：赒，周济，救济。恤，怜悯。匮，缺乏，不足。 ⑰赧（nǎn）然：羞愧的样子。 ⑱黜（chù）己：贬抑自己，自我约束。 ⑲齿弊舌存：意思是说刚强者易折毁，柔弱者常保存。弊，破败。 ⑳含垢藏疾：包容别人的污垢，隐瞒别人的毛病。形容宽仁大度。 ㉑苶

(nié) 然：疲倦的样子。 ㉒若不胜（shēng）衣：好像连衣衫都承受不起，形容谦恭退让的样子。胜，能承担，能承受。 ㉓达生：参透人生、不受世事牵累。达，通晓、通达。 ㉔委命：听任命运支配。 ㉕不回：指不违祖先之道。 ㉖勃然奋厉：奋发起来，激励自己。勃然，奋发的样子。 ㉗慑：恐惧，害怕。 ㉘去泰去甚：适可而止，不过分。泰、甚，过分。 ㉙宰：主管、主持。 ㉚千户县：指最小的县。 ㉛楣：房屋的横梁。 ㉜棁（zhuō）：梁上短柱。 ㉝谑（xuè）：开玩笑。 ㉞优闲：同"悠闲"。 ㉟迂诞：迂阔荒诞。 ㊱经纶：比喻筹划治理国家大事。 ㊲嗤诋：耻笑，诋毁。 ㊳良：诚然，的确。

译文

所以要读书求学，本来是为了开启心智，提高认识能力，以有利自己的行动。不懂得奉养双亲的，要他看到古人如何揣摩父母的心意，顺受父母的脸色，声气和悦，不怕劳苦，为父母弄来鲜美柔软的食物，使他感到畏惧惭愧，起而照着去做。不懂得服侍君主的，要他看到古人如何守职不越权，见到危难不惜生命，不忘对君主忠谏，以利于国家，使他痛心疾首地反省，进而去效法。一贯骄傲奢侈的，要他看到古人如何恭谨简朴，节约费用，谦卑自守，以礼让为教化之本，以恭敬为立身安命之基，使他惊骇警觉，自感若有所失，从而收敛傲慢的态度，抑制骄奢的心意。一贯过分吝啬的，要他看到古人如何重义轻财，少私寡欲，忌盈恶满，周济穷困，使他羞愧生悔，从而做到既能聚财又能散财。一贯凶暴强悍的，要他看到古人如何小心贬抑自己，懂得齿弊舌存的道理，待人宽仁大度，尊重贤人，容纳众生，使他疲倦沮丧，好像连衣衫都承受不起。一贯怯懦的，要他看到古人如何参透人生，听天由命，刚强坚毅，正直不阿，信守诺言，祈求福运，百折不回，使他勃然奋发，无所畏惧。由此类推，各方面的品行都可这样培养起来。即使不能使社会风气纯正，至少可以去掉过分的不良行为。从学习中获得的知识，没有哪里不可运用。只是世上读书人，往往只能说到，不能做到，他们忠孝没有，仁义不足。让他们审断一个案件，不一定了解其中的公理；治理一个千户小县，不一定管得好百姓；问他们如何造屋，不一定知道楣是横而棁是竖；问他们如何耕田，不一定知道稷下种早而黍下种迟。他们整天吟咏长啸，谈笑戏谑，念诗作赋，悠闲自在，只增加了一些迂阔荒诞的技能，对处理军国大事一点没有用处，从而被武人俗吏们共同嗤笑讥谤，确是有原因啊！

原文

夫学者所以求益耳。见人读数十卷书，便自高大，凌忽[1]长者，轻慢同列[2]。人疾之如仇敌，恶之如鸱枭[3]。如此以学自损，不如无学也。

注释

①凌忽：欺侮，轻慢。 ②同列：同辈。 ③鸱枭(chīxiāo)：鸱为猛禽，枭传说食母，古人以为皆为恶鸟。

译文

学习是为了以此获得益处。我看见有的人读了几十卷书，就自高自大起来，冒犯长者，轻慢同辈。大家仇视他像对仇敌一般，厌恶他像对鸱枭一般。像这样因学习而损害自己，还不如不学。

原文

古之学者为己，以补不足也；今之学者为人，但能说之也。古之学者为人，行道以利世也；今之学者为己，修身以求进也。夫学者犹种树也，春玩[①]其华[②]，秋登[③]其实。讲论文章，春华也；修身利行[④]，秋实也。

注释

①玩：玩赏。②华：花。③登：果实成熟，此处有摘取的意思。④修身利行：涵养德性，以利于事。

译文

古代求学的人是为了充实自己，以弥补自己的不足；现在求学的人是为了向别人炫耀，只能夸夸其谈。古代求学的人是为了别人，推行儒家之道以有利于造福社会；现在求学的人是为了自己，涵养德性以求取仕进。学习就像种果树一样，春天可以赏玩它的花朵，秋天可以摘取它的果实。讲论文章就好比赏玩春花，修身利行就好比摘取秋果。

原文

人生小幼，精神专利[①]；长成已后，思虑散逸。固须早教，勿失机也。吾七岁时，诵《灵光殿赋》，至于今日，十年一理[②]，犹不遗忘；二十之外，所诵经书，一月废置，便至荒芜矣。然人有坎壈[③]，失于盛年，犹当晚学，不可自弃。孔子云："五十以学《易》，可以无大过矣。"魏武[④]、袁遗[⑤]，老而弥笃[⑥]，此皆少学而至老不倦也。曾子七十乃学[⑦]，名闻天下；荀卿[⑧]五十始来游学，犹为硕儒；公孙弘[⑨]四十余方读《春秋》，以此遂登丞相；朱云[⑩]亦四十始学《易》、《论语》；皇甫谧[⑪]二十始受《孝经》、《论语》：皆终成大儒，此并早迷而晚

寤[12]也。世人婚冠未学，便称迟暮[13]，因循[14]面墙[15]，亦为愚耳。幼而学者，如日出之光，老而学者，如秉烛夜行，犹贤乎瞑目[16]而无见者也。

注释

①专利：专注敏锐。 ②理：此处有温习的意思。 ③坎壈（kǎnlǎn）：不平，喻困顿、不得志、不顺利。 ④魏武：即魏武帝曹操。 ⑤袁遗：字伯业，袁绍的堂兄，曾为长安令。 ⑥弥笃：更加专心。 ⑦“曾子”句：曾子，即曾参，字子舆，孔子的弟子。“七十”应为“十七”。 ⑧荀卿：即荀子，名况，战国末年思想家。 ⑨公孙弘：字季，汉武帝时官至丞相，封平津侯。 ⑩朱云：字游，西汉经学大师。元帝时授博士，迁杜陵令，后为槐里令。 ⑪皇甫谧：字士安，生于东汉建安二十年（215），卒于西晋太康三年（282），魏晋知名学者，在医学史和文学史上都负有盛名。 ⑫寤：同“悟”，醒悟。 ⑬迟暮：本指晚年，此处指时间晚。 ⑭因循：不知进取。 ⑮面墙：指不学之人如面对着墙，一无所见。 ⑯瞑目：闭上眼睛。

译文

人在幼小的时候，精神专注敏锐；长大成人后，思想容易分散。因此对孩子要及早教育，不可失去良机。我七岁的时候，背诵《灵光殿赋》，直到今天，隔十年温习一次，还不会遗忘。二十岁以后，所背诵的经书，只搁置一个月，就到了荒废的地步。当然，人生总有坎坷的时候，如果壮年时失去了求学的机会，更应该在晚年时抓紧学习，不可自暴自弃。孔子说：“五十岁时学习《易经》，就可以不犯大的错误。”魏武帝、袁遗，到老时学习得更加专心，这些都是从小到老勤学不倦的例子。曾子十七岁时才开始学习，最终名闻天下；荀子五十岁才开始到齐国游学，仍然成了大学者；公孙弘四十多岁才读《春秋》，最终因此当了丞相。朱云也是四十岁才开始学《易经》、《论语》，皇甫谧二十岁才开始学习《孝经》、《论语》，他们最后都成了大学者。这些都是早年沉迷而晚年醒悟的例子。一般人成年后还没有开始学习，就说太晚了，这样不知进取，好像面壁而立，什么也看不见，也够愚蠢了。从小就学习的人，好像太阳初升时的光芒；到老年开始学习的人，好像手持蜡烛在夜间行走，但总比闭上眼睛什么都看不见的人强。

原文

学之兴废，随世轻重。汉时贤俊，皆以一经弘圣人之道，上明天时，下该[①]人事，用此致[②]卿相者多矣。末俗[③]已来不复尔，空守章句[④]，但诵师言，施之世务，殆无一可。故士大夫子弟，皆以博涉[⑤]为贵，不肯专儒[⑥]。梁朝皇孙以下，总丱[⑦]之年，必先入学，观其志尚，出身[⑧]已后，便从文吏，略无卒业者。冠冕[⑨]为此者，则有何胤[⑩]、刘瓛[⑪]、明山宾[⑫]、周舍[⑬]、朱异[⑭]、周弘正[⑮]、贺琛[⑯]、贺革[⑰]、萧子政[⑱]、刘绍[⑲]等，兼通文史，不徒讲说也。洛阳亦闻崔浩[⑳]、张伟[㉑]、刘芳[㉒]，邺下又见邢子才[㉓]：此四儒者，虽好经术，亦以才博擅名。如此诸贤，故为上品，以外率多田野闲人，音辞鄙陋，风操蚩拙[㉔]，相与专固[㉕]，无所堪能，问一言辄酬[㉖]数百，责其指归，或无要会[㉗]。邺下谚云："博士[㉘]买驴，书券三纸，未有驴字。"使汝以此为师，令人气塞。孔子曰："学也禄在其中矣。"今勤无益之事，恐非业也。夫圣人之书，所以设教，但明练经文，粗通注义，常使言行有得，亦足为人；何必"仲尼居"即须两纸疏[㉙]义，燕寝[㉚]讲堂[㉛]，亦复何在？以此得胜，宁有益乎？光

阴可惜，譬诸逝水。当博览机要[32]，以济功业；必能兼美，吾无间[33]焉。

注释

①该：包括，此处有贯通的意思。 ②致：求取，获得。 ③末俗：末世的风俗。 ④章句：指古书的章节句读。 ⑤博涉：广泛涉猎。 ⑥专儒：指专门研究儒家经典。 ⑦总丱（guàn）之年：指童年时代。总丱，犹“总角”，古时儿童束发为两角。 ⑧出身：指出仕。 ⑨冠冕：此处为仕宦的代称。 ⑩何胤（446—531）：字子季，从刘瓛受《易》及《礼记》《毛诗》，后成为著名学者，官至太子中庶子。 ⑪刘瓛（434—489）：字子珪，博通五经，当世推为大儒。 ⑫明山宾：南朝梁人，字孝若，十三博通经传，拜五经博士。累迁中书侍郎、御史中丞、散骑常侍，兼国子祭酒。 ⑬周舍（469—524）：字升逸，博学多通，尤精义理，官拜尚书祠部郎。 ⑭朱异（483—549）：字彦和，梁武帝时任太学博士，后累迁中书郎、散骑常侍、右卫将军，加侍中。 ⑮周弘正（496—574）：字思行，梁末至陈著名学者，官至尚书右仆射。 ⑯贺琛：南朝梁人，字国宝，曾官散骑常侍、太府卿等职，撰经疏多种。 ⑰贺革（478—540）：字文明，少通《三礼》。曾官国子博士、儒林祭酒、平西长史、南郡太守。 ⑱萧子政：南朝梁人，任都官尚书，著有《周易义疏》等。 ⑲刘绍：字言明，南朝梁人。好学，通《三礼》。大同中（540年左右）为尚书祠部郎。 ⑳崔浩：字伯渊，北朝魏人，官至司徒，著有《国书》。 ㉑张伟：字仲业，北朝魏人，官至平东将军、营州刺史，晋爵建安公。 ㉒刘芳：字伯文，北朝魏人，官中书令、太常卿，为人沉雅方正，概尚甚高，经传多通，撰著颇富。 ㉓邢子才：名邵，字子才，仕北魏、北齐两朝，历官骠骑将军、西兖州刺史、中书令、国子监祭酒等。

㉔蚩拙：笨拙无知。 ㉕专固：专横固执。 ㉖酬：应对。 ㉗要会：要旨。 ㉘博士：国子学中主讲经的老师，此泛指传授经学的人。 ㉙疏：对经而言，注是注解经文，疏是阐释注文。 ㉚燕寝：闲居之处。 ㉛讲堂：讲习之所。 ㉜机要：指精义要旨。 ㉝无间：无所指责。

译文

学习风气的兴盛衰败，往往随社会对学习的轻视或重视程度而变化。汉朝的贤才俊杰，都靠精通一部经书来弘扬圣人之道，上能知晓天时，下能贯通人事，他们中凭着这种特长而获得卿相之位的太多了。汉末风气改变以后就不再这样，读书人空守章句之学，只知背诵老师讲的话，如果拿这些东西来处理实际事务，大概不会有任何用处。所以士大夫子弟都以广泛涉猎为贵，不肯专攻儒学。梁朝从皇孙以下，在童年时代就一定先让他们入学读书，观察他们的志向，到步入仕途后，便去参与文官的事务，而没有一个把学业坚持到底的。当官后还能坚持学业的，只有何胤、刘瓛、明山宾、周舍、朱异、周弘正、贺琛、贺革、萧子政、刘绍等人，这些人兼通文学和史学，不只是口头说说而已。在洛阳城，也听说有崔浩、张伟、刘芳，邺下还有位邢子才：这四位学者，虽然都喜好经术，但也以才识广博而闻名。以上诸位贤士，本来就是人才中的上品。除此之外就大多是些山野村夫，这些人言语粗鄙浅薄，风度节操拙劣，互相间固执己见，什么事也干不了。问他一句话，他就会回答几百句，若要问他话中的主旨究竟是什么，有时根本不着要领。邺下有谚语说："博士买驴，契约写了三大张，不见写出个驴字。"如果让你以这种人为师，会令人丧气。孔子说："俸禄就在学习之中。"现在人们致力于无益之事，这恐怕不是正道。圣人的书是用来教育人的，只要能熟悉经文，粗通注文之义，对自己的言行经常有所帮助，也就足以在世上为人了。何必对“仲尼居”三个字就要写两张纸的疏文来解释呢，把“居”解释为闲居之处还是讲习之所，现在又有谁能看得见？在这种问题上争个输赢，难道有什么好处吗？光阴可惜，就像流水一样一去不返。我们应当广泛阅读书中的那些精义要旨，以求成就自己的事业。如果能把博览与专精结合起来，那我就再无话可说了。

原文

俗间儒士，不涉群书，经纬[①]之外，义疏而已。吾初入邺，与博陵[②]崔文彦交游，尝说《王粲[③]集》中难郑玄[④]《尚书》事。崔转为诸儒道之，始将发口[⑤]，悬[⑥]见排蹙[⑦]，云：“文集只有诗赋铭诔[⑧]，岂当论经书事乎？且先儒之中，未闻有王粲也。”崔笑而退，竟不以粲集示之。魏收[⑨]之在议曹[⑩]，与诸博士议宗庙事，引据《汉书》，博士笑曰：“未闻《汉书》得证经术。”收便忿怒，都不复言，取《韦玄成[⑩]传》，掷之而起。博士一夜共披[⑪]寻之，达明，乃来谢曰：“不谓玄成如此学也。”

注释

①经纬：经书和纬书。经书指儒家的经典，纬书是汉代混合神学附会儒家经义的书。 ②博陵：郡名，治所在今河北安平。 ③王粲（177—217）：字仲宣，山阳高平（今山东邹城）人。东汉末年“建安七子”之一。初仕刘表，后归曹操。 ④郑玄（127—200）：字康成，北海高密（今山东省高密市）人，东汉末年的经学大师。 ⑤发口：开口。 ⑥悬：同“旋”，随即。 ⑦排蹙（cù）：排挤。此处有责难意。 ⑧铭诔：文体名，皆为有韵之文。铭，内容多称颂功德，铸刻或写在碑石或器物上。诔，内容多为表彰死者德行。 ⑨魏收（507—572）：字伯起，

历仕北魏、东魏、北齐三朝，官至尚书右仆射。 ⑩议曹：官署名，掌言职。 ⑩韦玄成（？—前36）：字少翁，以明经擢谏大夫，后至丞相，封侯。 ⑪披：披阅。

译文

世间的读书人，不涉猎群书，只在经书和纬书之外，学学解释经典的注疏而已。我初到邺城，与博陵的崔文彦交游，曾说起《王粲集》中有关于王粲责难郑玄《尚书注》的事，崔文彦转而给几位读书人谈起此事，才开口，随即被他们反驳道："文集中只有诗、赋、铭、诔之类文体，难道会有论及经书的事吗？况且在先儒之中，也没听说过王粲这人啊。"崔文彦笑了笑便走了，终究没有把《王粲集》给他们看。魏收任议曹时，与各位博士议及有关宗庙之事，并引《汉书》作为根据，博士们笑着说："没有听说过《汉书》可以验证经学。"魏收很生气，把《韦玄成传》扔给他们就走了。博士们花了一夜共同在书中翻阅寻找，天亮时才来道歉说："想不到韦玄成还有这样的学问啊。"

原文

夫老、庄之书，盖全真[①]养性，不肯以物累己[②]也。故藏名柱史[③]，终蹈流沙，匿迹漆园[④]，卒辞楚相，此任纵之徒耳。何晏[⑤]、王弼[⑥]，祖述玄宗[⑦]，递相夸尚，景附草靡[⑧]，皆以农、黄[⑨]之化，在乎己身，周、孔[⑩]之业，弃之度外。而平叔以党曹爽[⑪]见诛，触死权之网也；辅嗣以多笑人被疾，陷好胜之阱也；山巨源[⑫]以蓄积取讥，背多藏厚亡之文也；夏侯玄[⑬]以才望被戮，无支离拥肿[⑭]之鉴也；荀奉倩[⑮]丧妻，神伤而卒，非鼓缶[⑯]之情也；王夷甫[⑰]悼子，悲不自胜，异东门之达[⑱]也；嵇叔夜[⑲]排俗取祸，岂和光同尘之流也；郭子玄[⑳]以倾动专势，

宁后身外己之风也；阮嗣宗[21]沉酒荒迷，乖畏途[22]相诫之譬也；谢幼舆[23]赃贿黜削，违弃其余鱼[24]之旨也：彼诸人者，并其领袖，玄宗所归。其余桎梏[25]尘滓[26]之中，颠仆名利之下者，岂可备言乎！直取其清谈雅论，剖玄析微，宾主往复[27]，娱心悦耳，非济世成俗之要也。洎[28]于梁世，兹风复阐[29]，《庄》、《老》、《周易》，总谓《三玄》。武皇[30]、简文[31]，躬自讲论。周弘正奉赞大猷[32]，化行都邑，学徒千余，实为盛美。元帝[33]在江、荆间，复所爱习，召置学生，亲为教授，废寝忘食，以夜继朝，至乃倦剧[34]愁愤，辄以讲自释。吾时颇[35]预[36]末筵[37]，亲承音旨[38]，性既顽鲁[39]，亦所不好云。

注释

①全真：保全本真、本性。 ②不肯以物累己：不肯因为外物而牵累束缚自己。 ③柱史：柱下史省称，为周秦时官名，职掌图书。老子曾做过周朝的柱下史。 ④漆园：在今山东曹县，庄子曾为漆园吏。 ⑤何晏（？—249）：字平叔，南阳宛（今河南南阳）人。三国时期魏国玄学家。正始年间（240—248）党附曹爽，官侍中、吏部尚书。后为司马懿所杀，夷三族。 ⑥王弼（226—249）：字辅嗣，山阳高平（今山东邹城、金乡一带）人，官至尚书郎。魏晋玄学理论的奠基人。 ⑦玄宗：玄学之宗，指老、庄。 ⑧景附草靡（mǐ）：像影子依附于形体，草木随风向倒伏一样。景，同“影”。靡，顺风倒下。 ⑨农、黄：神农、黄帝，道家以神、黄为宗。 ⑩周、孔：周公、孔子，儒家以周、孔为宗。 ⑪曹爽：字昭伯，明帝时为大将军，齐王曹芳即位后加侍中，改封武安侯。司马懿政变时被诛。 ⑫山巨源：即山涛，与阮籍、嵇康、王戎等同为“竹林七贤”。晋初任吏部尚书、尚书右仆射等职。此处“蓄积取讥”应为王戎事。 ⑬夏侯

玄（209—254）：字太初，沛国谯（今安徽亳州）人，魏晋玄学早期的领袖。后因卷入谋杀司马师的阴谋之中而被杀。 ⑭支离拥肿：支离，谓残缺而不中用。拥肿，同“臃肿”。庄子曾以支离疏因肢体畸形而得享天年、樗树因臃肿而免遭砍伐的寓言，说明无用之用、祸福转化的道理。 ⑮荀奉倩：即荀粲，魏尚书令荀彧之子。《世说新语·惑溺》载：“荀奉倩与妇至笃。冬月妇病热，乃出中庭自取冷，还以身熨之。妇亡，奉倩后少时亦卒。” ⑯鼓缶（fǒu）：缶，一种陶制乐器。《庄子·至乐》中载：“庄子妻死，惠子吊之，庄子则方箕踞鼓盆而歌。”鼓缶之情，言通达生死。 ⑰王夷甫（256—311）：即王衍，字夷甫，琅琊临沂人，西晋大臣，官至太尉。据《世说新语》载，王衍幼子夭折，名士山简去安慰他，他悲痛得几乎不能自持。 ⑱东门之达：据《列子·力命》载，东门吴的儿子死，东门吴并不悲伤。达，旷达、通达。 ⑲嵇叔夜（224—263）：即嵇康，谯国铚县（现安徽宿州境内）人。在正始末年与阮籍等竹林名士共倡玄学新风，主张“越名教而任自然”、“审贵贱而通物情”，后为司马昭所杀。 ⑳郭子玄（约252—312）：即郭象，字子玄，河南洛阳人，西晋玄学家。官至黄门侍郎、太傅主簿。好老庄，善清谈。曾注《庄子》。 ㉑阮嗣宗（210—263）：即阮籍，陈留尉氏（今属河南）人，曾任步兵校尉。崇奉老庄之学，政治上则采取谨慎避祸的态度。与嵇康、刘伶等七人为友，常集于竹林之下肆意酣畅，世称“竹林七贤”。 ㉒畏途：《庄子·达生》云：“夫畏途者十杀一人，则父子兄弟相戒也，必盛卒徒而后敢出焉，不亦知乎！人之所取畏者，衽席之上，饭食之间，而不知乎戒者，过也。” ㉓谢幼舆（280—323）：即谢鲲，陈国阳夏（今河南太康）人，官至豫章太守。曾因家童擅取公物被削除官职。 ㉔弃其余鱼：《淮南子·齐俗》载：“惠子从车百乘，以过孟诸，庄子见之，弃

其余鱼。”庄子以此警示惠施不要过于炫耀。㉕桎梏（zhìgù）：脚镣手铐。在手上戴的刑具为梏，在脚上戴的刑具为桎。此处有束缚的意思。㉖尘滓（zǐ）：尘俗滓秽，比喻世间烦琐的事务。㉗宾主往复：宾主问答。㉘洎（jì）：等到。㉙阐：流行。㉚武皇：即梁武帝萧衍。㉛简文：即梁简文帝萧纲。㉜大猷：治国的大道。㉝元帝：即梁元帝萧绎。㉞倦剧：疲倦至极点。㉟颇：此外有略微、偶尔之意。㊱预：参加，参与。㊲末筵：末座。㊳亲承音旨：指亲身听梁元帝授课。㊴顽鲁：愚顽鲁钝。

译文

老子、庄子的书，讲的是如何保全本真、涵养性情，不肯因为外物而牵累束缚自己。所以老子用柱下史的职务把自己的名声掩盖起来，最后隐遁于沙漠之中；庄子隐居漆园为小吏，最后拒绝担任楚相，这两人都是任性放纵之徒。后来有何晏、王弼，效法遵循老庄，一个接一个地夸夸其谈，如影子依附于形体、草木顺风倒伏一般，都以为奉行神农、黄帝的教化在于自身，而把周公、孔子的儒家事业置之度外。然而何晏因为党附曹爽而被诛杀，这是触到了不惜生命争夺权利的罗网；王弼因多次讥笑别人而招来怨恨，这是掉进了争强好胜的陷阱里；山涛因为积敛财富而遭到世人议论，这是违背了聚敛越多损失越多的古训；夏侯玄因为自己的才能声望而遭杀害，这是因为没有借鉴庄子寓言中支离疏因畸形享天年、樗树因臃肿得以自保的做法；荀粲在丧妻之后因哀伤而丧命，这就不是庄子丧妻之后敲缶而歌的超脱情怀；王衍因哀悼儿子而悲不自胜，这就不同于《列子》中的东门吴面对丧子之痛所抱的达观态度；嵇康因排斥俗流而招致杀身之祸，这难道是老子所说的和光同尘一类的人吗？郭象因声名显赫而仗势专权，这难道是老子所提倡的后身外己的风度吗？阮籍纵酒迷乱，不合乎庄子关于畏途相诫的譬喻；谢鲲因家僮贪污而丢官，这是违背了庄子弃其余鱼而不要过于贪图财富的宗旨。以上这些人，以及他们的领袖人物，都声称以老庄哲学为旨归。至于其余那些在尘世污秽中身套名缰利锁，在名利场中摸爬滚打之辈，怎能一一细说呢？这些人只不过选取老庄那些清谈雅论，剖析其中的玄妙精微之处，宾主相互问答，求得娱心悦耳罢了，而并没有把拯救社会、形成良好的社会风气当做急要之事。到了梁朝，这种玄谈的风气又流行起来，《庄子》、《老子》、《周易》被总称为《三玄》。梁武帝、简文帝都亲自加以讲论。周弘正奉君主之命讲述以玄学治国的大道理，其风气流行到大小城镇，学徒达到一千多人，实在兴盛极了。梁元帝在江陵、荆州的时候，也爱好并熟悉玄学，他招来一些学生，亲自为他们讲授，废寝忘食，夜以继日，甚至在他极度疲倦或忧愁烦闷的时候，也靠讲授玄学来自我排遣。我当时偶尔也在末位就座，亲耳聆听梁元帝的讲述，然而我天资愚顽鲁钝，也不喜欢玄学。

原文

齐孝昭帝[①]侍娄太后[②]疾，容色憔悴，服膳减损。徐之才[③]为灸两穴，帝握拳代痛，爪入掌心，血流满手。后既痊愈，帝寻[④]疾崩，遗诏恨不见太后山陵之事[⑤]。其天性至孝如彼，不识忌讳如此，良[⑥]由无学所为。若见古人之讥欲母早死而悲哭之，则不发此言也。孝为百行之首，犹须学以修饰之，况余事乎！

注释

①齐孝昭帝：指北齐孝昭帝高演。 ②娄太后：北齐神武帝高欢的妻子。 ③徐之才（492—572）：南朝丹阳人，善医术。

④寻：不久。 ⑤山陵之事：此处指孝昭帝母亲的丧事。山陵，帝王或皇后的坟墓。 ⑥良：确实。

译文

北齐的孝昭帝服侍病中的娄太后，脸色憔悴，饭量减少。徐之才为太后针灸两个穴位，孝昭帝握拳以代母痛，指甲刺入掌心，以致血流满手。太后病愈后，孝昭帝不久因病而亡，留下遗诏说：遗憾的是不能为太后操办后事。他天性是如此孝顺，却又这样不知忌讳，确实是不学习造成的。如果他从书中看过古人讽刺盼母早死以便痛哭的记载，就不会说出这样的话了。孝是各种善行中第一重要的，尚且还须通过学习去培养完善，何况其他的事呢！

原文

梁元帝尝为吾说："昔在会稽①，年始十二，便已好学。时又患疥②，手不得拳，膝不得屈。闲斋张葛③帏避蝇独坐，银瓯贮山阴甜酒，时复进之，以自宽痛④。率意⑤自读史书，一日二十卷，既未师受，或不识一字，或不解一语，要自重⑥之，不知厌倦。"帝子之尊，童稚之逸，尚能如此，况其庶士，冀⑦以自达⑧者哉？

注释

①会稽（kuàijī）：郡名，治所在山阴，即今浙江绍兴。②疥（jiè）：疥疮，简称疥，一种传染性皮肤病，以瘙痒为主。③葛：一种多年生蔓草。 ④宽痛：缓解痛苦。 ⑤率意：随意。 ⑥重：反复琢磨。 ⑦冀：希望。 ⑧自达：自求仕宦显达。

译文

梁元帝曾对我说："我从前在会稽郡的时候，年龄才十二岁，就已经喜欢学习了。当时又身患疥疮，手不能握拳，膝不能弯曲。我在闲斋中挂上葛布制成的帐子避开苍蝇独坐，银盆内装着山阴甜酒，不时喝上几口，以此来缓解自己的疼痛。我随意读一些史书，一天读二十卷。既然没有老师传授，有时一个字不认识，有时一句话不理解，这就须要自己反复琢磨，但我从不感到厌倦。"元帝以帝王之子的尊贵，在孩童逸乐之时，尚且能够如此用功，何况那些出身平凡却希望通过读书以求仕宦显达的呢？

原文

古人勤学，有握锥[①]投斧[②]，照雪[③]聚萤[④]，锄则带经[⑤]，牧则编简[⑥]，亦为勤笃。梁世彭城[⑦]刘绮，交州[⑧]刺史勃之孙，早孤家贫，灯烛难办，常买荻[⑨]尺寸折之，然[⑩]明夜读。孝元初出会稽，精选寮寀[⑪]，绮以才华，为国常侍[⑫]兼记室[⑬]，殊蒙礼遇，终于金紫光禄[⑭]。义阳[⑮]朱詹，世居江陵，后出扬都，好学，家贫无资，累日不爨[⑯]，乃时吞纸以实腹。寒无毡被，抱犬而卧。犬亦饥虚，起行盗食，呼之不至，哀声动邻，犹不废业，卒成学士，官至镇南录事参军[⑰]，为孝元所礼。此乃不可为之事，亦是勤学之一人。东莞[⑱]臧逢世，年二十余，欲读班固《汉书》，苦假借[⑲]不久，乃就姊夫刘缓乞丐[⑳]客刺[㉑]书翰[㉒]纸末，手写一本，军府服其志尚，卒以《汉书》闻。

注释

①握锥：指战国时苏秦读书欲睡以锥刺股事。②投斧：指西汉文党投斧于树下决心求学事。③照雪：指东晋孙康在冬天映雪读书事。④聚萤：指晋人车胤囊萤夜读事。⑤锄则带

经：指汉代倪宽、常林边种田边读经书事。 ⑥牧则编简：指西汉路温舒放羊时编蒲草为简用来抄书事。 ⑦彭城：治所在今江苏徐州市。 ⑧交州：古地名，包括今越南北、中部和中国广西的一部分。 ⑨荻：多年生草本植物，似芦苇。 ⑩然：同“燃”。 ⑪寮寀（liáocǎi）亦作“寮采”，指僚属或同僚。⑫国常侍：官名，掌侍从顾问。 ⑬记室：官名，掌章表书记文檄。 ⑭金紫光禄：即加授金章紫绶的光禄大夫。 ⑮义阳：在今河南信阳市。 ⑯爨（cuàn）：烧火煮饭。 ⑰录事参军：官名，掌各曹文书、纠察府事。 ⑱东莞（guǎn）：县名，治所在今山东省莒县北部的东莞镇。 ⑲假借：借。 ⑳乞丐：讨取。㉑客刺：名刺，犹今名片。 ㉒书翰：书札。

译文

古代的勤学者，有用锥子刺大腿以防止打瞌睡的苏秦，有投斧于高树而下决心到长安求学的文党，有映雪读书的孙康，有囊萤夜读的车武子，有耕种时也不忘带上经书的倪宽、常林，有放羊时编蒲草为简用来抄书的路温舒。他们也算勤奋苦读的人。梁朝彭城的刘绮，是交州刺史刘勃的孙子，从小死了父亲，家境贫寒，难以置办灯烛，就买来荻草，按一定尺寸折断，点燃后照明夜读。梁元帝当初出任会稽太守时，精心选拔僚属，刘绮以其才华当了国常侍兼记室，很受尊重，最后官至金紫光禄大夫。义阳的朱詹，祖居江陵，后来到了扬都。他十分勤学，而家中贫穷无钱，有时连续几天都不能生火做饭，就不时吞食废纸来充饥。天冷没有被盖，就抱着狗睡觉。狗也十分饥饿，爬起来到外面去偷东西吃，朱詹大声呼唤也不回家，悲哀的声音惊动了邻里。然而他依旧没有荒废学业，终于成为学士，官至镇南录事参军，为梁元帝所尊重。这是一般人不能做到的，也是一个勤学的典型。东莞人臧逢世，二十岁时，想读班固的《汉书》，但苦于借来的书不能长久阅读，就向姐夫刘缓讨取名片、书札的纸末，亲手抄写一本。军府中的人都佩服他的志气，后来他终于以研究《汉书》闻名。

原文

齐有宦者内参[①]田鹏鸾，本蛮[②]人也。年十四五，初为阍寺[③]，便知好学，怀袖握书，晓夕讽诵。所居卑末[④]，使役苦辛，时伺闲隙[⑤]，周章[⑥]询请。每至文林馆[⑦]，气喘汗流，问书之外，不暇他语。及睹古人节义之事，未尝不感激[⑧]沉吟[⑨]久之。吾甚怜爱，倍加开奖[⑩]。后被赏遇，赐名敬宣，位至侍中[⑪]开府[⑫]。后主[⑬]之奔青州，遣其西出，参伺[⑭]动静，为周军所获。问齐主何在，绐[⑮]云："已去，计[⑯]当出境。"疑其不信[⑰]，欧[⑱]捶服之，每折一支[⑲]，辞色愈厉，竟断四体而卒。蛮夷童丱，犹能以学成忠，齐之将相，比敬宣之奴不若也。

注释

①内参：官名，皇宫守门人。　②蛮：为当时居住河南境内的少数民族。　③阍寺：阍人和寺人，古代宫中掌管门禁的官。④所居卑末：所处的地位卑贱低下。　⑤闲隙：空闲。　⑥周章：到处。　⑦文林馆：北齐后主高纬于武平四年（573）建立，掌著作及校订整理典籍，兼训生徒。　⑧感激：感慨激动。⑨沉吟：咏叹。　⑩开奖：开导奖励。　⑪侍中：官名，丞相属官。　⑫开府：建立府署并自选僚属。　⑬后主：指北齐后主高纬。　⑭参伺：侦察。　⑮绐（dài）：同"诒"，哄骗。　⑯计：算来。　⑰不信：不真实。　⑱欧：同"殴"。　⑲支：同"肢"。

译文

北齐有个太监叫田鹏鸾，本来是少数民族。年纪十四五岁时，刚当皇宫的守门人，就知道好学，身上带着书，早晚诵读。他所处的地位十分低下，被人役使得很辛苦，但仍能经常利用空闲时间，四处请教。每次到文林馆，都气喘吁吁汗流浃背，除了询问书中不懂的地方外，来不及讲其他的话。每当他从书中看到古人讲气节、重义气的事，没有不感慨激动，咏叹良久的。我很喜欢他，对他倍加开导劝勉。后来他得到皇帝的赏识和知遇，赐名为敬宣，职位升到侍中开府。齐后主逃往青州的时候，派他到西边去侦察动静，被北周军队俘获。周军问后主在什么地方，田鹏鸾哄骗他们说，“已经走了，估计已出境。”周军怀疑他不讲真话，就痛打他企图使他屈服。他的四肢每被打断一条，言辞神色就更加严厉坚定，最终被打断四肢而死。一位少数民族的少年，尚且能够通过学习而忠于君主，北齐的将相们，连敬宣这样的奴仆都不如。

原文

邺平之后，见徙入关①。思鲁尝谓吾曰：“朝无禄位，家无积财，当肆②筋力，以申③供养。每被课笃④，勤劳经史，未知为子，可得安乎？”吾命之曰：“子当以养为心，父当以学为教。使汝弃学徇⑤财，丰吾衣食，食之安得甘？衣之安得暖？若务先王之道，绍⑥家世之业，藜羹⑦缊褐⑧，我自欲之。”

注释

①“邺平”二句：指北周军队攻占北齐都城邺，灭北齐，北齐君臣被押送长安。　②肆：极力。　③申：尽……之责。　④课笃：即“课督”，督责、督促。　⑤徇：谋求。　⑥绍：继

承。 ⑦藜羹：用嫩藜煮成的羹，此指粗劣的食物。 ⑧缊褐（wēnhè）：犹缊袍。泛指贫者所服粗陋之衣。缊，旧棉花，乱麻。褐，粗布衣服。

译文

邺被北周平定以后，我们被迁进关内。思鲁曾对我说："朝廷里没有禄位，家里面没有积财，我应该尽力劳动，来尽供养之责。但常常被您督促检查功课，在经史上用苦功夫，您难道不知道我这做儿子的不能安心吗？"我教导他说："做儿子的应当把修养放在心上，做父亲的应当以学业教育子女。如果叫你放弃学业而去一心求财，让我衣食丰足，我吃下去哪能觉得甘美，穿上身哪能感到暖和？如果你致力于先王的儒家之道，继承家世的基业，即使吃粗劣的饭菜、穿粗陋衣服，我自己也心甘情愿。"

原文

《书》曰："好问则裕[①]。"《礼》云："独学而无友，则孤陋而寡闻。"盖须切磋[②]相起[③]，明也。见有闭门读书，师心自是[④]，稠人广坐，谬误差失者多矣。《谷梁传》[⑤]称公子友与莒挐相搏，左右呼曰"孟劳"。"孟劳"者，鲁之宝刀名，亦见《广雅》[⑥]。近在齐时，有姜仲岳谓："'孟劳'者，公子左右，姓孟名劳，多力之人，为国所宝。"与吾苦诤[⑦]。时清河郡守邢峙[⑧]，当世硕儒，助吾证之，赧然[⑨]而伏。又《三辅决录》[⑩]云："灵帝[⑪]殿柱题曰：'堂堂乎张[⑫]，京兆[⑬]田郎[⑭]。'"盖引《论语》，偶以四言，目[⑮]京兆人田凤也。有一才士，乃言："时张京兆及田郎二人皆堂堂耳。"闻吾此说，初大惊骇，其后寻愧悔焉。江南有一权贵，读误本《蜀都赋》[⑯]注，解"蹲鸱，芋也"，乃为"羊"字。人馈[⑰]羊肉，答书云："损惠[⑱]蹲鸱。”举朝惊骇，不解事义，久后寻迹，方知如此。元氏之世[19]，在洛京[20]时，有一才学重臣，新得《史记音》[21]，而颇纰缪[22]，误反[23]“颛顼”字，“顼”当为许录反，错作许缘反，遂谓朝士言：“从来谬音‘专旭’，当音‘专翾[24]’耳。”此人先有高名，翕然[25]信行[26]。期年[27]之后，更有硕儒，苦相究讨，方知误焉。《汉书·王莽赞》云：“紫色[28]蛙声[29]，余分闰位[30]。”谓以伪乱真耳。昔吾尝共人谈书，言及王莽[31]形状，有一俊士，自许[32]史学，名价[33]甚高，乃云：“王莽非直[34]鸱目[35]虎吻，亦紫色蛙声。”又《礼乐志》云：“给太官[36]挏[37]马酒。”李奇注：“以马乳为酒也，揰[38]挏乃成。”二字并从手。揰挏，此谓撞捣挺挏之，今为酪酒[39]亦然。向[40]学士又以为种桐时，太官酿马酒乃熟。其孤陋遂至于此。太山[41]羊肃[42]，亦称学问，读潘岳[43]赋：“周文弱枝之枣”[44]，为杖策之杖；《世本》[45]“容成[46]造历”，以历为碓[47]磨之“磨”。

注释

①裕：充足。 ②切磋：指互相探讨。 ③起：启发、开导。 ④师心自是：固执己见，自以为是。 ⑤《谷梁传》：即《春秋谷梁传》。 ⑥《广雅》：古代辞书，三国魏人张揖撰。 ⑦诤：同“争”。 ⑧邢峙：字士峻，北齐孝昭帝时为清河太守。 ⑨赧（nǎn）然：羞愧的样子。 ⑩《三辅决录》：记载汉代京畿之事的一部著作，汉太仆赵岐撰。 ⑪灵帝：即汉灵帝刘弘。 ⑫堂堂乎张：《论语·子张》：“堂堂乎张也，难与并为仁矣。”堂堂，仪容庄严大方的样子。 ⑬京兆：指京师及其附近地区。 ⑭田郎：即田凤，汉灵帝时为侍郎。 ⑮目：即品题，评论人物，定其高下。 ⑯《蜀都赋》：晋人左思作。 ⑰馈（kuì）：进献，进食于人。 ⑱损惠：谢人馈送礼物的敬辞。意谓对方降

抑身份而加惠于己。 ⑲元氏之世：指北魏。《魏书·高祖孝文皇帝纪》："太和十八年（494）十一月，自代迁都洛阳。二十一年正月，诏改拓拔姓为元氏。" ⑳洛京：即洛阳。 ㉑《史记音》：南朝梁轻车都尉参军邹诞生撰。 ㉒纰缪（pīmiù）：错误。㉓反：即反切，我国古代给汉字注音的一种方法。 ㉔翾（xuān）：轻柔地（飞）。 ㉕翕然：趋附认同的样子。 ㉖信行：信服遵行。 ㉗期（jī）年：一周年。 ㉘紫色：古人认为是不正的颜色。 ㉙蛙声：不正之声，即不合正统乐律的声音。㉚闰位：古人把非正统的帝位称为闰位。因王莽篡位而不得正王之命，故云。闰，本指闰月、闰年，引申指非正统、非正常的东西。 ㉛王莽（前45—23）：西汉元帝皇后之侄，后篡汉建立政权，国号新。 ㉜自许：自己称赞自己。 ㉝名价：名誉声价。㉞直：只，仅。 ㉟鸱（chī）目：像鸱的眼睛一样。鸱，猫头鹰一类的鸟。 ㊱太官：掌管膳食的官。 ㊲挏（dòng）：摇动。㊳揰（chòng）：推击。 ㊴酪（lào）酒：用马牛羊等乳汁制成的酒。 ㊵向：刚才。 ㊶太山：泰山。 ㊷羊肃：南朝梁人，羊侃侄。 ㊸潘岳：字安仁，晋代文学家。 ㊹"周文"句：见潘岳的《闲居赋》。周文，即周文王。 ㊺世本：一本记述黄帝至春秋时各国诸侯大夫姓氏、世系等的书。 ㊻容成：相传为黄帝大臣，发明历法。 ㊼碓（duì）：木石做成的捣米设备。

译文

《尚书》上说："喜欢提问就会知识充足。"《礼经》上说："独自学习而没有朋友共同商讨，就会孤陋寡闻。"看来，学习必须共同切磋，互相启发，这是很明白的。我见过很多闭门读书，自以为是，在大庭广众之中口出谬言的人。《谷梁传》讲述公子友与莒挐两人相斗，公子友左右的人呼叫"孟劳"。孟劳是鲁国宝刀的名称，这个解释也见于《广雅》。近来我在齐国，有位叫

姜仲岳的人说："孟劳是公子友左右的人，姓孟，名劳，是位大力士，被鲁国人所看重。"他和我苦苦争辩。当时清河郡守邢峙也在场，他是当今的大学者，帮我证实了孟劳的真实涵义，姜仲岳才红着脸认输。此外，《三辅决录》上说："汉灵帝在宫殿柱子上题字：'堂堂乎张，京兆田郎。'"这是引用《论语》里的话，偶然以四言句式，来品评京兆人田凤。有一位才士却解释说："当时张京兆及田郎二人都相貌堂堂。"他听了我的解释后，起初非常惊骇，后来很快又感到惭愧懊悔。江南有一位权贵，读了误本《蜀都赋》的注解，"蹲鸱，芋"，"芋"字错作"羊"字。有人馈赠他羊肉，他回信说，"谢谢您惠赐我蹲鸱。"满朝官员都感到惊诧，不了解他用的是什么典故。很长时间后找到来龙去脉，才知道是怎么回事。北魏元氏的时候，有一位博学而身居要职的大臣，新近得到一本《史记音》，而其中错误很多，如写错了"颛顼"一词的反切。"顼"字应当注为"许录"反，却错注为"许缘"反，这位大臣就对朝中官员们说："过去一直把'颛顼'误读成'专旭'，实际上应该读成'专翾'。"这位大臣早有很大名气，他的意见大家一致信服遵行。一年后，又有位大学者对这个词的发音苦苦地研讨，才知道搞错了。《汉书·王莽赞》说："紫色蛙声，余分闰位。"是说王莽以假乱真。过去我曾经和别人谈论书籍，其中谈及王莽的长相，有一位俊杰之士，自夸通晓史学，名声很高，却说："王莽不但长着鹰一样的眼睛老虎一样的嘴，而且有着紫色的皮肤青蛙的嗓音。"还有，《礼乐志》说："给太官挏马酒。"李奇的注解是："用马乳做酒，要经过撞击、搅拌才能做成。""挏挏"二字的偏旁都从手。所谓"挏挏"，就是把马奶上下捣击，现在做酪酒也是用这种方法。刚才提到的那位学士又认为李奇注解的意思是种桐树之时太官酿造的马酒才熟。他的学识竟浅陋到如此地步。太山的羊肃，也算是有学问的人，他读潘岳赋中“周文弱枝之枣”一句，把“枝”字读作杖策的“杖”字；读《世本》中“容成造历”一句，把“历”字认作碓磨的“磨”字。

原文

谈说制文①，援引古昔，必须眼学，勿信耳受②。江南闾里③间，士大夫或不学问，羞为鄙朴④，道听途说，强事饰辞⑤：呼征质为周、郑⑥，谓霍乱为博陆⑦，上荆州必称陕西⑧，下扬都言去海郡，言食则糊口⑨，道钱则孔方⑩，问移则楚丘⑪，论婚则宴尔⑫，及王则无不仲宣⑬，语刘则无不公干⑭。凡⑮有一二百件，传⑯相祖述⑰，寻问莫知原由，施安时复失所⑱。庄生有“乘时鹊起”之说⑲，故谢朓⑳诗曰：“鹊起登吴台㉑。”吾有一亲表㉒，作七夕㉓诗云：“今夜吴台鹊，亦共往填河。”《罗浮山记》云：“望平地树如荠㉔。”故戴暠㉕诗云：“长安树如荠。”又邺下有一人《咏树》诗云：“遥望长安荠。”又尝见谓矜诞㉖为“夸毗”㉗，呼高年㉘为“富有春秋㉙”，皆耳学之过也。

注释

①制文：写文章。　②耳受：耳闻。　③闾里：乡里。古代的一种居民组织单位，二十五家为一闾。　④鄙朴：浅陋粗俗，没有学识。　⑤饰辞：用辞汇典故加以修饰。　⑥呼征质为周、郑：《左传·隐公三年》：“周、郑交质。”春秋战国时期，两国交往各派世子或子弟留居对方作为保证，称为“质”或“质子”。征质，征收抵押品。　⑦谓霍乱为博陆：霍乱，一种急性腹泻疾病。博陆，汉武帝时封霍光为博陆侯，汉宣帝时以谋反罪诛霍氏家族，史称霍氏之乱。因而那些卖弄辞藻者称霍乱为博陆。⑧上荆州必称陕西：荆州为今湖北江陵，陕西为今河南陕县西

南。晋南渡以后，江南大镇以东边的扬州、西边的荆州为最重要。而西周时周公主陕东诸侯事，召公主陕西诸侯事。因而人们称荆州为陕西。 ⑨糊口：寄食。 ⑩孔方：古时铜钱中有方孔，故称孔方。 ⑪问移则楚丘：《左传·闵公二年》："齐桓公迁邢于夷仪。二年，封卫于楚丘。"所以问到迁移的事"强事饰辞"者就用"楚丘"一类辞来对答。楚丘，地名，在今河南滑县。 ⑫论婚则宴尔：《诗经·邶风·谷风》："宴尔新婚，如兄如弟。"宴尔，安乐的样子。 ⑬及王则无不仲宣：仲宣，东汉末文学家王粲的字，所以有人言及王姓则用仲宣指代。 ⑭公干：东汉末文学家刘桢的字。 ⑮凡：共。 ⑯传：同"转"。 ⑰祖述：师法前人而加陈说。 ⑱失所：不得其所，不得当。 ⑲"庄生"句：《太平御览》卷九二一引《庄子》说，鹊巢于高城之中榆树之巅，城坏巢折，则乘风而起，飞往他处。意为不得时不得势则另作他图。 ⑳谢朓：字玄晖，南朝齐诗人。 ㉑吴台：即姑苏台，在江苏吴县姑苏山上。 ㉒亲表：表亲。 ㉓七夕：农历七月七日，传说牛郎织女此夜在天河相会，而群鹊为他们架桥。 ㉔荠（jì）：荠菜，一年生或多年生草本植物。 ㉕戴暠（gǎo）：南朝梁人。 ㉖矜诞：骄傲狂诞。 ㉗夸毗（pí）：指以谄谀、卑屈取媚于人，义与矜诞相反。 ㉘高年：高龄。 ㉙富有春秋：指年少。春秋，代指年月。春秋尚多故称富，与高年义相反。

译文

谈话写文章，援引古代的东西，必须自己亲眼去学书上的记载，而不要相信耳朵所听到的。江南乡里，有的士大夫不肯学习请教，又羞于被视为鄙陋粗俗，就道听途说，牵强附会，修饰言辞以示博学高雅。比如，把"征质"呼为"周、郑"，把"霍乱"叫做"博陆"，上荆州一定要说成上陕西，下扬都说成是去海郡，讲吃饭是“糊口”，提起钱就说“孔方”，问到迁徙之处就说“楚丘”，谈论婚姻就说“宴尔”，讲到姓王的人无不称为仲宣，谈起姓刘的人无不呼作公干。这类例子大约一二百个，士大夫们前后相承，一个跟着一个学。如果向他们寻根问底没有谁知道这些说法的缘由，用于言谈文章也常常不恰当。庄子有“乘时鹊起”的说法，所以谢朓的诗中就说：“鹊起登吴台。”我有一位表亲，作《七夕》诗说：“今夜吴台鹊，亦共往填河。”《罗浮山记》说：“望平地树如荠。”所以戴暠的诗就说：“长安树如荠。”而邺下有一个人《咏树》诗又说：“遥望长安荠。”我还曾经见过有人把“矜诞”解释为“夸毗”，称“年高”为“富有春秋”，这些都是“耳学”造成的错误。

原文

夫文字者，坟籍[①]根本。世之学徒，多不晓字：读《五经》[②]者，是徐邈[③]而非许慎[④]；习赋诵者，信褚诠[⑤]而忽吕忱[⑥]；明《史记》者，专徐、邹[⑦]而废篆籀[⑧]；学《汉书》者，悦应、苏[⑨]而略《苍》[⑩]、《雅》[⑪]。不知书音[⑫]是其枝叶，小学[⑬]乃其宗系[⑭]。至见服虔[⑮]、张揖[⑯]音义则贵之，得《通俗》、《广雅》而不屑。一手之中[⑰]，向背[⑱]如此，况异代各人乎？

注释

①坟籍：书籍，典籍。 ②《五经》：即《诗经》、《尚书》、《易经》、《仪礼》、《春秋》。 ③徐邈：晋代东莞姑幕（今江苏常州市）人，官中书舍人，撰《五经音训》。 ④许慎：字叔重，东汉汝南召陵（今河南郾城）人，撰《五经异义》、《说文解字》。 ⑤褚诠：疑为南朝宋人褚诠之，官御史，撰《百赋音》。⑥吕忱：字伯雍，晋代文字学家，撰《字林》。 ⑦徐、邹：徐，

即南朝宋中散大夫徐野民，撰《史记音义》。邹，即邹诞生，南朝宋人，官轻车都尉，撰《史记音》。⑧篆籀（zhuànzhòu）：古代汉字的两种字体，篆指小篆，籀指大篆。⑨应、苏：应即东汉应劭，字仲瑗，汝南南顿（今河南项城）人。苏即三国魏人苏林，字孝友，陈留外黄（今河南民权）人。二人均曾注《汉书》。⑩《苍》：指《三苍》，即秦相李斯《仓颉篇》、西汉人扬雄《训纂篇》、东汉人贾鲂《滂喜篇》三种字书的合称。⑪《雅》：指《尔雅》、《广雅》及《小尔雅》一类的文字训诂书。⑫书音：指语音、音韵。⑬小学：研究文字训诂音韵方面的学问。⑭宗系：根本。⑮服虔：字子慎，东汉经学家，著《春秋左氏传行谊》、《通俗文》。⑯张揖：字稚让，三国魏人，著《广雅》。⑰一手之中：指同出一人之手。⑱向背：肯定与否定。

译文

文字是书籍的根本。而世上求学的人，很多人都不通字义：读《五经》的人，肯定徐邈而非难许慎；学习赋诵的人，信奉褚诠而忽略吕忱；通晓《史记》的人，只专注于徐野民、邹诞生的《史记音义》《史记音》之类的书，却废弃了对篆籀字义的钻研；学习《汉书》的人，喜欢应邵、苏林的注解而忽略《三苍》、《尔雅》。他们不明白语音只是文字的枝叶，而字义才是文字的根本。以至有人见了服虔、张揖有关音义的书就十分重视，而得到这两人写的《通俗文》、《广雅》却不屑一顾。对同出一人之手的著作都如此厚此薄彼，何况对不同时代不同人的著作呢？

原文

夫学者贵能博闻也。郡国[①]山川，官位姓族，衣服饮食，器皿制度[②]，皆欲根寻[③]，得其原本。至于文字，忽[④]不经怀[⑤]，己身姓名，或多乖舛[⑥]，纵[⑦]得不误，亦未知所由。近世有人为子制名：兄弟皆山傍立字[⑧]，而有名峙[⑨]者；兄弟皆手傍立字，而有名机者；兄弟皆水傍立字，而有名凝者。名儒硕学，此例甚多。若有知吾钟之不调[⑩]，一何[⑪]可笑。

注释

①郡国：汉代的行政区划分为郡与国等，此处指地理。②制度：指礼仪法度。 ③根寻：彻底研究。 ④忽：忽略。⑤经怀：留心，用心。 ⑥乖舛（chuǎn）：差错，谬误。⑦纵：即使。 ⑧山傍立字：起山字边的字。 ⑨峙：“峙”的正规写法应为“峙”，其字本不从山。 ⑩“若有”句：《淮南子·修务》载：晋平公令人造钟，乐师师旷认为其声音不协调。师旷说：除非后世没有懂得乐器的人，如有，一定知道钟的声音不对。此处以乐工听不出钟音不协调来讥讽“名儒硕学”连名字不妥都看不出来。钟，一种乐器。吾，疑当作“晋”。 ⑪一何：何其，多么。一，语助词。

译文

求学的人都以博闻为贵。他们对于郡国山川、官位姓族、衣服饮食、器皿制度，都想寻根问底，找出它的本原来；但对于文字却加以忽视而不放在心上，甚至连自己的姓名，也往往出现谬误，即使不出错误的也不知它的由来。近世有些人给孩子起名字，兄弟的名字都用“山”作偏旁，其中就有取名为“峙”的；兄弟的名字都用“手”作偏旁，其中就有取名为“机”的；兄弟的名字都用“水”作偏旁，其中就有取名为“凝”的。在那些知

名的大学者中，这类例子很多。如果他们明白，这样取名就像晋平公的乐工听不出钟的乐音不协调一样，就会感到这是多么可笑。

原文

吾尝从齐主[①]幸[②]并州[③]，自井陉关[④]入上艾县[⑤]，东数十里，有猎闾村。后百官受马粮在晋阳东百余里亢仇城侧。并不识二所本是何地，博求古今，皆未能晓。及检[⑥]《字林》、《韵集》，乃知猎闾是旧䝁余聚[⑦]，亢仇旧是䅪䝁亭，悉属上艾。时太原王劭[⑧]欲撰乡邑记注，因此二名闻之，大喜。

注释

①齐主：此指北齐文宣帝高洋。 ②幸：古代帝王驾临某处。 ③并州：治所在今山西太原。 ④井陉关：在今河北井陉山。 ⑤上艾县：属乐平郡（今山西昔阳县）。 ⑥检：查。⑦聚：村落。 ⑧王劭：字君懋，太原晋阳人，北齐时先任参开府军事，后迁太子舍人、中书舍人，隋初任著作佐郎。

译文

我曾经跟从文宣帝到并州去，从井陉关进入上艾县，从那里往东几十里，有一个猎闾村。后来，百官又在晋阳以东一百多里的亢仇城旁接受马粮。人家都不知道这两个地方原本是哪里，广泛查阅古今书籍，都没有弄明白。直到翻检《字林》、《韵集》这两本书，才知道猎闾过去是䝁余聚，亢仇过去是䅪䝁亭，都属于上艾县。当时太原的王邵想撰写乡邑记注，我把这两个旧地名说给他听，他非常高兴。

原文

吾初读《庄子》“螝[①]二首”，《韩非子》曰“虫有螝者，一身两口，争食相龁[②]，遂相杀也”，茫然不识此字何音，逢人辄问，了[③]无解者。案《尔雅》诸书，蚕蛹名螝，又非二首两口贪害之物。后见《古今字诂》，此亦古之“虺”字，积年凝滞[④]，豁然雾解。

注释

①螝（huǐ）：同“虺”，古书上说的一种毒蛇。 ②龁（hé）：啃食，咬。 ③了：绝。 ④凝滞：犹困阻，指疑难。

译文

我开始读《庄子》中“螝二首”时，发现《韩非子》中说：“有一种叫螝的虫，一个身子两张嘴，为争夺食物互相啃咬，于是自相残杀而死。”我茫然不知“螝”这个字的读音，逢到人就问，却没人知道。按《尔雅》等书，蚕蛹被称作“螝”，但又不是有两个头两张嘴的贪婪有害之物。后来见了《古今字诂》，才知道“螝”也就是古代的“虺”字，多年的疑难，一下子像大雾一样散开了。

原文

尝游赵州[①]，见柏人[②]城北有一小水，土人[③]亦不知名。后读城西门徐整[④]碑云：“洦流东指。”众皆不识。吾案《说文》，此字古“魄”字也，洦，浅水貌。此水汉来本无名矣，直[⑤]以浅貌目[⑥]之，或当即以洦为名乎？

注释

①赵州：州名，治所在广阿（今河北隆尧县东）。 ②柏人：县名，治所在今河北隆尧县西。 ③土人：当地人。 ④徐整：字文操，豫章（今江西南昌）人，仕吴为太常卿。 ⑤直：只。

⑥目：认为，看待。

译文

我曾经游宦赵州，看见柏人城的北面有一条小河，当地人也不知道它的名字。后来读到城西门徐整写的碑文，上面说：“洦流东指。”大家都不认识。我查阅《说文》，这个“洦”字就是古“魄”字，洦，浅水貌。这条河汉代以来就没有名字，只把它当做一条浅浅的河来看待，或许就应当用“洦”来给它命名吧？

原文

世中书翰[①]，多称“勿勿”，相承如此，不知所由，或有妄言此“忽忽”之残缺耳。案《说文》：勿者，州里[②]所建之旗也，象其柄及三斿[③]之形，所以趣[④]民事。故匆遽[⑤]者称为勿勿。

注释

①书翰：书信。 ②州里：泛指乡里。二千五百家为州，二十五家为里。 ③斿（liú）：同“旒”，古代旆旗末端悬垂的飘带之类的饰物。 ④趣：催。 ⑤匆遽：匆忙，急迫。

译文

世上的书信，里面多有“勿勿”这个词语，历来相承如此，但不知道它的缘由。有人胡乱说这是“忽忽”的缺笔省写。按《说文》上说：勿，是乡里所树立的旗帜，这个字像旗杆和旗帜末端三条飘带的形状，是用来催促民事的。所以就把匆忙急迫称为“勿勿”。

原文

吾在益州[①]，与数人同坐，初晴日晃，见地上小光，问左右：“此是何物？”有一蜀竖[②]就视[③]，答云：“是豆逼[④]耳。”

相顾愕然[5]，不知所谓。命取将[6]来，乃小豆也。穷[7]访蜀士，呼“粒”为“逼”，时莫之解[8]。吾云：“《三苍》、《说文》，此字白下为匕，皆训[9]粒，《通俗文》音方力反。”众皆欢悟。

注释

①益州：州名，理成都、蜀二县，治所在今四川成都。②竖：童仆。③就视：凑近去看。④逼：同“皀”(bī)，粒。⑤愕然：吃惊的样子。⑥将：语气助词。⑦穷：尽，遍。⑧莫之解：不能理解这件事。⑨训：解释。

译文

我在益州时，同几个人一起闲坐，天刚放晴，阳光很耀眼，我看见地上有小光点，就问身边的人：“那是什么东西?”有一个蜀地的童仆凑近看了看，回答说：“是豆逼。”大家惊讶地互相看着，不知他说的是什么。我叫他拿过来，原来是小豆。询问很多蜀地人士，原来他们把“粒”叫做“逼”，当时没有谁能解释清楚。我说：“《三苍》、《说文》中，这个字就是‘白’下加‘匕’，都解释为“粒”，《通俗文》注音作方力反。”大家都高兴地领悟了。

原文

愍楚[1]友婿[2]窦如同从河州[3]来，得一青鸟，驯养爱玩，举俗[4]呼之为“鹖[5]”。吾曰：“鹖出上党[6]，数[7]曾见之，色并黄黑，无驳杂也。故陈思王[8]《鹖赋》云：‘扬玄[9]黄之劲羽。’”试检《说文》：“鴔雀似鹖而青，出羌中[10]。”《韵集》音介。此疑顿释。

注释

①愍楚：作者次子。②友婿：两婿相称为友婿，犹今连襟。③河州：前秦苻坚置，治所在今甘肃临夏。④举俗：所

有的人。举，全，都。 ⑤鹖（hé）：一种像雉而善斗的鸟。⑥上党：郡名，治所在壶关（今山西省长治县东南）。 ⑦数：屡次，多次。 ⑧陈思王：即曹植。 ⑨玄：黑。 ⑩羌（qiāng）中：指临洮西南古羌族活动地带。

译文

愍楚的连襟窦如同从河州来，得到一只青鸟，把它驯养起来玩赏，所有人都把它叫做“鹖”。我说：“鹖出产于上党，我曾经多次见过，羽毛都是黄黑色的，没有其他杂色。所以陈思王的《鹖赋》说：‘举起那黄黑色的有力的翅膀。’”我试着翻检《说文》，上面说：“鴧雀像鹖而颜色是青的，出产于羌中。”《韵集》的注音为“介”。这个疑问顿时解开了。

原文

梁世有蔡朗者讳[①]纯，既不涉学[②]，遂呼莼[③]为露葵[④]。面墙[⑤]之徒，递相仿效。承圣[⑥]中，遣一士大夫聘[⑦]齐，齐主客郎[⑧]李恕[⑨]问梁使曰：“江南有露葵否?”答曰：“露葵是莼，水乡所出。卿今食者绿葵菜耳。”李亦学问，但不测彼之深浅，乍[⑩]闻无以核[⑪]究。

注释

①讳：对君主、长辈的名字避开不直接道及叫讳。古人在人死后书写其名时前加讳字，以示尊敬。 ②涉学：涉猎学问。③莼：又名水葵、马蹄草，多年生水草，浮在水面，叶子椭圆形，开暗红色花，茎和叶背面都有黏液，可食。 ④露葵：又名“冬葵”，生于园中，可食。 ⑤面墙：形容人不学而一无所知，有如面墙而立。 ⑥承圣：梁元帝萧绎年号（552—555）。⑦聘：古代国与国之间遣使互相访问。 ⑧主客郎：官名，掌管

朝聘、接待等事。⑨李恕：据考证当为李庶。⑩乍：初，刚。⑪核：查验，核实。

译文

梁朝有个叫蔡朗的人避讳“纯”，他一贯不涉猎学问，就把“莼”称为“露葵”。那些不学无术之徒，一个跟着一个地仿效。承圣年间，朝廷派一名士大夫出使北齐，北齐的主客郎李恕问梁朝使者道：“江南有露葵没有?”使者回答说：“露葵就是莼，产于水乡。您今天吃的是绿葵菜。”李恕也是有学问的人，但他不了解对方学识的深浅，刚一听到也无法核实查究。

原文

思鲁[①]等姨夫[②]彭城[③]刘灵[④]，尝与吾坐，诸子侍焉。吾问儒行、敏行[⑤]曰：“凡字与咨议名同音者，其数多少，能尽识乎?”答曰：“未之究也，请导示之。”吾曰：“凡如此例，不预[⑥]研检，忽见不识，误以问人，反为无赖所欺，不容易[⑦]也。”因为说之，得五十许[⑧]字。诸刘叹曰：“不意乃尔[⑨]！”若遂不知，亦为异事。

注释

①思鲁：作者的长子。②姨夫：即今之姨父。③彭城：今江苏徐州。④刘灵：作者的连襟，官咨议参军，下文的咨议代指刘灵。⑤儒行、敏行：刘灵的儿子。⑥预：事先。⑦不容易：不能轻视。容，可以，允许。易，轻视。⑧许：左右。⑨不意乃尔：没想到这样多。不意，没想到。乃尔，如此，这样。

译文

思鲁等人的姨父彭城刘灵，曾经与我闲坐，他的几个孩子在旁边陪侍。我问儒行、敏行：“凡与你们父亲名字同音的字，它的数目共有多少，能都认识吗？”他们回答说：“没有研究过这个问题，请您指导提示。”我说：“凡是这一类的字，如果不预先研究查检，忽然发现自己不认识的字，拿出去问错了人，反而会被无赖所欺侮，绝不能轻视。”于是我就替他们解说，得到了五十多个字。刘灵的几个孩子感叹道：“没想到这样多！”像这样不了解这个问题，也真是怪事。

原文

校定书籍，亦何容易，自扬雄[①]、刘向[②]，方称此职耳。观天下书未遍，不得妄下雌黄[③]。或彼以为非，此以为是；或本同末异；或两文皆欠，不可偏信一隅[④]也。

注释

①扬雄：字子云，蜀郡成都人，西汉学者，著有《法言》、《太玄》、《方言》等。②刘向：字子政，西汉人，学者、文献学家。③雌黄：一种橙黄色的矿物质。古人写字时，有误则用雌黄所制颜料涂改，所以称修改文字为雌黄。后又引申为评论。④一隅：一个角落，此指一面之词。

译文

校勘订正书籍，谈何容易！从扬雄、刘向开始，才有人胜任这个工作。天下的书籍没有读遍，就不能任意改动书中的文字。有时那个版本认为是错误的，这个版本又认为正确；有时基本观点相同，但具体细节有分歧；有时两个版本的文字都不妥当。所以不可以偏信一个方面。

卷第四

文章　名实　涉务

文章第九

题解

本篇论述了各种文体的起源、文章的功用，列举了古来“多陷轻薄”的文人的毛病及“损败”的结局，告诫子孙应谨防文章所带来的灾祸。同时提出了写文章的一些注意事项及原则、方法。如“学为文章，先谋亲友”，要以理致为本、词调为末，“当从三易”（易见事、易识字、易诵读），注意措词用典恰当。此外，还对时人诸作进行了品评。

原文

夫文章者，原出《五经》：诏命策檄①，生于《书》者也；序述论议②，生于《易》者也；歌咏赋颂③，生于《诗》者也；祭祀哀诔④，生于《礼》者也；书奏箴铭⑤，生于《春秋》者也。朝廷宪章⑥，军旅⑦誓⑧诰⑨，敷显⑩仁义，发明⑪功德，牧民⑫建国，施用多途。至于陶冶⑬性灵，从容讽谏⑭，入其滋味，亦乐事也。行有余力，则可习之。然而自古文人，多陷轻薄⑮：屈原露才扬己，显暴君过⑯；宋玉体貌容冶，见遇俳优⑰；东方曼倩，滑稽不雅⑱；司马长卿，窃赀无操⑲；王褒过章僮约⑳；扬雄德败美新㉑；李陵降辱夷虏㉒；刘歆反复莽世[23]；傅毅党附权门[24]；班固盗窃父史[25]；赵元叔抗竦过度[26]；冯敬通浮华摈压[27]；马季长佞媚获诮[28]；蔡伯喈同恶受诛[29]；吴质诋忤乡里[30]；曹植悖慢犯法[31]；杜笃乞假无厌[32]；路粹隘狭已甚[33]；陈琳实号粗疏[34]；繁钦性无检格[35]；刘桢屈强输作[36]；王粲率躁见嫌[37]；孔融、祢衡，诞傲致殒[38]；杨修、丁廙，扇动取毙[39]；阮籍无礼败俗[40]；嵇康凌物凶终[41]；傅玄忿斗免官[42]；孙楚矜夸凌上[43]；陆机犯顺履险[44]；潘岳干没取危[45]；颜延年负气摧黜[46]；谢灵运空疏乱纪[47]；王元长凶贼自诒[48]；谢玄晖侮慢见及[49]。凡此诸人，皆其翘秀[50]者，不能悉记，大较如此。至于帝王，亦或未免。自昔天子而有才华者，唯汉武[51]、魏太祖[52]、文帝[53]、明帝[54]、宋孝武帝[55]，皆负世议[56]，非懿[57]德之君也。自子游[58]、子夏[59]、荀况[60]、孟轲[61]、枚乘[62]、贾谊[63]、苏武[64]、张衡[65]、左思[66]之俦[67]，有盛名而免过患者，时复闻之，但其损败居多耳。每尝思之，原其所积[68]，文章之体，标举兴会[69]，发引性灵，使人矜伐[70]，故忽于持操，果于进取[71]。今世文士，此患弥切，一事惬当[72]，一句清巧，神厉[73]九霄，志凌千载，自吟自赏，不觉更有傍人。加以砂砾[74]所伤，惨于矛戟[75]，讽刺之祸，速乎风尘。深宜防虑，以保元吉[76]。

注释

①诏命策檄（xí）：古代四种文体。诏，秦汉以后专指帝王的文告。命，秦统一前国王的文告。策，用于封官赐爵的文告。檄，用于征召声讨的文告。 ②序述论议：四种文体。序，书籍、诗文的序言或赠序。述，记述人物事迹的文章。论、议，古代的议论文体。 ③歌咏赋颂：古代诗歌或韵文的体裁名。歌、咏，指适宜拖长声音诵读的文章。赋，指铺陈辞藻体物写志的文章。颂，指赞美夸饰盛德的文章。 ④祭祀哀诔（lěi）：均为祭

祀哀悼类文章。祭，祭文。祀，郊庙祭祀乐歌。哀，追悼死者的哀辞。诔，哀悼死者的文章。 ⑤书奏箴（zhēn）铭：四种文体。书，书信。奏，奏章。箴，规诫性的韵文。铭，刻于金石器物之上用以表功或警诫自己的文字。 ⑥宪章：典章制度。 ⑦军旅：军队。 ⑧誓：告诫将士的言辞或盟约。 ⑨诰（gào）：训诫、勉励的文体。 ⑩敷显：传布显扬。敷，陈述，铺张。 ⑪发明：宣扬使其显明。 ⑫牧民：治民。 ⑬陶冶：给人的思想、性格以有益的引导和影响。陶，本指烧制陶器。冶，指冶炼金属。 ⑭讽谏：劝告，劝谏。 ⑮轻薄：轻浮刻薄。 ⑯“屈原”句：屈原，名平，字原，战国时楚人，著名诗人、思想家。他曾数责怀王，被贬沉江而死。显暴，暴露，显扬。 ⑰“宋玉”句：宋玉，战国时楚人，辞赋家。容冶，容貌艳丽。见遇，被当做、被视做。俳（pái）优，以乐舞滑稽戏为业的艺人。 ⑱“东方曼倩”句：东方曼倩，即西汉人东方朔，滑稽不穷，善辞赋，武帝时至太中大夫。 ⑲“司马长卿”句：司马长卿即西汉人司马相如，辞赋家。曾与卓文君私奔，使文君父卓王孙不得已分与财物。赀，同“资”，资财、资产。操，操行、操守。 ⑳“王褒”句：王褒，西汉人，辞赋家。他所著的《僮约》中自言到过寡妇家中，此在当时被视为非礼之举。过，过失、过错。章同“彰”，彰明、显露。 ㉑“扬雄”句：扬雄，字子云，西汉人。武帝时为骑都尉，王莽时校书天禄阁，官大夫。他所著《剧秦美新》有美化王莽新朝之嫌。 ㉒“李陵”句：李陵，字少卿，西汉武帝时官至骑都尉。他曾率步兵五千人出征匈奴，矢尽粮绝，降匈奴，被夷族。夷虏，指匈奴。 ㉓“刘歆”句：刘歆，字子骏，后改名秀，字颖叔，西汉目录学家。王莽执政时为国师，后又谋诛王莽，事泄自杀。 ㉔“傅毅”句：傅毅，字武仲，东汉文学家。他曾依附大将军窦宪，任

司马。党附，结党依附。权门，有权势的人家，指窦宪。㉕“班固”句：班固，字孟坚，东汉史学家、文学家。他在其父班彪所著《史记后传》基础上历二十余年，修成《汉书》的绝大部分。㉖“赵元叔”句：赵元叔，即东汉人赵壹。他恃才倨傲，屡次抵罪，曾作《穷鸟赋》、《刺世疾邪赋》以抒其怨愤。抗竦，高耸，引申为高傲、傲慢。㉗“冯敬通”句：冯敬通，即东汉辞赋家冯衍。时人多指摘他文过其实，屡不被用。摈压，摈弃压抑。㉘“马季长”句：马季长，即东汉经学家马融。他才高博洽，为世通儒，但不敢违逆势家，曾为梁冀起草奏章弹劾李固；又作《大将军西第颂》，颇为正直人士所鄙。诮（qiào），责备。㉙“蔡伯喈（jiē）”句：蔡伯喈，即东汉文学家蔡邕。他曾获董卓重用，董卓被诛后流露出对董卓之死的惋惜，被司徒王允治罪，死狱中。㉚“吴质”句：吴质，字季重，三国时魏文学家。他曾怙威肆行，为乡里人所不满。㉛“曹植”句：曹植，字子建，善属文，甚为曹操宠爱。曹丕即位后被奏“醉酒悖慢，劫胁使者”，被贬为安乡侯。悖慢，违逆傲慢。㉜“杜笃”句：杜笃，字季雅，东汉人。他博学不修小节，数从请托，招致县令怨恨，收送京师。乞，请托。假，给予。㉝“路粹”句：路粹，字文蔚，三国时魏人。他曾与陈琳、阮瑀等人秉承曹操旨意数致孔融罪名，使孔融被诛。后违禁伏法。㉞“陈琳”句：陈琳，字孔璋，三国时魏文学家。粗疏，草率、马虎。㉟“繁（pó）钦”句：繁钦，字休伯，三国时魏文学家。官主簿。检格，法式、规矩。㊱“刘桢”句：刘桢，字公干，三国时魏文学家。据载曹丕为太子时宴请文学之士，众人皆拜曹丕夫人甄氏，独刘桢平视不拜，被罚做苦工。屈强，即“倔强”，不顺从。输作，罚做苦工。㊲“王粲”句：王粲，字仲宣，三国时魏文学家。他曾投奔刘表，因相貌丑陋、不拘小节未被重用，后投奔曹操拜侍中。率躁，轻率浮躁。见嫌，被人嫌弃。㊳“孔融、祢衡”句：孔融，字文举。曾任北海相、少府、大中大夫等，汉末文学家。他因非议忤逆曹操被杀。祢衡，字正平，汉末文学家。他好矫时慢物，素轻曹操，被曹操转送江夏太守黄祖，终被黄祖所杀。陨，死亡。㊴“杨修、丁廙（yì）”句：杨修，字德祖，三国时魏文学家，官主簿。他曾辅佐曹植，后曹操因为杨修颇有才策，恐留后患，于是借故诛之。丁廙，字敬礼。他曾极力劝曹操立曹植为太子。曹丕即位后，与其兄丁仪同时被杀。㊵“阮籍”句：阮籍，字嗣宗，“竹林七贤”之一，魏晋文学家。他纵酒谈玄，蔑视礼法，为世俗所非议。㊶“嵇康”句：嵇康，字叔夜，“竹林七贤”之一，魏晋文学家。他声言“非汤武而薄周孔”，不满司马氏集团掌权，被司马昭所杀。凌物，冒犯世人。凶终，不得善终。㊷“傅玄”句：傅玄，字休奕，西晋文学家。他任侍中时与皇甫陶相争吵，为有司所奏，二人因此免官。㊸“孙楚”：孙楚，字子荆，西晋文人。他曾负其才气，凌侮骠骑将军石苞而产生嫌隙。㊹“陆机”句：陆机，字子衡，西晋文学家，官至平原内史。他曾为赵王司马伦中书郎，伦图篡位被诛，受牵连。后被成都王司马颖任为后将军、河北大都督，讨伐长沙王司马乂，兵败，为人所间，遇害于军中。犯顺，违背常理。㊺“潘岳”句：潘岳，字安仁，西晋文学家。史载其“性轻躁，趋世利。”赵王伦辅政时，曾被他鞭挞羞辱过的小吏孙秀任中书令，于是诬陷其与石崇等阴谋为乱，被诛三族。干没，以不正当的手段获利。㊻“颜延年”句：颜延年，即南朝宋诗人颜延之，官至金紫光禄大夫。史载其疏诞不能取容于世，数遭贬谪。摧黜，废退。㊼“谢灵运”句：谢灵运，南朝宋诗人，官永嘉太守、侍中、临川内史等。他性豪奢，游放不羁，不理政事，以反逆被问罪，弃市于广州。㊽“王元长”句：王元长，即王融，南朝齐文学家，官中书郎。因试图矫诏立竟陵王萧子良为帝，失败被杀。自诒，自己损害自己。诒同“贻”，遗留。㊾“谢玄晖”：谢玄晖，即南朝齐诗人谢朓，曾官宣城太守、尚书吏部郎。因不参与始安王萧遥光谋反，被诬陷死于狱中。㊿翘秀：犹出类拔萃。 51汉武：即汉武帝刘彻。 52魏太祖：即魏太祖曹操。 53文帝：即魏文帝曹丕。 54明帝：即魏明帝曹叡。 55宋孝武帝：即南朝宋武帝刘骏。 56负世议：遭到世人非议。 57懿（yì）：美好。 58子游：姓言名偃，孔子弟子。59子夏：姓卜名商，孔子弟子。 60荀况：即荀子、荀卿，战国时思想家。 61孟轲：字子舆，战国时思想家，被称为“亚圣”。62枚乘：字叔，西汉辞赋家。 63贾谊：西汉政治家、文学家。64苏武：字子卿，西汉人，武帝时奉命入匈奴，被扣十九年不屈，回朝后官典属国。 65张衡：字平子，东汉科学家、文学家。 66左思：字太冲，西晋文学家。 67俦（chóu）：辈，同类。 68原其所积：推究这些积弊产生的原因。原，推究原委。69标举兴会：表现兴致，抒发情感。标举，揭示标明。兴会，兴致、情致。 70矜伐：夸耀。 71果于进取：指醉心于追名逐利。果，勇于。 72惬当：合适，恰当。 73厉：飞扬。 74砂砾：比喻讽刺、伤害他人的言词。砾，小石粒。 75矛戟：两种兵器。 75元吉：大福。元，大。

译文

文章都来源于《五经》：诏、命、策、檄，产生于《尚书》；序、述、论、议，产生于《易经》；歌、咏、赋、颂，产生于《诗经》；祭、祀、哀、诔，产生于《礼经》；书、奏、箴、铭，产生于《春秋》。朝廷的典章制度，军队里的誓文诰书，传布宣扬仁义，宣扬显明功德，治理民众，建设国家，文章的用途多种多样。至于用文章陶冶情操，婉言劝勉他人，体味一种特别的美感，也是一件快乐的事。在奉行忠孝仁义还有多余精力的情况下，也可以学写文章。但是自古以来，文人大多陷于轻浮浅薄：屈原显露才华，宣扬自我，公开暴露君主的过错；宋玉相貌艳丽，被当做俳优看待；东方朔言行滑稽，缺少雅致；司马相如窃取卓王孙的钱财，不讲节操；王褒私入寡妇之门，其过失在《僮约》中自我暴露；扬雄作《剧秦美新》歌颂王莽新朝，损害自己的品德；李陵向匈奴投降受辱；刘歆在王莽新朝时反复无常；傅毅依附权贵；班固剽窃父亲的《史记后传》；赵元叔过分倔强傲慢；冯敬通秉性浮华屡遭压抑；马季长谄媚权贵而遭讥讽；蔡伯喈与恶人同受惩罚；吴质仗势欺人横行乡里；曹植违逆傲慢，触犯法度；杜笃向人请托，不知满足；路粹心胸过分狭隘；陈琳确实称得上草率马虎；繁钦不知检点约束；刘桢性格倔强，被罚做苦工；王粲轻率急躁，遭人嫌弃；孔融、祢衡放诞倨傲，招致杀身之祸；杨修、丁廙鼓动曹操立曹植为太子，反而自取灭亡；阮籍蔑视礼法，伤风败俗；嵇康盛气凌人，不得善终；傅玄负气争斗，被免官职；孙楚恃才自负，冒犯上司；陆机违背常理，走上绝路；潘岳唯利是图，遭到危险；颜延年意气用事，遭到废黜；谢灵运空放粗阔，扰乱朝纪；王元长凶恶残忍，自取恶果；谢朓轻忽傲慢，遭到陷害。以上这些人，都是文人中出类拔萃的，我不能全都记载下来，大致是如此吧。至于帝王，有的也难以幸免。过去身为天子而又有才华的，只有汉武帝、魏太祖、魏文帝、魏明帝、宋孝武帝等数人，但他们都遭到世人的非议，并不是具有美德的君主。子游、子夏、荀况、孟轲、枚乘、贾谊、苏武、张衡、左思等人，既有盛名而又能避免过失的，偶尔也可以听到，但他们中遭到祸患的还是占多数。我常常思考这个问题，推究其中的原委，可能文章的本质是用来表现兴致、抒发情感的，因而容易使人恃才自夸，忽视保持操守，急于追逐名利。现

在的文人，这个缺点更加深切。如果一个典故用得妥当，一句诗文写得新奇，就会神采飞扬，直达九霄，心气高傲，雄视千载，独自吟诵叹赏，不觉世上还有旁人。再加上言辞所造成的伤害比矛、戟伤人更加残酷，讽刺带来的灾祸比狂风飙尘还要迅速。所以应该特别防备，以保大福。

原文

学问有利钝①，文章有巧拙②。钝学累功③，不妨精熟；拙文研思，终归蚩鄙④。但成学士，自足为人⑤。必乏天才，勿强操笔⑥。吾见世人，至⑦无才思，自谓清华⑧，流布丑拙⑨，亦以众矣，江南号为“詅痴符⑩”。近在并州，有一士族，好为可笑诗赋，誂撇⑪邢、魏⑫诸公，众共嘲弄，虚相赞说，便击牛釃⑬酒，招延⑭声誉。其妻，明鉴妇人也，泣而谏之。此人叹曰：“才华不为妻子所容，何况行路⑮！”至死不觉。自见⑯之谓明，此诚难也。

注释

①利钝：敏捷与迟钝。②巧拙：精巧与拙劣。③累功：日积月累地努力。④蚩鄙：粗野鄙陋。⑤“但成”二句：意谓只要在学业上有所成就，便可在社会上立足。⑥操笔：握笔作文。⑦至：极，非常。⑧清华：清新华美。⑨丑拙：指丑陋拙劣之文。⑩詅（líng）痴符：方言词，指无才气而好卖弄的人。詅，叫卖。符，标志。⑪誂撇（tiǎopiě）：挑逗嘲弄。誂，戏弄。撇，用嘴表示鄙夷、不以为然的神情。⑫邢、魏：邢，指邢子才。魏，指魏收。二人皆为时人所推重。⑬釃（shī）：斟酒。⑭招延：招致，求取。⑮行路：行路之人，陌生人。⑯自见：透彻地了解自己。

译文

做学问有敏捷与迟钝的分别，写文章有精巧与拙劣的分别。做学问迟钝的人，只要不懈努力，不会妨碍他达到精通熟练；文章写得拙劣的人，即使钻研思考，终会归于粗野鄙陋。只要能成为有学之士，就足以在社会上为人了。如果确实缺乏写作天才，就不要勉强握笔作文。我看见世上某些人，根本没有才华，却称自己的文章清新华美，让丑陋拙劣的东西到处流传，这种人也太多了，江南一带称他们为“詅痴符”。近来并州有一位士族，喜欢写一些可笑的诗赋，挑逗嘲弄邢子才、魏收诸人。大家都嘲弄他，假意称赞他的诗赋，他就杀牛酾酒，宴请客人，以此来求取声誉。他的妻子是一位明白事理的妇人，哭着劝阻他。他叹息说：“我的才华连妻子都不承认，何况陌生人呢！”他到死也没有觉悟。自己能够了解自己，才算得上聪明。做到这点，确实不容易啊。

原文

学为文章，先谋亲友，得其评裁①，知可施行②，然后出手；慎勿师心自任③，取笑旁人也。自古执笔为文者，何可胜言④。然至于宏丽精华，不过数十篇耳。但使不失体裁⑤，辞意可观，便称才士；要须动俗⑥盖世⑦，亦俟河之清⑧乎！

注释

①评裁：评点裁断。 ②施行：指付梓、流传。 ③师心自任：即师心自用，指固执己见、自以为是。 ④何可胜言：哪里能够说尽。 ⑤体裁：指文章的形式及规范。 ⑥动俗：使世俗惊动。 ⑦盖世：超越世人。 ⑧俟河之清：等到黄河水清，犹言所求之事遥遥无期。俟，等待。

译文

学习写文章，应先找亲友征求意见，求得他们的点评裁断，知道可以流传了，然后才脱稿。千万不要固执己见、自以为是，以免被旁人耻笑。自古以来执笔写文章的人，哪里能够数得清？但能达到宏丽精美的，不过几十篇而已。只要写出的文章不脱离它应有的格式规范，言辞意旨有可观之处，就可称为才士了；一定要使自己的文章惊动众人，超越当世，恐怕要等到黄河变清才有可能吧！

原文

不屈二姓[①]，夷、齐之节[②]也；何事非君，伊、箕之义[③]也。自春秋已来，家[④]有奔亡，国[⑤]有吞灭，君臣固无常分[⑥]矣；然而君子之交绝无恶声，一旦屈膝而事人，岂以存亡而改虑？陈孔璋居袁裁书，则呼操为豺狼；在魏制檄，则目绍为蛇虺[⑦]。在时君所命，不得自专。然亦文人之巨患也，当务从容[⑧]消息[⑨]之。

注释

①不屈二姓：不屈身侍奉两个不同的王朝。 ②夷、齐之节：据《史记·伯夷列传》载，伯夷、叔齐为商朝孤竹君的两个儿子，周武王灭商后，二人耻食周粟，隐于首阳山而饿死。 ③“何事”二句：伊，即伊尹，商朝贤相，曾佐商汤灭桀。商汤死后，太甲继位不守法度，为伊尹放逐，太甲悔改后让其复位。箕，即箕子，纣王叔父。商纣荒淫暴虐，箕子谏而不听，又不愿彰君之恶，于是被发佯狂。后为周武王陈述治国大法。 ④家：指大夫之家。 ⑤国：指诸侯之国。 ⑥常分：固定的情分、缘分。 ⑦“陈孔璋”四句：陈孔璋，即陈琳。他初从袁绍，为袁

绍撰文骂曹操“豺狼野心”。后归曹操则写檄文骂袁绍。虺(huǐ)，毒蛇。 ⑧从容：指深思熟虑，仔细。 ⑨消息：考虑，斟酌。

译文

不屈身侍奉两个王朝，是伯夷、叔齐的气节；可以侍奉任何君主，是伊尹、箕子的道理。自春秋以来，士大夫家族奔窜流亡，诸侯国时常被吞并灭亡，国君与臣子本来就没有固定的名分。然而君子之间，即使断绝交情也不会相互攻击辱骂；一旦屈膝侍奉别人，怎能因为存亡而改变初衷呢？陈孔璋在袁绍处撰文，称曹操为豺狼；在魏国起草檄文，视袁绍为毒蛇。因为这是受命于当时的君主，不能自己做主。但这也是文人的大毛病，应该深思熟虑予以斟酌。

原文

或①问扬雄曰：“吾子②少而好赋？”雄曰：“然。童子雕虫篆刻③，壮夫不为也。”余窃非之曰：虞舜歌《南风》④之诗，周公作《鸱鸮》⑤之咏，吉甫⑥、史克⑦《雅》、《颂》之美者，未闻皆在幼年累德⑧也。孔子曰：“不学诗，无以言。”⑨“自卫返鲁，乐正，《雅》、《颂》各得其所⑩。”大明孝道，引《诗》证之⑪。扬雄安敢忽之也？若论“诗人之赋丽以则⑫，辞人之赋丽以淫⑬”，但知变之而已，又未知雄自为壮夫何如也？著《剧秦美新》，妄投于阁⑭，周章⑮怖慑，不达天命，童子之为耳。桓谭以胜老子⑯，葛洪以方仲尼⑰，使人叹息。此人直⑱以晓算术，解阴阳⑲，故著《太玄经》，数子为所惑耳；其遗言余行，孙卿、屈原之不及，安敢望大圣⑳之清尘㉑？且《太玄》今竟何用乎？不啻㉒覆酱瓿㉓而已。

注释

①或：有人。 ②吾子：犹先生。子是对人的尊称。 ③雕虫篆刻：比喻文体中的赋像书体中的虫书和刻符，费力多而实用价值小，只是小技艺，无益于大道。虫，指虫书。刻，指刻符。二者都是秦书八体中的两体。 ④《南风》：古乐曲名，相传为虞舜所作。 ⑤《鸱鸮》：《诗经·豳风》中篇名，相传为周公旦写给成王的述志之作。 ⑥吉甫：即周宣王时的大臣尹吉甫，相传《诗经·大雅》中的《嵩高》等为其所作。 ⑦史克：鲁国史官，相传《诗经·鲁颂·驷》为其所作。 ⑧累德：损害德行。⑨“孔子曰”三句：语见《论语·季氏》。 ⑩“自卫返鲁”三句：语出《论语·子罕》。乐，音乐。各得其所，各自有适当的位置。 ⑪“大明”二句：孔子阐明孝道，都引《诗经》中的话来证明。 ⑫丽以则：华丽而不失准则。则，法则。 ⑬丽以淫：艳丽而浮靡。淫，过度。 ⑭妄投于阁：据史载，王莽新朝时，刘棻充军连及扬雄。扬雄当时在天禄阁上校书，恐已不免，乃从阁上跳下，几乎摔死。 ⑮周章：慌张恐惧的样子。⑯“桓谭”句：桓谭，字君山，东汉哲学家、经学家。他曾说扬雄之书若遇时君称善，则必定超越老子等先秦诸子。 ⑰“葛洪”句：葛洪，字雅川，东晋道教理论家、炼丹家。他曾把扬雄《太玄》一书受时人嗤薄，比之于孔子不被当世所重。方，比拟。⑱直：只，仅。 ⑲阴阳：阴阳之学，阴阳家关于阴阳变化的理论。 ⑳大圣：指孔子、老子等人。 ㉑清尘：车后扬起的尘埃，用作对尊贵者的敬称。清，敬词。 ㉒不啻（chì）：无异于。啻，仅。 ㉓瓿（bù）：古代的一种青铜或陶制的盛酒器和盛水器，亦用于盛酱。

译文

有人问扬雄："先生年轻时喜欢作赋吗？"扬雄回答说："是的。作赋就好比儿童学写虫书和刻符一样，成年人是不会干的。"我私下反驳他：虞舜吟唱过《南风》，周公写过《鸱鸮》诗，尹吉甫、史克写了《雅》、《颂》中的一些美好的诗篇，没听说过他们在幼年时代因此损伤了品性啊。孔子说："不学《诗》，就不善辞令。"又说："我从卫国返回鲁国后，将《诗》的乐曲进行整理订正，使《雅》乐和《颂》乐各得其所。"孔子为了彰明孝道，就引用《诗经》中的诗句来验证。扬雄怎么可以忽视这些事实呢？如果说到"诗人的赋华丽而规范，辞人的赋华丽而浮靡"这句话，只不过表明他懂得辨别二者的区别而已，却不知道自己作为成年人到底做得怎样？扬雄写《剧秦美新》来美化王莽新朝，却胡乱地从天禄阁上往下跳，惊慌恐惧，不能通达天命，这是孩童才会做的啊。桓谭认为扬雄超过了老子，葛洪拿扬雄比拟孔子，真让人叹息。扬雄只不过通晓算术，懂得阴阳学，所以写了《太玄经》，那几个人就被他迷惑了。他的遗言余行，连荀子、屈原都赶不上，哪里敢望大圣的清尘？况且，《太玄》在今天究竟有什么用呢？只不过可用来盖酱坛子罢了。

原文

齐世有席毗者，清干[①]之士，官至行台[②]尚书，嗤鄙[③]文学，嘲刘逖[④]云："君辈辞藻，譬若荣华[⑤]，须臾[⑥]之翫[⑦]，非宏才也；岂比吾徒[⑧]千丈松树，常有风霜，不可凋悴[⑨]矣！"刘应之曰："既有寒木，又发春华[⑩]，何如也？"席笑曰："可哉！"凡为文章，犹人乘骐骥[⑪]，虽有逸气[⑫]，当以衔勒[⑬]制之，勿使流乱轨躅[⑭]，放意填坑岸[⑮]也。文章当以理致[⑯]为心肾，气

调[17]为筋骨，事义[18]为皮肤，华丽为冠冕。今世相承[19]，趋末弃本[20]，率[21]多浮艳。辞与理竞，辞胜而理伏；事与才争，事繁而才损。放逸者流宕[22]而忘归[23]，穿凿[24]者补缀而不足。时俗如此，安能独违？但务去泰去甚[25]耳。必有盛才重誉，改革体裁者，实吾所希[26]。古人之文，宏材[27]逸气，体度[28]风格，去今实远；但缉缀[29]疏朴[30]，未为密致[31]耳。今世音律谐靡[32]，章句偶对[33]，讳避精详，贤于往昔多矣。宜以古之制裁[34]为本，今之辞调为末，并须两存，不可偏弃也。吾家世[35]文章，甚为典正[36]，不从流俗；梁孝元[37]在蕃邸[38]时，撰《西府新文》[39]，讫[40]无一篇见录者，亦以不偶[41]于世，无郑、卫之音[42]故也。有诗赋铭诔书表启疏二十卷，吾兄弟始在草土[43]，并未得编次[44]，便遭火荡尽，竟不传于世。衔酷茹恨[45]，彻于心髓！操行见于《梁史·文士传》及孝元《怀旧志》。

注释

①清干：清明能干。 ②行台：在地方代表朝廷行尚书省事的机构。 ③嗤鄙（bǐ）：讥笑鄙视。 ④刘逖：字子长，北齐人。 ⑤荣华：朝菌的别名，又名舜英，一种朝生暮死的菌类植物。 ⑥须臾（yú）：片刻，一会儿。 ⑦翫：同“玩”。 ⑧吾徒：吾辈。 ⑨凋悴：凋敝憔悴。 ⑩华：同“花”。 ⑪骐骥：良马。 ⑫逸气：超群的气质。逸，超出一般。 ⑬衔勒：马勒和辔头，控制马的工具。 ⑭流乱轨躅（zhú）：使轨迹错乱。轨躅，轨迹。 ⑮坑岸：沟壑，坑堑。 ⑯理致：文章的义理和情感。 ⑰气调：气韵和格调。 ⑱事义：文章所用的素材，包括事实和典故等。 ⑲相承：互相因袭、模仿。 ⑳趋末弃本：指追求华丽、浮艳，舍弃理致、气调。 ㉑率：大概，大略。 ㉒流宕：本形容放荡不羁，此处指文笔随意、结构散漫。

㉓归：旨归。 ㉔穿凿（záo）：指牵强附会。 ㉕去泰去甚：除去过分的东西。泰，过甚，过分。 ㉖希：企盼。 ㉗宏材：题材宏大广阔。 ㉘体度：体态风度。 ㉙缉缀：编排连缀。缀，连缀。 ㉚疏朴：粗疏质朴。 ㉛密致：周密细致。 ㉜谐靡：谐和靡丽。 ㉝偶对：即对偶，相对成双。 ㉞制裁：体制结构。制，体制。裁，对题材的剪裁。 ㉟家世：家族世系，此特指作者父亲。 ㊱典正：典雅纯正。 ㊲梁孝元：指南朝梁元帝萧绎。 ㊳蕃邸：指萧绎受封湘东王时在镇江的住所。 ㊴《西府新文》：为湘东王萧绎命萧淑编撰，收录诸臣僚的文章。其时颜之推的父亲颜协任镇西府咨议参军，《西府新文》没有收录他的文章。西府，指江陵。 ㊵讫：竟然。 ㊶偶：投合，迎合。 ㊷郑卫之音：春秋战国时期郑国、卫国的俗乐，与雅乐不同。后泛指淫靡的音乐或浮艳的文学作品。 ㊸草土：居丧。古代居父母之丧者须睡草席枕土块。 ㊹编次：按次序编排，编辑整理。 ㊺衔酷茹恨：满怀惨痛遗恨。衔，口含。茹，吃。

译文

齐朝有位叫席毗的人，是位清明干练的人，官至行台尚书。他讥笑鄙视文学，嘲讽刘逖说：“你们这些人的辞藻，好比朝生暮死的荣华，仅供片刻观赏，成不了栋梁之材，哪能比得上我辈这样的千丈松树，尽管经常有风霜的侵袭，也不会凋谢憔悴！”刘逖回答说：“既是耐寒的树木，又能开出春花，怎么样呢？”席毗笑着说：“那当然可以了！”凡是写文章，就好比骑着骏马，即使马有俊逸之气，也应当用衔勒来控制它，不要让它乱行越轨，肆意奔跑，以致陷入沟壑中。文章应该以义理情致为心肾，以气韵格调为筋骨，以事实典故为皮肤，以华丽辞藻为冠冕。今人因袭前人，舍本逐末，所写的文章大多浮浅华艳。文辞与义理相比较时，文辞优美而义理薄弱；内容与才华相衡量时，内容繁杂而

才华亏损。那放纵不羁者的文章，酣畅流利却偏离了旨归；那牵强附会者的文章，材料堆砌而文采不足。现在的风气是这样的，怎能独自避免呢？只是必须除去过分的华艳罢了。如果有人有大才能大名声，又能改革文章体制，这实在是我所希望的。古人的文章，题材重大，气势超群，它的体制风格，比今人的文章高出许多，只是遣词造句粗略质朴，不够严密细致。今世的文章音韵格律和谐靡丽，篇章语句工整对称，避讳精确详尽，比过去强多了。应当以古人文章的体制剪裁为根本，以今人文章的文辞音调为枝叶，求得两者并存，不可偏废。我先父的文章十分典雅纯正，不盲从社会上流行的风气。梁孝元帝为湘东王时，编成《西府新文》，先父的文章竟没有一篇被收录，这也是因为他的文章不迎合世人的口味，没有郑、卫靡靡之音的缘故。他留下的诗、赋、铭、诔、书、表、启、疏共二十卷，我们兄弟当时正在守丧，都没有来得及编辑整理，就碰上火灾被烧光了，最终不能流传于世。我满怀惨痛遗恨，痛彻心肺骨髓。先父的节操品行，见于《梁史·文士传》及孝元帝的《怀旧志》。

原文

沈隐侯[①]曰："文章当从三易：易见事，一也；易识字，二也；易读诵，三也。"邢子才[②]常曰："沈侯文章，用事[③]不使人觉，若胸臆语[④]也。"深以此服之。祖孝征[⑤]亦尝谓吾曰："沈诗云：'崖倾护石髓[⑥]。'此岂似用事邪?"邢子才、魏收[⑦]俱有重名[⑧]，时俗[⑨]准的，以为师匠[⑩]。邢赏服沈约而轻任昉[⑪]，魏爱慕任昉而毁沈约，每于谈宴，辞色以之[⑫]。邺下纷纭[⑬]，各有朋党。祖孝征尝谓吾曰："任、沈之是非，乃邢、魏之优劣也。"

注释

①沈隐侯：即南朝梁文学家沈约。沈约，字休文，历仕宋、齐、梁三朝，官至尚书令，封建昌县侯，卒谥隐。②邢子才：北齐文学家，名邵，字子才。③用事：即用典。④胸臆语：从胸中流出的语言。⑤祖孝征：即北齐文学家祖珽。⑥石髓：石钟乳。⑦魏收：字伯起，北齐文人、史学家。⑧重名：盛名。⑨准的：标准。⑩师匠：大师巨匠。匠，在某方面有较深造诣的人。⑪任昉：字彦升，南朝文学家。历仕宋、齐、梁三代，官至新安太守。擅长表、奏、书、启诸体散文，与当时以诗著称的沈约并称“任笔沈诗”。⑫辞色以之：犹言争得面红耳赤。⑬纷纭：指争论多而杂乱。

译文

沈约说：“文章应当遵从‘三易’的原则：容易了解典故，这是第一点；容易认识文字，这是第二点；容易诵读，这是第三点。”邢子才常说：“沈侯的文章，用典让人感觉不出来，就像发自内心的话。”因此深深地佩服他。祖孝征也曾对我说：沈约有诗说：‘崖倾护石髓’，这难道像在用典吗？”邢子才、魏收都有很大的名声，当时人将他们作为榜样，视为宗师。邢子才欣赏佩服沈约而轻视任昉，魏收喜爱羡慕任昉而诋毁沈约，他们每次在闲谈宴会时，都争辩得面红耳赤。邺下之人争论不已，各有朋党。祖孝征曾经对我说：“任昉和沈约的是非，实际上就是邢子才和魏收的优劣。”

原文

《吴均[①]集》有《破镜赋》。昔者，邑号朝歌，颜渊不舍[②]；里名胜母，曾子敛襟[③]：盖忌[④]夫恶名之伤实也。破镜[⑤]

乃凶逆之兽，事见《汉书》，为文幸[6]避此名也。比世[7]往往见有和人诗[8]者，题云敬同。《孝经》云："资于事父以事君而敬同。[9]"不可轻言也。梁世费旭诗云："不知是耶非。"[10]殷沄诗云："飖飏云母舟。"[11]简文曰："旭既不识其父，沄又飖飏其母。"[12]此虽悉古事，不可用也。世人或有文章引《诗》"伐鼓渊渊[13]"者，《宋书》已有屡游之诮；如此流比[14]，幸须避之。北面[15]事亲，别舅摛[16]《渭阳》[17]之咏；堂上养老，送兄赋桓山之悲[18]，皆大失也。举此一隅，触途[19]宜慎。

注释

①吴均：字叔庠，南朝梁文学家，官奉朝请。其工于写景，长于小品书札，文体清拔有古气，时人相仿效，称为"吴均体"。②"邑号朝歌"二句：邑，城邑。号，叫，称作。颜渊，名回，字子渊，孔子学生。舍，住宿。颜渊主张非乐，所以听到"朝歌"的地名便不再停留。 ③"里名胜母"二句：里，旧时二十五家为一里。曾子，指曾参，字子舆，孔子弟子。敛襟，整理衣襟。曾子以孝著称，故听到"胜母"的地名，便整饰衣服，以示尊敬。 ④忌：担心。 ⑤破镜：据说是一种长大后食父的恶兽。 ⑥幸：希望。 ⑦比世：近世。 ⑧和（hè）人诗：依照别人诗词的音韵格律、内容体裁作诗词。和，跟着唱。 ⑨"资于"句：意谓敬奉父亲与敬奉君主相同。资，凭借，按照。⑩"费旭"二句：费旭当为费昶之误。费昶，南朝梁时人，善乐府，其乐府《巫山高》云："彼美岩之曲，宁知心是非。"⑪"殷沄"二句：殷沄疑为殷芸之误。殷芸，南朝梁人。飖飏（yáoyáng），摇曳摆荡。云母舟，用云母装饰的船只。 ⑫"简文曰"三句：简文指梁简文帝萧纲。费昶诗中"耶非"与"爷非"音相同，故简文笑其"不识其父"。殷芸诗中"云母"与

“芸母”音同，故简文笑其“飖飏其母”。 ⑬伐鼓渊渊：语出《诗经·小雅·采芑》伐，敲击。渊渊，击鼓的声音。“伐鼓”相切为“腐”，“鼓伐”相切为“骨”，二字合为“腐骨”，不吉祥，故作者说须避之。 ⑭流比：比照类推。 ⑮北面：面向北。古代君主或长者北坐，臣子或幼者面北而拜。 ⑯摛（chī）：铺陈，此处可作吟咏解。 ⑰《渭阳》：为周朝秦康公送别舅舅晋公子重耳时思念亡母之作。如母亲尚健在，与舅舅分别时引用《渭阳》诗不当。 ⑱桓山之悲：据《孔子家语》载，孔子弟子颜回闻哭声，认为像桓山鸟那样悲哀，不但丧亲，还有生离别。孔子使人问哭者，果然“父死家贫，卖子以葬”。故父母健在，而送别兄长时赋桓山之悲不当。 ⑲触途：处处。

译文

《吴均集》中有《破镜赋》一文。古时候有座城邑名叫“朝歌”，颜渊因此不在这里停留；有个里弄名叫“胜母”，曾子到此赶紧整理衣襟：他们大概是担心这些不好的名称会损害事物的内涵。破镜是一种凶恶的野兽，其典故见于《汉书》，希望写文章时避开这个名词。近世常常看见有人和诗，题目上加“敬同”二字。《孝经》上说：“资于事父以事君而敬同。”这两个字是不可随便用的。梁朝费昶的诗说：“不知是耶非。”殷芸的诗说：“飖飏云母舟。”简文帝讥讽他们说“费昶已经不认识他的父亲，殷芸又让他的母亲四处飘荡。”这些虽然都是旧事，但不可随便引用。有人在文章中引用《诗经》中“伐鼓渊渊”的诗句，《宋书》对这类不考虑反切的引语已有讥讽。以此比照类推，希望你们一定要避免使用这类词语。有人母亲还健在，送别舅舅时却吟唱思念亡母的《渭阳》诗；有人父亲还健在，送别兄长时却引用表现父亡卖子之悲的桓山之鸟的典故，这些都是极大的失误。举以上部分例子，是希望你们处处慎重。

原文

江南文制[①]，欲人弹射[②]，知有病累[③]，随即改之，陈王得之于丁廙也[④]。山东[⑤]风俗，不通击难[⑥]。吾初入邺，遂尝以此忤[⑦]人，至今为悔；汝曹必无轻议也。

注释

①文制：犹制文，写文章。 ②弹射：指摘，批评。 ③病累：毛病。 ④“陈王”句：陈王，即陈思王曹植。丁廙，字敬礼，汉魏间文人。曹植《与杨祖德书》称：“仆尝好人讥弹其文，有不善者，应时改定。昔丁敬礼常作小文，使仆润饰之。” ⑤山东：陕西华山以东，即关东一带。 ⑥击难：指点，责难。 ⑦忤：得罪。

译文

江南人写文章，希望别人给予批评指正，知道毛病所在，立刻加以改正，曹植从丁廙那里感受到了这种好风气。山东地区的风俗，不懂得请别人对自己的文章进行指点责难。我刚到邺城的时候，曾因此而触犯了一些人，至今后悔。你们一定不要轻率地议论别人的文章。

原文

凡代人为文，皆作彼语[①]，理宜然矣。至于哀伤凶祸之辞，不可辄代。蔡邕为胡金盈[②]作《母灵表颂》曰：“悲母氏之不永，然委我而夙丧。[③]”又为胡颢[④]作其父铭[⑤]曰：“葬我考[⑥]议郎[⑦]君。”《袁三公颂》曰：“猗欤[⑧]我祖，出自有妫[⑨]。”王粲为潘文则《思亲诗》云：“躬此劳悴，鞠予小人；庶我显妣，克保遐年[⑩]。”而并载乎邕、粲之集，此例甚众。古人之所行，今世以为讳。陈思王《武帝诔》，遂深永蛰之思[⑪]；潘岳《悼亡赋》，乃怆手泽之遗[12]：是方[13]父于虫，匹[14]妇于考也。蔡邕《杨秉碑》云：“统大麓之重[15]。”潘尼《赠卢景宣诗》云：“九五思飞龙[16]。”孙楚《王骠骑诔》云：“奄忽登遐[17]。”陆机《父诔》云：“亿兆宅心，敦叙百揆[18]。”《姊诔》云：“俔天之和[19]。”今为此言，则朝廷之罪人也。王粲《赠杨德祖诗》云：“我君饯之，其乐泄泄[20]。”不可妄施人子，况储君[21]乎？挽歌辞者，或云古者《虞殡》[22]之歌，或云出自田横[23]之客，皆为生者悼往[24]告哀之意。陆平原[25]多死人自叹之言，诗格既无此例，又乖[26]制作本意。

注释

①皆作彼语：都按请托人的口吻来行文。②胡金盈：东汉大臣胡广之女。③“悲母”句：永，长寿。委，抛弃。夙，早。④胡颢：胡广之孙。⑤铭：墓志铭。⑥考：对已逝父亲的称呼。⑦议郎：官名，掌顾问应对。⑧猗欤：赞美之辞。⑨出自有妫（guī）：胡公满因事周武王而赐姓“妫”，而袁姓是胡公满的后代，故云。⑩“躬此”四句：躬，亲自。劳悴，劳苦。鞠，养育。予小人，对自己的谦称。庶，表希望的副词。显妣，对亡母的美称。妣，亡母。克，能够。遐年，长寿。遐，远。⑪深永蛰之思：陈思王曹植的《武帝诔》有“潜闼一扃，尊灵永蛰”一句。蛰，动物冬眠。曹植以“永蛰”比喻父亲曹操之死，作者认为不当。⑫怆手泽之遗：怆，悲伤，悲哀。手泽，手汗，一般用以称先人或前辈的遗物、遗墨。作者认为潘岳的《悼亡赋》是悼念亡妻的，用“手泽之遗”不当。⑬方：比。⑭匹：比较，比拟。⑮统大麓之重：统，统领。麓，借用为录，总领。大麓指领录天子之事。作者认为蔡邕的《杨秉碑》颂扬杨秉“统大麓之重”不当。⑯九五思飞龙：《周易·

乾卦》："九五，飞龙在天，利见大人。"乾卦九五是人君的象征，后称帝位为九五之尊。飞龙，比喻圣人起而居天子位。以"九五思飞龙"赠卢景宣不当。 ⑰奄忽登遐：奄忽，忽然，突然。登遐，同"登假"，专指帝王之死。故孙楚用"登遐"不当。⑱"亿兆"二句：使万民归心，百官和睦。亿兆，极言其多，此指天下百姓。宅心，归心。敦叙，又作"敦序"，分其顺序次第而亲之。百揆，百官。揆，管理。这些词语均用于帝王，作者认为陆机用来歌颂父亲不当。 ⑲"俔（qiàn）天之和"句：俔，如同，好比。和，当作"妹"。作者认为陆机以"天妹"指其姊不当。 ⑳泄泄（yì）：舒畅和乐的样子。《左传·隐公元年》载郑庄公之母姜氏赋诗："大隧之外，其乐也泄泄。"本是形容姜氏与儿子郑庄公的相见之乐，故作者认为王粲将此语用于"我君"即太子曹丕不当。 ㉑储君：皇位的继承人即太子，此处指曹丕。 ㉒《虞殡》：古代送葬歌曲。 ㉓田横：秦末汉初人，楚汉战争中自立为齐王。汉立，刘邦招降，羞为汉臣自杀。门人伤之，作《薤露》、《蒿里》二首悲歌。 ㉔往：指死者。 ㉕陆平原：即陆机，曾为平原内史。 ㉖乖：违背。

译文

凡是替别人写文章，都使用对方的口吻，从情理上讲应该如此。至于涉及哀悼伤痛、死亡灾祸一类的文章，就不可随便代笔。蔡邕替胡金盈写的《母灵表颂》里说："悲悼母亲寿不长久，为何丢弃我们早逝？"又替胡颢写他父亲的铭文说："埋葬先父议郎君。"还有《袁三公颂》说："啊呀我们光荣的祖先，封于有妫。"王粲替潘文则写的《思亲诗》说："您亲自如此劳累，抚育我们这些儿女；希望我们的亡母，能够永保长寿。"这些都载在蔡邕、王粲的文集里，例子很多。古人是这样写的，现在就被当做是犯讳了。陈思王在《武帝诔》中用"永蛰"表达对父亲的深切思念，潘岳在《悼亡赋》中用“手泽”抒发看到亡妻遗物而引起的伤感：前者是把父亲比作昆虫，后者是把妻子等同于亡父。蔡邕的《杨秉碑》说：“统领天下的重大事务。”潘尼的《赠卢景宣诗》说：“九五尊位正盼有飞龙出现。”孙楚的《王骠骑诔》说：“忽然登遐。”陆机的《父诔》说：“万民归心，百官和睦。”《姊诔》说：“如同天女一样。”如今谁写这些话，就是朝廷的罪人了。王粲的《赠杨德祖诗》说：“我君设宴送别，舒畅和乐，”这种话不可以随便用于一般人的孩子，何况是太子呢？挽歌辞，有人认为出自古代的《虞殡》歌，有人认为出自田横的门客，都是活着的人用来追悼死者表达哀痛之情的。陆机写的《挽歌诗》大多是死者自叹之辞，诗的体例中既没有这样的例子，又违背了作诗的本意。

原文

凡诗人之作，刺箴美颂①，各有源流，未尝混杂，善恶同篇也。陆机为《齐讴篇》②，前叙山川物产风教之盛，后章忽鄙山川之情③，殊④失厥⑤体。其为《吴趋行》⑥，何不陈⑦子光⑧、夫差⑨乎？《京洛行》⑩，胡不述赧王⑪、灵帝⑫乎？

注释

①刺箴美颂：刺，指摘，讽刺。箴，规劝，告诫。美，赞美。颂，颂扬。　②《齐讴篇》：即《齐讴行》。乐府杂曲歌词名。　③忽鄙山川之情：《齐讴行》有“鄙哉牛山叹，未及至人情”句。史载齐景公登牛山，贪长有国之乐，悲去其国而死，遭晏子讥讽。陆机的这两句诗实际上鄙薄齐景公不能通达生死，而不是鄙薄对山川的迷恋之情。此为作者的误读。　④殊：特别。⑤厥：其，它的。　⑥《吴趋行》：是歌咏吴地风土人情的诗歌。

⑦陈：陈述。 ⑧子光：即春秋时吴王阖庐，在与越王勾践战争中负伤而死。 ⑨夫差：吴王阖庐之子。他继位后曾攻破越国，与晋争霸。但后吴被越所灭，自杀。 ⑩《京洛行》：为歌咏洛阳的诗歌。京洛，即洛阳，东周、东汉均建都于此。 ⑪赧王：即周赧王，周朝亡国之君。 ⑫灵帝：即汉灵帝刘宏。其在位时，宦官专政，党锢祸起，加上标价卖官，增加田亩税，大修宫室等，导致黄巾起义，汉朝几近灭亡。

译文

凡是诗人的作品，无论是讽喻的、规谏的还是赞美的、颂扬的，都各有其源流，不曾相互混杂，使善和恶同处一篇之中。陆机作《齐讴行》，前部分叙述山川、物产、风俗、教化的兴盛，后部分突然抒发轻视山川的情感，大大背离了全诗的风格。他写《吴趋行》，为什么不陈述阖庐、夫差的事情呢？写《京洛行》为什么不陈述周赧王、汉灵帝的事情呢？

原文

自古宏才博学，用事误者有矣。百家杂说，或有不同，书傥[①]湮灭，后人不见，故未敢轻议之。今指知决纰缪者[②]略举一两端以为诫。《诗》云："有鹭雉鸣。"又曰："雉鸣求其牡。"[③]《毛传》[④]亦曰："鹭，雌雉声。"又云："雉之朝雊[⑤]，尚求其雌。"郑玄[⑥]注《月令》[⑦]亦云："雊，雄雉鸣。"潘岳赋[⑧]曰："雉鹭鹭以朝雊。"是则混杂其雄雌矣。《诗》云："孔怀兄弟。"[⑨]孔，甚也；怀，思也，言甚可思也。陆机《与长沙顾母书》，述从祖弟[⑩]士璜死，乃言："痛心拔脑[⑪]，有如孔怀。"心既痛矣，即为甚思，何故方言有如也？观其此意，当谓亲兄弟为孔怀。诗云："父母孔迩[⑫]。"而呼二亲为孔迩，于义通乎？《异物志》[13]云：“拥剑[14]状如蟹，但一螯[15]偏大尔。”何逊[16]诗云：“跃鱼如拥剑。”是不分鱼蟹也。《汉书》：“御史府中列柏树，常有野鸟数千，栖宿其上，晨去暮来，号朝夕鸟。”而文士往往误作乌鸢[17]用之。《抱朴子》[18]说项曼都[19]诈称得仙，自云：“仙人以流霞[20]一杯与我饮之，辄不饥渴。”而简文[21]诗云：“霞流抱朴碗。”亦犹郭象以惠施之辨为庄周言也[22]。《后汉书》：“囚司徒崔烈以银铛锁。”[23]银铛，大锁也；世间多误作金银字。武烈太子[24]亦是数千卷学士，尝作诗云：“银锁三公脚，刀撞仆射头。”为俗所误。

注释

①傥：倘，如果。 ②“指知”句：指出已经知道的绝对错误的事例。指知，指出已经知道的。决，一定，肯定。纰缪(pīmiù)，错误。缪，同“谬”。 ③“《诗》云”四句：两句诗都出自《诗经·邶风·匏有苦叶》。鷕（yǎo），雌雉的叫声。雉，野鸡。牡，雄性，指雄野鸡。 ④《毛传》：即《毛诗诂训传》，汉初学者毛亨和毛苌著。 ⑤雊（gòu）：雄雉的叫声。 ⑥郑玄：字康成，东汉经学家。 ⑦《月令》：《礼记》中篇名，记述农历十二个月的时令、行政及相关事物。 ⑧赋：指潘岳的《射雉赋》。 ⑨“《诗》云”二句：见《诗经·小雅·常棣》，原作“兄弟孔怀”。孔怀，极其思念。 ⑩从祖弟：父亲堂伯叔的孙子。 ⑪痛心拔脑：形容痛心到极点。拔，拔出，抽出。 ⑫父母孔迩：见《诗经·周南·汝坟》。孔迩，很近。 ⑬《异物志》：汉人杨孚撰。 ⑭拥剑：一种一螯偏大的小蟹。 ⑮螯：螃蟹等节肢动物变形的第一对脚，形状像钳子。 ⑯何逊：字仲言，南朝梁人。 ⑰乌鸢：乌鸦。 ⑱《抱朴子》：东晋葛洪著，言神仙方药等事。 ⑲项曼都：项曼都遇神仙事见于葛洪的《抱

朴子·袪惑》，而又见于王充《论衡·道虚》。⑳流霞：传说中仙人饮用的液体。㉑简文：即梁简文帝萧纲。㉒“犹郭象”句：郭象，字子玄，西晋哲学家，著有《庄子注》。惠施，战国时名家的代表人物。《庄子》中常引其语而驳之。此句言简文帝不知“流霞”典故与项曼都相关而说成葛洪自己的事，就如同郭象在注《庄子》时把惠施与庄子辩论的话当作庄子的话一样。㉓“《后汉书》”二句：语出《后汉书·崔骃传》。崔烈，曾以五百金买得司徒，后为乱兵所杀。锒铛，囚锁犯人的铁链。㉔武烈太子：即梁元帝长子萧方等。

译文

自古以来，那些宏才博学而错用典故的有的是。诸子百家的学说，内容各不相同，如果其书已经湮灭，后人不能见到，所以我不敢妄加评论。现在指出已经知道的肯定是错误的事例，略举一两件，让你们引以为戒。《诗经》说：“雌野鸡鸣叫。”又说：“野鸡鸣叫寻求雄性。”《毛传》也说：“鷕，是雌野鸡的叫声。”又说：“野鸡早晨鸣叫，还在寻找雌性。”郑玄注解《月令》也说：“雊，雄野鸡的鸣叫声。”潘岳的赋却说：“野鸡鷕鷕地在早晨鸣叫。”这就把雌雄混淆了。《诗经》说：“孔怀兄弟。”孔，很的意思；怀，思念的意思；孔怀，十分想念的意思。陆机《与长沙顾母书》叙述从祖弟士璜之死，却说：“痛心拔脑，好像孔怀一样。”心中既然悲痛，就是非常思念了，为什么还说“好像”呢？看他这句话的意思，应该是把亲兄弟当作“孔怀”。《诗经》说：“父母孔迩。”把父母称为“孔迩”，在语义上说得通吗？《异物志》说：“拥剑的形状像螃蟹，但有一对螯偏大。”何逊的诗说：“鱼跳跃像拥剑。”这是没有分辨鱼和螃蟹的区别。《汉书》说：“御史府中栽种许多柏树，常有数千野鸟，栖宿在树上，晨去暮来，被称作‘朝夕鸟’。”而文人们往往把它误作“乌鸢”

来使用。《抱朴子》说项曼都诈称遇见了仙人，自己说："仙人拿一杯流霞给我喝，我喝了就不饥渴。"而梁简文帝的诗说："霞流抱朴碗。"这就好像郭象把惠施辩说的话当成庄周的话了。《后汉书》说："用银铛把司徒崔烈囚禁起来。"银铛，是大锁链，世人大多把"银"字写成金银的"银"字。武烈太子也是一位饱读数千卷书的学者，他曾经作诗说："用银锁锁住三公的脚，用刀撞击仆射的头。"这是被世俗的写法误导了。

原文

文章地理①，必须惬当②。梁简文《雁门③太守行》乃云："鹅军④攻日逐⑤，燕骑荡康居⑥。大宛⑦归⑧善马，小月⑨送降书。"萧子晖⑩《陇⑪头水》云："天寒陇水急，散漫俱分泻。北注徂⑫黄龙⑬，东流会白马⑭。"此亦明珠之纇⑮，美玉之瑕，宜慎之。

注释

①文章地理：指诗文中涉及的地名。　②惬当：恰当，确切。　③雁门：郡名，战国时赵武灵王置，在今山西西北部及内蒙古南部。　④鹅军：军阵名。　⑤日逐：匈奴王号。　⑥康居：古西域国名。南接大月氏，东南临大宛，约在今巴尔喀什湖和咸海之间。　⑦大宛（yuān）：古国名，位于帕米尔西麓，锡尔河上、中游，今乌兹别克斯坦费尔干纳盆地。　⑧归：同"馈"，赠送。　⑨小月：即小月氏。月氏为古西域国名，分大小月氏，在今甘肃河西走廊的敦煌、祁连山一带。　⑩萧子晖：字景光，南朝梁人。　⑪陇：陇山，六盘山南段的别称，在今陕西陇县至甘肃平凉一带。　⑫徂（cú）：往，到达。　⑬黄龙：古城名，亦称龙城、龙都，十六国时北燕建都于此，在今辽宁朝阳

一带。⑭白马：古渡口名，在今河南滑县北。⑮纇（lèi）：丝上的疙瘩，喻指瑕疵、毛病、缺点。

译文

文章中涉及有关地理内容，必须恰当确切。梁简文帝的《雁门太守行》说："鹅军攻击日逐，燕骑扫荡康居，大宛赠送好马，小月送来降书。"萧子晖的《陇头水》说："天寒陇水湍急，都散漫地分泻，北边流到黄龙，东边汇入白马。"这些也是明珠中的毛病，美玉中的瑕疵，应该慎重对待。

原文

王籍[①]《入若耶溪[②]》诗云："蝉噪林逾[③]静，鸟鸣山更幽。"江南以为文外断绝[④]，物无异议[⑤]。简文吟咏，不能忘之；孝元[⑥]讽味[⑦]，以为不可复得，至《怀旧志》[⑧]载于籍传。范阳[⑨]卢询祖[⑩]，邺下才俊，乃言："此不成语，何事于能[⑪]？"魏收亦然其论。《诗》云："萧萧马鸣，悠悠旆旌。"[⑫]《毛传》曰："言不喧哗也。"吾每叹此解有情致，籍诗生于此耳。兰陵[⑬]萧悫[⑭]，梁室上黄侯之子，工[⑮]于篇什[⑯]。尝有《秋诗》云："芙蓉露下落，杨柳月中疏。"时人未之赏也。吾爱其萧散[⑰]，宛然[⑱]在目。颍川[⑲]荀仲举[⑳]、琅邪[㉑]诸葛汉[㉒]，亦以为尔。而卢思道[㉓]之徒，雅所不惬[㉔]。

注释

①王籍：字文海，南朝梁人，曾官湘东王咨议参军。②若耶溪：在会稽郡（今浙江绍兴）境内，今名平水江。③逾：同"愈"，更加。④断绝：后人疑为"独绝"，绝妙，绝无仅有。⑤物无异议：大家都没有异议。物，人物，公众。⑥孝元：即梁元帝萧绎。⑦讽味：吟咏玩味。⑧《怀旧志》：为梁元帝

编。 ⑨范阳：郡名，治所在涿县（今河北省涿州市）。 ⑩卢询祖：北齐人。 ⑪何事于能：犹言好在何处。 ⑫“《诗》云”二句：见《诗经·小雅·车攻》。萧萧，马鸣声。旆旌（pèijīng），泛指旗帜。旆，古代旗末端状如燕尾的垂旒。旌，古代用羽毛装饰的旗子。 ⑬兰陵：地名，在今山东峄县东。⑭萧悫（què）：字仁祖，齐、隋间文人，南朝梁上黄侯萧晔之子。 ⑮工：擅长。 ⑯篇什：泛指文章诗赋。什，多样，杂。⑰萧散：空远散淡。 ⑱宛然：仿佛。 ⑲颍川：郡名，治所在今河南许昌。 ⑳荀仲举：字士高，梁时为南沙令，后被执而仕齐，官义宁太守。 ㉑琅邪：郡名，治所在即丘（今临沂东南）。㉒诸葛汉：即诸葛颖，梁、隋间文人。 ㉓卢思道：字子行，曾仕北齐、北周，隋初官至散骑侍郎。 ㉔雅所不愜：很不喜爱。雅，很、极。愜，满意。

译文

王籍的《入若耶溪》诗说：“蝉噪林逾静，鸟鸣山更幽。”江南人认为这两句诗写得绝妙，大家都没有异议。梁简文帝常常吟咏，对此不能忘怀；梁孝元帝吟咏玩味，认为再无人能写得出来，以至他在《怀旧志》中把这两句诗写进《王籍传》中。范阳人卢询祖，是邺下的才俊，却说：“这两句不成诗样，为什么认为他有才能呢?”魏收也同意他的意见。《诗经》说：“萧萧马鸣，悠悠旆旌。”《毛传》说：“意思是安静而不嘈杂。”我时常赞叹这个解释有情致，王籍的诗句就是由此产生的。兰陵人萧悫，是梁朝上黄侯萧晔的儿子，擅长写诗。他曾写过一首《秋诗》，有这样两句：“芙蓉露下落，杨柳月中疏。”当时没有人欣赏这两句诗。我却喜欢它的空远散淡，描摹的景致好像就在眼前。颍川荀仲举、琅邪诸葛汉也认为是这样。而卢思道一班人对这两句诗却很不满意。

原文

何逊诗实为清巧[①]，多形似[②]之言；扬都[③]论者，恨其每病苦辛，饶[④]贫寒气，不及刘孝绰[⑤]之雍容[⑥]也。虽然[⑦]，刘甚忌之，平生诵何诗，常云：“‘蘧车响北阙’，愐愐不道车。[⑧]又撰《诗苑》，止取何两篇，时人讥其不广。刘孝绰当时既有重名，无所与让[⑨]；唯服谢朓，常以谢诗置几案间，动静[⑩]辄讽味。简文爱陶渊明[⑪]文，亦复如此。江南语曰：“梁有三何，子朗[⑫]最多。”三何者，逊及思澄[⑬]、子朗也。子朗信[⑭]饶清巧。思澄游庐山，每有佳篇，亦为冠绝[⑮]。

注释

①清巧：语言清新，构思巧妙。 ②形似：形象，指描绘具体生动。 ③扬都：即建业，今江苏南京市。 ④饶：富，多。 ⑤刘孝绰：名冉，小字阿士，以诗文与何逊齐名，为梁昭明太子萧统所重。 ⑥雍容：华贵娴雅。 ⑦虽然：即使如此。 ⑧“蘧（qú）车”二句：蘧车，蘧伯玉乘坐的车。阙，皇宫门前两边供瞭望的楼。北阙，指君王所居之处。蓬伯玉，春秋时卫国贤大夫。据《列女传·仁智》载，卫灵公与夫人夜坐，闻车声至阙而止，过阙又响起来，夫人说必定是蓬伯玉，他绝不会因黑夜无人看见而忘扶轼敬礼的礼仪。何逊诗用“响北阙”，便不是蘧伯玉那种讲礼节的车子，故刘孝绰讽刺何逊为“愐愐不道车。”即乖于情理、没有礼节的车。愐愐，乖戾的样子。 ⑨与让：赞许谦让。 ⑩动静：时不时，时常。 ⑪陶渊明：名潜，字元亮，东晋著名诗人。曾任江州祭酒、镇军参军、彭泽令等。后不愿为五斗米折腰去职归隐。 ⑫子朗：即何子朗，字世明，南朝梁人，何思澄的宗人。 ⑬思澄：即何思澄，字元静，南朝梁人，官至东宫通事舍人、湘东王录事参军。 ⑭信：确实。

⑮冠绝：出类拔萃。

译文

何逊的诗确实清新精巧，有很多形象生动的语句。但扬都的论诗者抱怨他诗中常有苦辛之病，多贫寒之气，赶不上刘孝绰的华贵娴雅。即使这样，刘孝绰仍然很忌恨他，平时读何逊的诗，常常说："'蘧伯玉的车声响彻北阙'，这是一种乖离情理、没有礼节的车。"他又编撰《诗苑》，其中只选取何逊的两首诗，当时的人都讥笑他心胸不开阔。刘孝绰当时已有盛名，对他人无所赞许谦让，只佩服谢朓，常常把谢朓的诗放在几案上，起居作息之时就诵读玩味一番。梁简文帝爱陶渊明的文章，也是这样。江南人说："梁朝有三个姓何的，子朗的诗才最突出。"三何，指何逊和何思澄、何子朗。子朗的诗确实富有清雅奇巧之句。何思澄游庐山时，常有佳作问世，也是出类拔萃的。

名实第十

题解

本篇主要讲“名”与“实”的关系。“名”指一个人的名声、名誉，“实”即一个人的实际、实质，二者关系密切，“犹形之与影”。作者认为“德艺周厚，则名必善焉”，提倡“名”可以使人向善而改善社会风气，同时指出“言行声名”要留有余地，“巧伪不如拙诚”，如果用卑俗的手段求名往往会遭人耻笑。

原文

名之与实①，犹形之与影也。德艺周厚②，则名必善焉；容色姝丽③，则影必美焉。今不修身而求令名④于世者，犹貌甚恶而责妍影于镜也。上士忘名，中士立名，下士窃名。忘名者，体⑤道合德，享鬼神之福佑，非所以求名也；立名者，修身慎行，惧荣观⑥之不显，非所以让名也；窃名者，厚貌深奸⑦，干⑧浮华之虚称，非所以得名也。

注释

①名之与实：名，名称，名声。实，实际，实质。儒家特别强调名实相符。 ②德艺周厚：指道德修养、技艺才学全面深厚。艺，才艺，才能。周，周到，全面。 ③姝（shū）丽：美丽。姝，美好。 ④令名：美名。 ⑤体：包含。 ⑥荣观：借指显赫的声名、荣誉。 ⑦厚貌深奸：貌似忠厚，骨子里奸诈。厚，忠厚。 ⑧干：求取。

译文

名声与实际的关系，就像形体与影子的关系。品德和才艺全面深厚的人，名声一定好；容貌美丽的人，影子也一定美。如今某些人不注重修身而想在世上获得好名，就好比容貌很丑而要求镜子里现出美的影子一样。上等士人忘掉名声，中等士人树立名声，下等士人窃取名声。忘掉名声的人，能够体察事物的规律，言行符合道德规范，因而享受鬼神的赐福和保佑，他们不用去求取名声；树立名声的人，修养品德，慎重行事，担心自己的荣名不能显扬，他们对名声是不会谦让的；窃取名声的人，貌似忠厚实则奸诈，追求浮华的虚名，他们是不会得到好名声的。

原文

人足所履[①]，不过数寸，然而咫尺[②]之途，必颠蹶[③]于崖岸；拱把[④]之梁[⑤]，每沉溺于川谷者，何哉？为其旁无余地故也。君子之立己，抑亦如之。至诚之言，人未能信；至洁之行，物或致疑：皆由言行声名，无余地也。吾每为人所毁，常以此自责。若能开方轨[⑥]之路，广造舟[⑦]之航，则仲由[⑧]之言信[⑨]，重于登坛之盟[⑩]；赵熹之降城[⑪]，贤于折冲[⑫]之将矣。

注释

①履：踩，践踏。 ②咫（zhǐ）尺：周制八寸为咫，十寸为尺，本指距离近，此处形容地方狭小。 ③颠蹶（jué）：摔倒，跌倒。 ④拱把：两手合围叫拱，单手所握叫把。此处形容狭小。 ⑤梁：桥。 ⑥方轨：两车并行。此处比喻道路平坦。方，比，并。 ⑦造舟：连接舟船搭建浮桥。 ⑧仲由：即孔子的弟子子路。 ⑨信：真实，可信。 ⑩登坛之盟：指诸侯会盟。坛，古代举行会盟、祭祀、誓师等大典用的土和石筑的高

台。⑪赵熹之降城：赵熹，字伯阳，汉光武帝时任刺史，章帝时任太傅。赵熹以信义卓著，更始帝刘玄（23 年至 25 年在位）时舞阴的一个大姓李氏拥城不降，后赵熹至其处遂降。⑫折冲：使敌人的战车后退，即克敌制胜。

译文

人的脚能踩的地方不过几寸土地，然而在尺把宽的路上行走，一定会从山崖上摔下去；从很窄小的独木桥上走过，也往往会淹没在河谷之中。为什么呢？是因为人的脚旁没有余地。君子要在社会上立足，也是这个道理。最真诚的话，别人不会相信；最高洁的行为，别人往往有所怀疑。这都是因为这类言论、行为的名声太好，没有留有余地的缘故。我每当被他人诋毁时，常常以此责备自己。如果能开辟平坦宽阔的大道，加宽渡河的浮桥，那就能像子路那样说话真实可信，胜过诸侯登坛结盟的誓约；像赵熹那样能招降对方占据的城池，胜过克敌制胜的将军。

原文

吾见世人，清名登[①]而金贝[②]入，信誉显而然诺[③]亏，不知后之矛戟，毁前之干橹[④]也。虙子贱[⑤]云："诚于此者形于彼[⑥]。"人之虚实真伪在乎心，无不见乎迹，但[⑦]察之未熟[⑧]耳。一为察之所鉴，巧伪不如拙诚[⑨]，承之以羞大矣。伯石让卿[⑩]，王莽辞政[⑪]，当于尔时，自以巧密；后人书之，留传万代，可为骨寒毛竖也。近有大贵，以孝著声[⑫]，前后居丧，哀毁[⑬]逾制[⑭]，亦足以高于人矣。而尝于苫块[⑮]之中，以巴豆[⑯]涂脸，遂使成疮，表哭泣之过。左右童竖[⑰]，不能掩之，益使外人谓其居处饮食，皆为不信[⑱]。以一伪丧百诚者，乃贪名不已故也。

注释

①登：树立。　②金贝：钱币。　③然诺：履行诺言。　④干橹：指盾牌。小盾牌称干，大盾牌称橹。　⑤虙子贱：又作宓子贱，孔子的学生。　⑥诚于此者形于彼：语出《孔子家语·屈节解》："诚于此者型于彼。"形、型二字相通，模型，榜样。　⑦但：只是。　⑧熟：详细，仔细。　⑨巧伪不如拙诚：巧妙的伪装不如朴拙的真诚。　⑩伯石让卿：《左传·襄公三十年》载，春秋时郑国的执政伯有死后，子产派太史任命伯石为卿，伯石当面辞让，背后又请求任命，如此反复多次。子产因此厌恶其为人，让他的职位居于己下。　⑪王莽辞政：《汉书·王莽传》载，东汉末年王莽因王根推荐而擢升为大司马，哀帝即位，王莽上疏称病求退，王太后出面挽留。后因傅太后不满，又再次请求罢官。最终篡汉建立新朝。　⑫以孝著声：以孝闻名。　⑬哀毁：居丧时因过度哀伤而损伤身体。　⑭逾制：超过居丧礼制的要求。逾，超过。　⑮苫（shān）块：指居丧。古人居父母之丧，以草垫为席，以土块为枕，表示哀伤怀念父母之情。苫，草垫子。　⑯巴豆：一种常绿乔木，其果实、根及叶可供药用。　⑰童竖：童仆。　⑱不信：不真实。

译文

我看世上有些人，清白的名声树立之后就开始敛聚钱财，信誉传扬出去以后就不信守诺言，不知道自己用后面的矛戟毁掉了前面的盾牌。宓子贱说："在这一件事上诚信，就为另一件事树立了榜样。"人的虚实真伪出于内心，但又无不在形迹中显露出来，只是人们考察得不深入细致罢了。一旦通过考察来鉴别，巧妙的伪装就不如朴拙的真诚，遭到的羞辱也就大了。伯石辞让卿位，王莽辞让大司马，在那个时候，他们自认为做得机巧周密。

后人把他们的言行记载下来，留传万代，让后人为他们的诈伪感到毛骨悚然。最近有位大贵人，以孝著称，前后几次守丧，悲伤过度，超过了丧礼的规定，也足以表明他超乎常人了。可是他曾在居丧期间，用巴豆涂在脸上，使脸上长出疮疤，以此表明他哭泣得非常厉害。但是他身边的童仆却没有为他遮掩此事，这就更加使外人认为他在起居饮食方面所表露的孝心都是不可信的。因为一次虚伪而使百次诚实丢失，这是贪求名声不知满足造成的。

原文

有一士族，读书不过二三百卷，天才①钝拙，而家世殷厚②，雅③自矜持④，多以酒犊⑤珍玩⑥，交诸名士，甘其饵者，递共⑦吹嘘。朝廷以为文华，亦尝出境聘⑧。东莱王韩晋明⑨笃好文学，疑彼制作，多非机杼⑩，遂设宴言⑪，面相讨试。竟日欢谐，辞人满席，属音赋韵⑫，命笔为诗，彼造次⑬即成，了⑭非向⑮韵。众客各自沉吟，遂无觉者。韩退叹曰："果如所量⑯！"韩又尝问曰："玉珽杼上终葵首⑰，当作何形？"乃答云："珽头曲圜⑱，势如葵叶耳。"韩既有学，忍笑为吾说之。

注释

①天才：天生的才能。 ②殷厚：富足，殷实。 ③雅：平素，向来。 ④矜持：自鸣得意，自负。 ⑤犊：小牛，此处指牛肉。 ⑥珍玩：珍贵的供玩赏的东西。 ⑦递共：交替。 ⑧聘：古代国与国之间通问修好。 ⑨韩晋明：北齐人，封东莱王。 ⑩机杼（zhù）：织布机。此指诗文创作自出心裁，有新意。 ⑪宴言：宴饮谈话。 ⑫属音赋韵：指写诗。 ⑬造次：急迫，仓猝。 ⑭了：完全，绝。 ⑮向：原来，以前。

⑯量：料想。 ⑰“玉珽”句：把玉珽从下向上刮削到椎头为止。玉珽，即玉笏，古代王公上朝时所执的玉制手板。杼，刮削。终葵，指椎。 ⑱曲圜：弯而圆。圜，同“圆”。

译文

有一个出身士族的子弟，读的书不过二三百卷，天性迟钝笨拙，但家里非常富足，他向来以此自负，常常以酒肉珍宝来结交名士。那些甘愿接受他的利诱的人，交替为他吹嘘。朝廷认为他有才华，曾经派他出国访问。东莱王韩晋明非常爱好文学，怀疑他所写的诗文大多不是出自他本人的命意构思，于是设宴叙谈，想当面试试他。气氛整天欢乐和谐，满座诗人赋韵唱和，提笔作诗。这位士族子弟仓猝写成，但完全没有他原来诗作的韵味。众宾客都在沉思吟咏，没有人发觉他所作的诗和以前不同。韩晋明退席后感叹地说：“果然和我料想的一样！”韩晋明还曾经问他：“把玉珽从下向上刮削到椎头为止，该是什么形状？”他回答说：“玉珽的头部弯而圆，那样子就像葵叶。”韩晋明很有学问，忍着笑向我说了这件事。

原文

治点[①]子弟文章，以为声价[②]，大弊事[③]也。一则不可常继[④]，终露其情；二则学者有凭[⑤]，益不精励[⑥]。

注释

①治点：修改润色。点，涂抹。 ②声价：名声和地位。 ③弊事：坏事。 ④不可常继：不能经常这样做。 ⑤学者有凭：指子弟有依靠。 ⑥精励：精进发奋。

译文

帮子弟修改润饰文章，以此来抬高他们的名声和地位，是一大坏事。一则不能经常如此，终究要露出真实情形；二则正在学习的子弟有了依赖，更加不肯精进发奋。

原文

邺下有一少年，出为襄国[①]令，颇自勉笃[②]。公事经怀[③]，每加抚恤[④]，以求声誉。凡遣兵役，握手送离，或赍[⑤]梨枣饼饵，人人赠别，云："上命相烦，情所不忍；道路饥渴，以此见思[⑥]。"民庶[⑦]称之，不容于口[⑧]。及迁为泗州[⑨]别驾[⑩]，此费日广，不可常周，一有伪情，触涂难继[⑪]，功绩遂损败矣。

注释

①襄国：古县名，治所在今河北邢台西南。 ②勉笃：勤勉笃实。 ③经怀：留心，着意。 ④抚恤（xù）：安抚接济。 ⑤赍（jī）：把东西送给别人。 ⑥见（xiàn）思：表示思念之情。 ⑦民庶：庶民，百姓。 ⑧不容于口：赞不绝口。 ⑨泗州：州名，北周宣帝大成元年（579）置，治所在今江苏宿迁市。 ⑩别驾：官名。全称为别驾从事史，亦称别驾从事，为州刺史的佐吏。 ⑪触涂难继：处处都难以为继。触涂，随处，到处。

译文

邺下有个年轻人，出任襄国县令，相当勤勉踏实，办理公事特别留心，对他人常加抚恤，以此来谋求声誉。每次派遣兵役，都要握手相送，有时还拿出梨枣糕饼送给去服役的人，并且一个个地告别，说："上边有命令要麻烦你们，我感情上实在不忍，你们路上饥渴，送这些以表思念。"民众称许他，可说是赞不绝口。到他迁任泗州别驾时，这种费用一天天增多，不可能常常做得周到。一旦流露出虚情假意，就处处难以继续下去，原先的功绩于是被损伤了。

原文

或问曰："夫神灭形消[①]，遗声余价[②]，亦犹蝉壳蛇皮[③]，兽迒[④]鸟迹耳，何预于死者[⑤]，而圣人以为名教[⑥]乎？"对曰："劝也，劝其立名，则获其实。且劝一伯夷[⑦]，而千万人立清风[⑧]矣；劝一季札[⑨]，而千万人立仁风[⑩]矣；劝一柳下惠[⑪]，而千万人立贞风[⑫]矣；劝一史鱼[⑬]，而千万人立直风[⑭]矣。故圣人欲其鱼鳞[⑮]凤翼，杂沓参差[⑯]，不绝于世，岂不弘哉？四海悠悠[⑰]，皆慕名者，盖因其情而致其善耳。抑又论之，祖考[⑱]之嘉名美誉，亦子孙之冕服墙宇[⑲]也，自古及今，获其庇荫[⑳]者亦众矣。夫修善立名者，亦犹筑室树果，生则获其利，死则遗其泽[㉑]。世之汲汲[㉒]者，不达此意，若其与魂爽[㉓]俱升，松柏偕茂者，惑矣哉！

注释

①神灭形消：指死。神，精神。形，形体，身体。 ②遗声余价：遗留下来的名誉声望。 ③蝉壳蛇皮：蝉脱的壳，蛇脱的皮。 ④迒（háng）：野兽或车辆留下的痕迹。 ⑤何预于死者：跟死者有什么关系。预，关联，涉及。 ⑥名教：以正名定分为主的封建礼教。 ⑦伯夷：商朝孤竹君的长子。他与弟弟叔齐相互谦让王位，又反对周武王伐纣，于是隐居首阳山，不食周粟而饿死。 ⑧清风：清白的风尚。 ⑨季札：即公子札，春秋时吴国公子，曾多次推让君位，以善体人意、不贪物好权著名。 ⑩仁风：仁爱的风气。 ⑪柳下惠：即春秋

鲁国大夫展禽，又称柳下季，名获，字禽。他能直道事人，有坐怀不乱的高尚情操，被称为“和圣”。“柳下”是他的食邑，“惠”是他的谥号。 ⑫贞风：忠贞的风气。 ⑬史鱼：春秋时卫国大夫。字子鱼，名佗，卫灵公时任祝史，负责卫国对社稷神的祭祀。曾尸谏卫灵公进贤去佞。孔子称他“直哉史鱼，邦有道如矢，邦无道如矢”。 ⑭直风：正直的风气。 ⑮鱼鳞：像鱼的鳞片那样密集，比喻众多。 ⑯杂沓（tà）参差（cēncī）：形容人才众多而又各有所长。杂沓，纷纭众多的样子。参差，不齐的样子。 ⑰悠悠：无穷尽的样子。 ⑱祖考：即祖先。 ⑲冕服墙宇：借指上辈留下的可荫庇后人的遗产。冕服，古代的一种礼服名称。墙宇，指房屋。 ⑳庇荫：提供财力、物力或势力以保护后代子孙。 ㉑泽：恩泽。 ㉒汲汲：心情急切的样子。 ㉓魂爽：即魂魄。

译文

有人问道：“人死之后，灵魂泯灭身体消失，留在世上的名誉声望，也不过像蝉蜕下的壳、蛇脱掉的皮和鸟兽留下的足迹一样，跟死者有什么关系呢？但圣人为什么要把它作为教化的内容呢？”我回答说：“那是为了劝勉大家。劝勉一个人树立好名声，就是希望他有与名声相符的实际行动。况且劝勉人们向伯夷学习，成千上万的人就可以树立起清白的风气；劝勉人们向季札学习，成千上万的人就可以树立起仁爱的风气；劝勉人们向柳下惠学习，成千上万的人就可以树立起忠贞的风气；劝勉人们向史鱼学习，成千上万的人就可以树立起正直的风气。所以圣人希望仿效伯夷等人的人像鱼鳞凤翼一样众多纷纭而又各有所长，连绵不绝于世，这个心愿难道不伟大吗？世界无穷，芸芸众生都爱慕名声，应该根据这种情感而引导他们至于善的境界。甚至还可以这样说，祖先的美好声誉，就好比是子孙们的礼服和房屋，从古到今得到它的庇荫的人也够多了。那些行善立名的人，好像建筑房屋、栽种果树，活着时能得到它的好处，死后也可把恩泽遗留给后人。世上那些急急忙忙追逐名利的人，不明白这个道理，如果他们死后的名声能与魂魄一道升天，与松柏一样万古长青，那就奇怪了。

涉务第十一

题解

涉务即专心致力于世务。本篇主旨在于教导后人要深入广泛接触实际，致力于实际事务，“能守一职”、“有益于物”，做对国家对社会有用的人。

原文

士君子[1]之处世，贵能有益于物耳，不徒高谈虚论，左琴右书，以费人君禄位也。国之用材，大较[2]不过六事：一则朝廷之臣，取其鉴达[3]治体[4]，经纶[5]博雅[6]；二则文史之臣，取其著述宪章[7]，不忘前古；三则军旅之臣，取其断决[8]有谋，强干习事；四则藩屏之臣[9]，取其明练[10]风俗，清白爱民；五则使命之臣[11]，取其识变从宜[12]，不辱君命；六则兴造之臣[13]，取其程功[14]节费，开略[15]有术，此则皆勤学守行者所能辨也。人性有长短，岂责具美于六涂[16]哉？但当皆晓指趣[17]，能守一职，便无愧耳。

注释

①士君子：指有志向、有节操、有学问的人。 ②大较：大体，大略。 ③鉴达：精通，通晓。 ④治体：治理国家的法度、策略。 ⑤经纶：治理丝缕，引申为筹划治理。 ⑥博雅：渊博纯正。 ⑦宪章：本意为效法并且彰明，此处指典章制度。⑧断决：判断准确，决断果敢。 ⑨藩屏之臣：指可作为中央政权屏障的地方长官。藩屏，篱笆屏风，引申为保卫。 ⑩明练：

明晓练达。 ⑪使命之臣：指奉朝廷之命办理内政、外交的官员。 ⑫识变从宜：察觉变化而采取相应措施。 ⑬兴造之臣：指负责土木建筑的官员。 ⑭程功：计量功效。程，衡量。⑮开略：开拓筹划。 ⑯六涂：指上述六事。涂，同“途”。⑰指趣：宗旨，意义。指，同“旨”。

译文

士君子生活在世上，贵在能有益于社会，不能光是高谈空论，弹琴练字，耗费君主给予的俸禄官爵。国家使用人材，大体不外乎六件事：第一种是朝廷之臣，选择他们能通晓治国方略，规划处理大事时知识广博、作风纯正；第二种是文史之臣，选择他们能撰述典章制度，使人不忘前代的经验教训；第三种是军旅之臣，选择他们多谋善断，坚强干练，熟悉战事；第四种是藩屏之臣，选择他们能熟悉民情风俗，清正廉洁，爱护百姓；第五种是使命之臣，选择他们能洞察变化，应变得当，不辜负国君交付的使命；第六种是兴造之臣，选择他们能提高功效，节约费用，善于开创筹划。以上这些都是勤于学习、坚守操行的人所能办到的。人的秉性各有长短，怎么能要求一个人同时具备以上六种才能呢？只不过人人都应明白其中的要领，能在某一个职位上做好，也就问心无愧了。

原文

吾见世中文学之士，品藻[①]古今，若指诸掌[②]，及有试用，多无所堪[③]。居承平[③]之世，不知有丧乱之祸；处庙堂[④]之下，不知有战陈[⑤]之急；保俸禄之资，不知有耕稼之苦；肆[⑥]吏民之上，不知有劳役之勤。故难可以应世经务也。晋朝南渡[⑦]，优借[⑧]士族。故江南冠带[⑨]，有才干者，擢[⑩]为令仆[⑪]已下尚书郎[12]中书舍人[13]已上，典掌[14]机要。其余文义之士，多迂诞[15]浮华，不涉世务；纤微过失，又惜行[16]捶楚[17]，所以处于清高，盖护其短也。至于台阁[18]令史[19]，主书[20]监帅[21]，诸王签[22]省[23]，并晓习吏用[24]，济办[25]时须[26]，纵有小人[27]之态，皆可鞭杖肃督[28]，故多见委使[29]，盖用其长也。人每不自量，举世怨梁武帝父子[30]爱小人而疏士大夫，此亦眼不能见其睫耳。

注释

①品藻：品评。 ②若指诸掌：像指示掌中之物一样，比喻通晓明白。 ③多无所堪：大多不能胜任。堪，能。 ③承平：太平之日相承，太平。 ④庙堂：太庙的明堂，是古代帝王祭祀、议事的地方。借指朝廷。 ⑤战陈：交战对阵。陈，同“阵”。 ⑥肆：踞。 ⑦晋朝南渡：指317年西晋灭亡后，琅琊王司马睿在建康重建晋廷，史称东晋。 ⑧优借：优待。 ⑨冠带：指代官吏和士大夫。 ⑩擢：提拔。 ⑪令仆：尚书令和仆射。尚书令是尚书省的长官，仆射是尚书省的副长官。 ⑫尚书郎：尚书省的属官，掌管起草文书等事。 ⑬中书舍人：中书省属官，掌管进呈奏案等事。 ⑭典掌：掌管。 ⑮迂诞：迂阔荒诞，不合事理。 ⑯惜行：不愿实行。 ⑰捶楚：用杖击、用荆条抽，借指执行刑罚。 ⑱台阁：指尚书省。 ⑲令史：尚书省的属官。 ⑳主书：主管文书的官员，中书省置。 ㉑监帅：监督军务的官员。 ㉒签：典签，典掌机要的官。名为诸王的辅佐官员，实际上常起监视诸王的作用。 ㉓省：省事，尚书省属官。 ㉔晓习吏用：通晓熟悉本职事务。 ㉕济办：成功办理。 ㉖时须：日常应办的事务。 ㉗小人：指不是士族出身的官员。 ㉘肃督：严厉督促。 ㉙多见委使：多被委任使用。 ㉚梁武帝父子：指南朝梁武帝萧衍和他的儿子简文帝萧纲、元帝萧绎。

译文

我看世上的文学之士，品评古今，好像了如指掌，等到试用他们时，大多不能胜任。他们生活在太平的时代，不知道会有丧乱的灾祸；在朝中做官，不知道战事的急迫；有可靠的俸禄供给，不知道耕种的辛苦；高居于吏民之上，不知道劳役的艰辛，所以很难靠他们去应对世变、处理政务。晋朝南渡后，优待士族，所以江南的士人，凡有才干的，都被提拔担任尚书令、尚书仆射以下尚书郎、中书舍人以上的官员，掌管机要大事。其余那些只懂得谈论文章的人，大都迂阔荒诞，华而不实，不接触实际事务；纵使他们有些小过失，也不忍心对他们施以杖责，所以把他们放在清高的职位上，以掩饰他们的弱点。至于尚书省的令史、主书、监帅，诸王身边的典签、省事等，都熟悉本职工作，能成功办理一时应办的事务，他们纵有小人的行为，也可鞭打杖责，严厉督促，所以他们多被委任使用，大概是用其所长吧。人往往不能正确估计自己，当时世人都埋怨梁武帝父子亲近小人而疏远士大夫，这也就像眼睛看不见自己的睫毛一样。

原文

梁世士大夫，皆尚褒衣博带[①]，大冠高履[②]，出则车舆[③]，入则扶侍，郊郭[④]之内，无乘马者。周弘正[⑤]为宣城王[⑥]所爱，给一果下马[⑦]，常服御之，举朝以为放达[⑧]。至乃尚书郎乘马，则纠劾[⑨]之。及侯景之乱[⑩]，肤脆骨柔，不堪行步，体羸气弱，不耐寒暑，坐死仓猝者，往往而然。建康令王复性既儒雅[⑪]，未尝乘骑，见马嘶喷[⑫]陆梁[⑬]，莫不震慑，乃谓人曰：“正是虎，何故名为马乎？”其风俗至此。

注释

①褒衣博带：宽大的袍子和带子。褒、博，形容宽大。②高履：即高齿屐，一种底部有高齿的鞋。③车舆：车辆，车轿。④郭：外城。⑤周弘正：字思行，梁、陈间学者，官太学博士、国子博士。⑥宣城王：梁简文帝萧纲的儿子萧大器。⑦果下马：一种可在果树下骑着行走的小马，当时视为珍品。⑧放达：放肆，不拘礼法。⑨纠劾：揭发弹劾。⑩侯景之乱：南朝梁武帝太清二年（548）八月，东魏降将侯景勾结京城守将萧正德，举兵谋反，攻陷建康，梁武帝被软禁后饿死，侯景执掌朝政，551年自封为帝，552年兵败被杀。⑪儒雅：气度温文尔雅。⑫嘶喷：嘶鸣。⑬陆梁：跳跃。

译文

梁朝的士大夫，都爱好宽衣博带、大帽高履，出门乘坐车轿，进门靠童仆扶持服侍，在城郊以内没有乘马的。周弘正很受宣城王的宠爱，得到一匹果下马，他常常骑着外出，满朝官员都认为他放任不拘礼法。以至于像尚书郎骑马，还会被检举弹劾。到侯景之乱时，士大夫肌肤细嫩，筋骨柔弱，受不了步行的辛苦；身体羸弱，气血不足，受不了严寒酷暑。在猝不及防的变乱中坐以待毙的，往往是这些人。建康令王复，性格温文尔雅，没有骑过马，看到马嘶鸣跳跃，没有不震惊恐惧的，还对别人说："这是老虎，为什么要把它叫做马呢？"当时的风气竟然颓废柔弱到了这种地步。

原文

古人欲知稼穑[①]之艰难，斯盖贵谷务本[②]之道也。夫食为民天，民非食不生矣，三日不粒[③]，父子不能相存[④]。耕种之，茠[5]钽[6]之，刈获[7]之，载积[8]之，打拂[9]之，簸扬之，凡几涉手[10]，而入仓廪[11]，安可轻农事而贵末业[12]哉？江南朝士，因晋中兴[13]，南渡江，卒为羁旅[14]，至今八九世，未有力田[15]，悉资俸禄而食耳。假令有者，皆信[16]僮仆为之，未尝目观起一拨[17]土，耘[18]一株苗；不知几月当下[19]，几月当收，安识世间余务乎？故治官则不了[20]，营家则不办，皆优闲之过也。

注释

①稼穑：泛指农业劳动。种谷叫稼，收获叫穑。 ②本：古代以农业为本。 ③粒：以谷米为食。 ④存：省视，问候。 ⑤茠（hāo）：同“薅”，除草。 ⑥钽：同“锄”。 ⑦刈（yì）获：收获。刈，割谷。 ⑧载积：运输囤积。 ⑨打拂：以连枷一类的工具打谷物，使它脱粒。 ⑩凡几涉手：共经过几道手续。 ⑪仓廪：储藏米谷之所。谷藏叫仓，米藏叫廪。 ⑫末业：指工商业。 ⑬晋中兴：指317年西晋亡后琅琊王司马睿在建康称帝延续晋祚。 ⑭羁旅：长久寄居他乡。 ⑮力田：努力务农。 ⑯信：任凭，依靠。 ⑰拨：耕地所翻起的土块。 ⑱耘：除草。 ⑲下：下种。 ⑳了：指明了吏务。

译文

古人想让人知道播种收获的艰难，这大概体现了重视粮食生产、以农为本的思想。民以食为天，没有食物人们就无法生存。三天不吃饭的话，父子之间都没有力气互相问候。耕种、除草、收割、运载、脱粒、簸扬，共要经过几道工序，而后粮食才能放进仓库，怎么可以轻农业而重商业呢？江南朝廷的士大夫，随着晋朝的中兴，从北方南渡长江，最后寄居江南，到现在已有八九代了，但从来没有人从事农业生产，都靠朝廷的俸禄生活。即使有田地的人，也全靠僮仆耕种，从没有亲眼看到翻过一块土，锄过一棵草；更不知道哪月播种、哪月收割，哪里懂得社会上的其他事务呢？所以他们当官不明了吏务，治家不懂得如何经营，这都是养尊处优带来的过错。

卷第五

省事　止足　诫兵　养生　归心

省事第十二

题解

省事是指不该做的事就不要做。本篇的主旨是告诫子孙做任何事情都要掌握分寸，不可过头。如做学问、练本领要有所专长，不可过广涉猎；为官要忠于职守，不得越职言事；求官干禄方面要抱着“信由天命”的态度，不可刻意追求；待人处事方面，“为善则预，为恶则去”；对自己不熟悉的不要好强逞能，以免招致羞辱。

原文

铭金人云：“无多言，多言多败；无多事，多事多患。”[①]至哉斯戒也！能走[②]者夺其翼，善飞者减其指[③]，有角者无上齿，丰后[④]者无前足，盖天道不使物有兼[⑤]焉也。古人云：“多为少善，不如执一[⑥]；鼫鼠五能，不成伎术。[⑦]”近世有两人，朗悟[⑧]士也，性多营综[⑨]，略无成名，经不足以待问，史不足以讨论，文章无可传于集录，书迹[⑩]未堪以留爱玩，卜筮[⑪]射六得三[⑫]，医药治十差[⑬]五，音乐在数十人下，弓矢在千百人中，天文、画绘、棋博[⑭]，鲜卑语[⑮]、胡[⑯]书，煎胡桃油，炼锡为银，如此之类，略得梗概，皆不通熟。惜乎，以彼神明[⑰]，

若省其异端[18]，当精妙也。

注释

①“铭金人”五句：《说苑·敬慎》：“孔子之周，观于太庙，右陛之前有金人焉，三缄其口而铭其背曰：‘古之慎言人也，戒之哉，戒之哉！无多言，多言多败；无多事，多事多患。”铭，刻上铭文。金人，指周朝太庙里的铜人。 ②走：奔跑。③指：当作“趾”。 ④丰后：后肢发达。 ⑤有兼：同时具有各种长处。 ⑥“多为少善”二句：做得多但做得好的少，不如专心干好一件事。执一，专一。 ⑦“鼫（shí）鼠”二句：鼫鼠，指鼯鼠一类的动物，亦称“大飞鼠”或“五技鼠”。《说文》说它的“五技”是“能飞不能过屋，能缘不能穷木，能游不能渡谷，能穴不能掩身，能走不能先人”。“伎”，同“技”。 ⑧朗悟：聪明，反应敏捷。 ⑨性多营综：指兴趣广泛，什么事都想干。营综，经营会聚。 ⑩书迹：书法。 ⑪卜筮：古代预测凶吉祸福的占卜方法，用龟甲称卜，用蓍草称筮。 ⑫射六得三：指占卜六次算对三次。射，猜度，猜测。 ⑬差：同“瘥”，病愈。 ⑭博：指六博，古代的一种棋戏。 ⑮鲜卑语：鲜卑为东胡族的一支，北魏拓跋氏即为其一部，所以北朝时以能讲鲜卑语为风尚。 ⑯胡：此处指鲜卑族。 ⑰神明：聪明。 ⑱异端：本指与儒家不同的思想或学问，此处指不重要的其他方面。

译文

铭刻在金人身上的文字说：“不要多话，多话就会多挫败；不要多事，多事就会多祸患。”这个训诫太对了。动物中会跑的不让它生翅膀，善飞的让它少脚趾，长了双角的就没有上齿，后腿长的前足就退化，大概是自然法则不让动物兼具这些东西吧。古人说：“做得多而做好的少，还不如专心做好一件。鼫鼠有五种本事，可没有一种技能顶用。”近世有两个人，都是聪明人，兴趣广泛多所经营，可没有一样成名。他们的经学禁不起人家提问，史学够不上和人家讨论，文章不能结集流传，书法作品不值得保存玩赏，卜筮六次才有三次猜对，医治十人才有五人痊愈，音乐水平在几十人之下，射箭本领在千百人之中，天文、绘画、棋博、鲜卑语、胡书、煎胡桃油、炼锡为银，诸如此类，只是懂个大概，都不精通熟练。凭他们的聪明，如果放下其他的爱好，专心研习其中一种，肯定能使自己达到精妙的水平。

原文

上书陈事，起自战国，逮①于两汉，风流②弥广。原③其体度④：攻⑤人主之长短，谏诤⑥之徒也；讦⑦群臣之得失，讼诉之类也；陈国家之利害，对策⑧之伍⑨也；带私情之与夺⑩，游说⑪之俦⑫也。总此四涂⑬，贾诚⑭以求位，鬻⑮言以干⑯禄。或无丝毫之益，而有不省之困⑰，幸而感悟人主，为时所纳，初获不赀⑱之赏，终陷不测之诛，则严助⑲、朱买臣⑳、吾丘寿王㉑、主父偃㉒之类甚众。良史所书，盖取其狂狷一介㉓，论政得失耳，非士君子守法度者所为也。今世所睹，怀瑾瑜而握兰桂者㉔，悉耻为之。守门诣阙，献书言计，率多空薄，高自矜夸㉕，无经略㉖之大体㉗，咸秕糠㉘之微事，十条之中，一不足采，纵合时务，已漏先觉㉙，非谓不知，但患知而不行耳。或被发㉚奸私，面相酬证㉛，事途回穴㉜，翻惧愆尤㉝；人主外护声教㉞，脱㉟加含养㊱，此乃侥幸之徒，不足与比肩㊲也。

注释

①逮：及，到。 ②风流：风气流布。 ③原：推究根源。 ④体度：体制内容。 ⑤攻：指责。 ⑥谏诤：直言规劝。

⑦讦（jié）：揭发别人的隐私或攻击别人的短处。 ⑧对策：把政事、经义等策题写在简册之上，让人对答。 ⑨伍：古代军队的编制，五人为一伍。此处作“类”解。 ⑩带私情之与夺：指利用感情来让人主做决定。与夺，给予和剥夺，此处意谓做决定。 ⑪游说（shuì）：指劝说别人采纳其意见、主张。 ⑫俦：辈。 ⑬涂：同“途”。 ⑭贾诚：出卖忠诚。贾，售。诚，忠。⑮鬻：卖。 ⑯干：求取。 ⑰不省之困：指不被理睬的窘困。⑱不赀（zī）：无从计量。 ⑲严助：本姓庄，因避东汉明帝讳，改姓严，会稽人。武帝时，以对策擢为中大夫，官至会稽太守、侍中。后因与淮南王刘安谋反事有牵连被杀。 ⑳朱买臣：字翁子，会稽吴人。武帝时得庄助之荐，拜中大夫，复拜会稽太守，后为丞相长史。因告张汤阴事，张汤自杀，朱买臣亦遭诛。㉑吾（yú）丘寿王：字子赣，赵人。少时因善于下棋而被召为待诏，升为侍中中郎，后犯法被免职。东郡盗贼起，拜为东郡都尉，再征为光禄大夫侍中。后因事被诛。 ㉒主父偃：齐国临淄人。曾直接上书汉武帝被拜为郎中。不久又迁为谒者、中郎、中大夫。后为齐相，揭发齐王阴事，齐王自杀，主父偃亦被诛。㉓狂狷一介：狂，指志向高远而勇于进取。狷，指洁身自好而拘谨保守。一介，即耿介。 ㉔“怀瑾瑜”句：比喻有德有才的人。瑾瑜，美玉。兰桂，兰草和桂花。 ㉕矜夸：自负而自夸。㉖经略：筹划治理。 ㉗大体：纲纪，纲领。 ㉘秕（bǐ）糠：比喻琐碎无价值的东西。 ㉙已漏先觉：意谓已为先觉者所觉察。先觉，认识事物比一般人早的人。 ㉚发：揭发。 ㉛面相酬证：当面对证。酬证，对答取证。 ㉜回穴：反复，变化无常。 ㉝翻惧愆（qiān）尤：反而害怕招来罪殃。翻，反，反而。愆尤，过错，罪责。 ㉞声教：声威和教化。 ㉟脱：或许，也许。 ㊱含养：包涵。 ㊲比肩：犹言为伍。

译文

向人主上书陈述意见，起源于战国时期，到了两汉这种风气流行更广。推究它的体例：指责人主长短的，是谏诤一类；批评群臣得失的，是诉讼一类；陈说国家利害的，是对策一类；利用感情使人主作出决策的，是游说一类。总括这四种情况，都是出卖忠心来换取官位，出售言论来谋求利禄。他们的陈述有的无丝毫益处，反而会有使人主不省悟的困扰。即使侥幸使人主感悟，被及时采纳，起初可能获得不可估量的奖赏，而最终还会陷于难以预测的诛杀。像严助、朱买臣、吾丘寿王、主父偃这类人是很多的。优秀史官所记载的，大概只选取那些勇于进取、洁身自好、耿介不阿、勇于针砭时政得失的人罢了，但这不是谨守法度的士君子所做的。现在我们所见到的，那些怀瑾握瑜佩兰戴桂的德才兼备的人，都耻于干这种事。那些守候公门、奔赴朝堂向人主献书言计的人，大都空疏浅薄、自傲自夸，毫无治理国家的方略，都谈些秕糠之类的琐事，十条建议中没有一条值得采纳。即使偶尔有切合实际的意见，却早已被先觉者提出。不是大家不知道，只是担心知道了而不去实行。有些上书的人被揭发包藏私心，当面与人对证，事态的发展变化无常，他们反而害怕招来罪殃。即使人主为了对外维护朝廷的声誉和教化，或许对他们加以包涵，但他们只是些侥幸之徒，不值得与其为伍。

原文

谏诤之徒，以正人君之失尔，必在得言之地[①]，当尽匡赞[②]之规，不容苟免[③]偷安，垂头塞耳；至于就养有方[④]，思不出位[⑤]，干非其任[⑥]，斯则罪人。故《表记》[⑦]云："事君，远而谏，则谄也；近而不谏，则尸利[⑧]也。"《论语》曰："未信[9]而谏，人以为谤己也。”

注释

①得言之地：处在能够说话规劝的位置。 ②匡赞：匡助襄赞。 ③苟免：以不正当的手段求免。 ④就养有方：指侍奉国君不越位侵权。就养，侍养父母，这里指侍奉国君。有方，有道。 ⑤思不出位：所思考的不越出职权范围。 ⑥干非其任：干涉不属于自己职责范围的事。干，干涉。 ⑦《表记》：《礼记》篇名。 ⑧尸利：比喻只受利禄而不尽职责。尸，古代祭祀时，代表死者受祭的人。 ⑨未信：未取得信任。

译文

从事谏诤的人，是要去纠正人君的过失，但必须先使自己处在能够说话的地位，并且应当尽量匡助襄赞人君，决不可苟且偷安、装聋作哑。至于侍奉人君还要各司其职，考虑问题不越出职权范围。如果干涉职责以外的事，就会成为朝廷的罪人。所以《礼记·表记》说：“事奉人君，如果关系疏远而去进谏，那就是谄媚；如果关系亲近而不去进谏，那就是受利禄而不尽职责。”《论语·子张》说：“未取得人君的信任就去劝谏，人君会认为你在诽谤他。”

原文

君子当守道崇[1]德，蓄价待时[2]，爵禄不登，信由天命。须求趋竞[3]，不顾羞惭，比较材能，斟量[4]功伐[5]，厉色扬声[6]，东怨西怒；或有劫持宰相瑕疵[6]，而获酬谢，或有喧聒时人视听[7]，求见发遣[8]；以此得官，谓为才力，何异盗食致饱，窃衣取温哉！世见躁竞[9]得官者，便谓“弗索何获[10]”；不知时运之来，不求亦至也。见静退[11]未遇者，便谓“弗为胡成[12]”；不知风云[13]不与，徒求无益也。凡不求而自得，求而不得者，焉可胜算[14]乎！

注释

①崇：尊崇。②蓄价待时：积累声价，等待时机。价，身价，声望。③须求趋竞：指钻营爵禄。须，求。趋竞，奔走争逐。④斟量：衡量。⑤功伐：功劳。⑥厉色扬声：形容声色俱厉地与人争吵。⑥“劫持”句：指抓住宰相的毛病作为把柄。劫持，挟持。⑦“喧聒（guō）”句：喧嚷聒噪来扰乱时人的视听。⑧发遣：指委派出去做官。⑨躁竞：急于与人争权位。躁，不冷静，急躁。⑩弗索何获：不去求索怎么会获得官位。⑪静退：恬静退让。⑫弗为胡成：不去做怎么会成功。⑬风云：比喻人的际遇。⑭焉可胜算：哪里数得清。

译文

君子应当谨守正道而尊崇道德，积累声价以等待时机。官职俸禄不能晋升，确实是由天命决定的。为求得爵禄而奔走争逐，不顾羞耻，与别人比较才能，衡量功绩，声色俱厉地同人争吵，怨这恨那，甚至有人以宰相的缺点为要挟，以获得官禄为酬谢；还有人喧哗吵闹，混淆人们的视听，以求被任用。凭借这些手段得到官职，还认为是自己有才干和能力，这与偷食致饱、窃衣取暖有什么不同呢？世人看见那些奔走钻营而得官的人，就说：“不去求索怎么会获得官位？”却不知道时运到来时，不去索求官位也会来的。人们看到那些恬静退让而没得到官职的人，就说：“不去做怎么会成功呢？”却不知道际遇乖舛时，一味追求也是徒劳无益的。世间那些不追求而有所得，或追求而无所得的人，哪里数得清呢？

原文

齐之季世[1]，多以财货托附[2]外家[3]，喧动女谒[4]。拜[5]守宰[6]者，印组[7]光华[8]，车骑辉赫，荣兼九族[9]，取贵一时。而为执政[10]所患，随而伺察，既以利得，必以利殆，微染风尘[11]，便乖[12]肃正[13]，坑阱殊深，疮痏[14]未复，纵得免死，莫不破家，然后噬脐[15]，亦复何及！吾自南及北，未尝一言与时人论身分[16]也，不能通达，亦无尤焉。

注释

①季世：末世。 ②托附：寄托依附。 ③外家：本指母亲、妻子的娘家，此处指皇族的母亲或妻子家，即外戚。 ④女谒（yè）：指通过宫中得宠的女子干求请托。 ⑤拜：授予官职。 ⑥守宰：泛指地方官。 ⑦组：系官印的丝带。 ⑧光华：光艳华丽。 ⑨九族：一说从自己算起，上至高祖，下至玄孙。一说父族四代、母族三代、妻族二代。 ⑩执政：当权者。 ⑪风尘：指上述靠钱财女谒得官之类的世俗污秽。 ⑫乖：违背。 ⑬肃正：严肃公正。 ⑭疮痏（chuàngwěi）：疮伤。痏，瘢痕，伤痕。 ⑮噬脐（shìqí）：比喻后悔已晚。噬，咬、吞。脐，肚子上脐带脱落的痕迹。 ⑯身分：指人在社会上的地位、声望。

译文

北齐末年，那些想当官的人大多把钱财托付给皇族的外戚，煽动宫中得宠的女子干求请托。那些被任命为地方官吏的，官印绶带光艳华丽，车马辉煌显赫，荣耀兼及九族，富贵显达一时。但是一旦被执政者厌恶，随之对他们进行考察监视，那些因此而得利的，也必定会因此而遇到危险。只要稍微染上仕途的污秽恶习，就违背了为官应有的严肃公正，仕途中的陷阱也会特别深，那些疤痕是不能平复的。纵然能免除一死，却无不导致家道败落，到这时才后悔也来不及了。我从南方到北方，从未与时人说过一句有关自己身世地位的话，虽然仕途不能显达，但也没有招来怨恨。

原文

王子晋[①]云："佐饔得尝，佐斗得伤。[②]"此言为善则预[③]，为恶则去，不欲党[④]人非义之事也。凡损于物，皆无与[⑤]焉。然而穷鸟入怀，仁人所悯；况死士归我，当弃之乎？伍员之托渔舟[⑥]，季布之入广柳[⑦]，孔融之藏张俭[⑧]，孙嵩之匿赵岐[⑨]，前代之所贵，而吾之所行也，以此得罪，甘心瞑目[⑩]。至如郭解之代人报仇[⑪]，灌夫之横怒求地[⑫]，游侠之徒，非君子之所为也。如有逆乱之行，得罪于君亲[⑬]者，又不足恤[⑭]焉。亲友之迫危难也，家财己力，当无所吝；若横生图计[⑮]，无理请谒[⑯]，非吾教也。墨翟[⑰]之徒，世谓热腹；杨朱[⑱]之侣，世谓冷肠。肠不可冷，腹不可热，当以仁义为节文[⑲]尔。

注释

①王子晋：又作王子乔，周灵王的太子，相传后来修炼成仙。 ②"佐饔（yōng）"二句：帮助烹饪可以品尝美味，帮助斗殴会伤害自身。佐，帮助。饔，做饭、烹煮。 ③预：参与。④党：指为私利结成集团的人。此处作动词，可解释为伙同、袒护。 ⑤与：参与，参加。 ⑥"伍员"句：伍员即伍子胥，春秋时吴国大夫。其父伍奢被楚平王杀害后，他从楚国逃往吴国，楚兵追杀至河边，为一渔父摆渡相救。其后伍子胥帮助吴王阖闾夺取王位，并率吴军攻破楚国。 ⑦"季布"句：季布为秦末楚人，任项羽部将时多次困迫刘邦。项羽败亡后，刘邦悬赏捉拿季布。濮阳一位姓周的把他藏在广柳车（运载棺柩的丧车）中，运

到鲁地卖给朱家。朱家通过夏侯婴向刘邦进言，季布被赦免，任河东太守。 ⑧“孔融”句：孔融，字文举。张俭，字元节。皆为东汉末年人。张俭因弹劾宦官侯览遭追捕，投奔好友孔褒。恰逢孔褒外出，其弟孔融藏匿张俭。后来事情漏泄，张俭得脱，孔氏兄弟被治罪。 ⑨“孙嵩”句：孙嵩，字宾石。赵岐，字邠卿，后汉经学家。东汉桓帝时，赵岐因得罪宦官党羽，惧受祸，变姓名逃匿北海（今山东昌乐西北）卖饼。孙嵩看出赵岐不是普通人，把他带回家中，藏于复壁之内三年。赵岐隐忍困厄，在复壁中完成《孟子章句》。后得赦任太常，上表荐孙嵩为青州刺史。⑩甘心瞑目：意谓心甘情愿。 ⑪“郭解”句：郭解，字翁伯，西汉人。他以任侠闻名，常藏匿亡命之徒，代人报仇。后因门客犯罪，被指为叛逆被杀。 ⑫“灌夫”句：灌夫，字仲儒，西汉人。先后任中郎将、太仆、燕相。后丞相田蚡要魏其侯窦婴让城南田，灌夫怒，因而得罪田蚡，遭田蚡弹劾被诛。横怒，暴怒。⑬君亲：君主与父母。 ⑭恤（xù）：对别人表同情，怜悯。⑮横生图计：突然生出不该有的图谋。 ⑯请谒：私下告求。⑰墨翟：即墨子，春秋战国之际思想家，墨家学说创始人。他主张“兼爱”、“非攻”，能“摩顶放踵，利天下而为之”。 ⑱杨朱：战国时魏人。他反对墨子的“兼爱”和儒家的伦理主张，主张“贵生”、“重己”，孟子说他“拔一毛而利天下不为也”。⑲节文：节制修饰。

译文

王子晋说：“帮助烹饪可以品尝美味，帮助斗殴会伤害自身。”意思是说，别人做好事就应当去参加，别人做坏事就要离开，不要伙同别人去做不仁不义的事。凡是对世人有损的事，都不可参与。但走投无路的小鸟投入怀中，仁慈的人都会怜悯它；何况视死如归的勇士来投奔我，我能抛弃他不管吗？伍员托渔父摆渡，季布藏身于广柳车中，孔融匿藏张俭，孙嵩匿藏赵岐，这些都是前代人所看重的，也是我所信奉的，即使因此而获罪，我也心甘情愿。至于郭解代人报仇，灌夫怒责田蚡索取地，都是游侠的行为，不是君子所应当做的。如果有逆乱犯上的行为，得罪了人君和父母，就不值得同情。亲戚朋友遇到危难，尽家中的财物与自己的能力去解救，不应当吝惜；若是有人横生心计、无理干求，就不是我要你们同情的了。墨子一类人，世上称之为热心肠人；杨朱一类人，世人称之为冷肚肠人。人生在世，肠不应冷，腹不可热，应当以仁义来节制修饰。

原文

前在修文令曹[①]，有山东学士与关中[②]太史[③]竞历[④]凡十余人，纷纭累岁[⑤]，内史[⑥]牒[⑦]付议官平[⑧]之。吾执论[⑨]曰：“大抵诸儒所争，四分并减分[⑩]两家尔。历象[⑪]之要，可以晷景[⑫]测之；今验其分至薄蚀[⑬]，则四分疏而减分密。疏者则称政令有宽猛[⑭]，运行致盈缩[⑮]，非算之失[⑯]也；密者则云日月有迟速，以术[⑰]求之，预知其度，无灾祥也[⑱]。用疏则藏奸而不信[⑲]；用密则任数而违经[⑳]。且议官所知，不能精于讼者，以浅裁深，安有肯服？既非格令[㉑]所司[㉒]，幸勿当[㉓]也。”举曹[㉔]贵贱，咸以为然。有一礼官，耻为此让，苦欲留连[㉕]，强加考核。机杼既薄[㉖]，无以测量，还复采访讼人[㉗]，窥望长短，朝夕聚议，寒暑烦劳，背春涉冬[㉘]，竟无予夺[㉙]，怨诮[㉚]滋生，赧然[㉛]而退，终为内史所迫：此好名之辱也。

注释

①修文令曹：疑为隋文帝时所设立的修订法令的机构。
②关中：今陕西中部一带。 ③太史：掌管天文历法的官员。

④竞历：争论历法。 ⑤纷纭累岁：指争论多年。 ⑥内史：掌管民政的官员。 ⑦牒：公文。 ⑧平：同“评”，评议，讨论。⑨执论：主张，提出看法。 ⑩“四分”句：四分，即四分历。减分，即减分历。为当时推算历法的两种方法。 ⑪历象：推算观测天体的运行。 ⑫晷（guǐ）景：日晷所测得的日影。晷，测量日影以确定时间的仪器，也泛指观测日月星辰等天象的仪器。景，同“影”。 ⑬分至薄蚀：分，指春分、秋分。至，指夏至、冬至。薄蚀指日蚀、月蚀。薄，迫近。 ⑭宽猛：宽松与严厉。 ⑮盈缩：伸屈，进退。 ⑯非算之失：不是历法计算的失误。 ⑰术：指正确推测日月星辰运行的方法。 ⑱无灾祥也：谓与灾祸、吉祥无关。 ⑲藏奸而不信：隐藏奸诈而不真实。 ⑳任数而违经：顺应天数但违背经义。 ㉑格令：律令。㉒司：管辖。 ㉓当：充任，担任。 ㉔曹：古代分科办事的官署。 ㉕留连：舍不得离开。此指舍不得放弃对争论的判断。㉖机杼既薄：指胸中有关天文历法的知识浅薄、缺乏。机杼，织布机，喻指人的情思、知识和能力。 ㉗讼人：指论辩双方。㉘背春涉冬：过了春天到冬天。背，过。涉，经历。 ㉙予夺：给予和剥夺。此处指裁决。 ㉚诮：责备。 ㉛赧然：因惭愧而脸红。

译文

以前我在修文令曹的时候，有山东学士与关中太史争论历法问题，十几个人纷纷扰扰地争论了多年，内史下发公文交付给议官评定。我提出看法说：“儒生们所争论的大体上可分为四分历和减分历两家。推算观测天体运行的关键，可通过日晷的影子来测定。现在以此来检验两种历法中有关春分、秋分、夏至、冬至以及日蚀、月蚀的情况，可以看出四分法疏略而减分法周密。疏略的声称政令有宽松与严厉，日月的运行也相应会有超前或不足，并不是历法计算的失误；细密的则说日月运行虽然有快有慢，但用正确的方法来计算，仍可预先知道它们运行的情况，与灾祸、吉祥无关。使用疏略的四分历，可能隐藏奸诈而不真实；使用细密的减分历，可能顺应天数但违背经义。更何况议官所了解的不可能比论争双方更精深，拿浅薄的知识去裁判精深的学问，哪里会有人肯信服呢？这件事既然不属律令的范围，希望就不要让我们议官来担当了。”整个官署的人无论地位高低，都认为我的看法对。有一位礼官却认为这样做是一种耻辱，苦苦地要求不放弃对争论的判断，想方设法地对两种历法进行考核。但他这方面的知识本来浅薄，又无法实地测算，只能反复采访争执双方，想借以观察二者的优劣。他们早晚聚在一起议论，寒来暑往，劳顿烦苦，从春到冬，终不能作出判断，抱怨责备由此滋生，只好抱愧告退，最后被内史搞得十分窘迫：这是好名所招来的耻辱。

止足第十三

题解

“止足”即知止知足。此篇主旨是教导子孙少欲知足，无论在物质生活方面还是在仕宦追求方面，都不可要求太高，而要处于一种比上不足、比下有余的中等水平，做到谦虚冲损，以求远祸全身。

原文

《礼》[①]云：“欲不可纵，志不可满。[②]”宇宙[③]可臻[④]其极，情性不知其穷，唯在少欲知足，为立涯限[⑤]尔。先祖靖侯[⑥]戒子侄曰：“汝家书生门户，世无富贵；自今仕宦不可过二千石[⑦]，婚姻勿贪势家。”吾终身服膺[⑧]，以为名言也。

注释

①《礼》：指《礼记》。 ②“欲不可纵”二句：见《礼记·曲礼上》。 ③宇宙：中国古代哲学概念。宇代表上下四方，即所有的空间。宙代表古往今来，即所有的时间。 ④臻(zhēn)：至，达到。 ⑤涯限：界限，极限。 ⑥靖侯：作者的九世祖颜含。 ⑦二千石（dàn)：郡守（太守）的通称。汉郡守俸禄为两千石，即月俸百二十斛，故有此称。石，十斗为一石。 ⑧服膺：衷心信服。膺，胸。

译文

《礼记》上说：“欲望不可以放纵，志向不可以满盈。”宇宙再大还可到达极限，人的情性则不知道止境。只有寡欲知足，为自己划定一个界限才好。先祖靖侯告诫子侄说："你们家是书生门户，世代没有出现过大富大贵。从现在起，你们做官不可担任超过二千石的官职，婚姻不能贪图攀附世家豪门。"我衷心信服，把它当做至理名言。

原文

天地鬼神之道，皆恶满盈[①]。谦虚冲损[②]，可以免害。人生衣趣[③]以覆寒露[④]，食趣以塞饥乏耳。形骸之内[⑤]，尚不得奢靡，己身之外，而欲穷[⑥]骄泰[⑦]邪？周穆王[⑧]、秦始皇[⑨]、汉武帝[⑩]，富有四海，贵为天子，不知纪极[⑪]，犹自败累，况士庶[⑫]乎？常以二十口家，奴婢盛多，不可出二十人，良田十顷，堂室才蔽风雨，车马仅代杖策，蓄财数万，以拟[⑬]吉凶[⑭]急速[⑮]。不啻[⑯]此者，以义散之；不至此者，勿非道求之。

注释

①"天地"二句：意谓自然法则都厌恶满盈。盈，满。②冲损：淡泊谦让。冲，空虚。损，减少。③趣：仅仅。④覆寒露：御寒。覆，遮盖。⑤形骸之内：指与人的身体密切相关的吃饭穿衣等事。形骸，形体，躯壳。⑥穷：尽。⑦骄泰：骄恣舒泰。⑧周穆王：西周国王，姬姓，名满。他好大喜功，曾周游天下。⑨秦始皇：战国末期秦国君主，秦王朝的开国皇帝。他曾修筑长城、建阿房宫，派方士求不死药。⑩汉武帝：汉朝的第七位皇帝，他开创了西汉王朝最鼎盛繁荣的时期，但同时好大喜功，穷奢极欲，繁刑重敛。⑪纪极：极限。⑫士庶：士人和庶民，此处指普通人。⑬拟：预料，预备。⑭吉凶：指婚丧等事。⑮急速：指突然发生的事。⑯不啻：不仅，不止。

译文

天地鬼神之道都憎恶盈满。谦虚淡泊，可以免除祸患。人生在世，穿衣服能御寒，吃东西能充饥，就行了。自身躯体尚且不得奢侈浪费，自身以外的事情，还能极尽骄奢舒泰吗？周穆王、秦始皇、汉武帝，富有天下，贵为天子，但他们不知满足，还招致伤败受害，何况是普通人呢？我常常认为二十口人的家庭，奴婢最多不可超出二十人，良田只需十顷，房屋只求能遮蔽风雨，车马只求可以代替扶杖步行，积蓄几万钱财，预备婚丧和应急之用。超过这些数量，就该仗义散财；没有达到这个数量的，也不要用不正当的手段去求取。

原文

仕宦称泰①，不过处在中品，前望五十人，后顾五十人，足以免耻辱，无倾危②也。高此者，便当罢谢③，偃仰④私庭⑤。吾近为黄门郎⑥，已可收退；当时羁旅⑦，惧罹⑧谤讟⑨，思为此计，仅未暇尔。自丧乱已来，见因托风云，徼幸富贵，旦执机权，夜填坑谷，朔欢卓、郑⑩，晦泣颜、原⑪者，非十人五人也。慎之哉！慎之哉！

注释

①泰：平安，安稳。②倾危：倾覆，危险。③罢谢：罢官辞谢。④偃仰：俯仰，伏身和仰身，引申为安居。⑤私庭：指家中。⑥黄门郎：又称黄门侍郎，即给事于宫门之内的郎官。⑦羁旅：寄居他乡。⑧罹（lí）：受，遭逢。⑨讟（dú）：诽谤。⑩卓、郑：卓指卓氏，郑指程郑，皆秦、汉时人，冶铁成巨富。⑪颜、原：颜指颜回，原指原宪，皆为孔子弟子，以安贫乐道著称。

译文

做官要称得上安稳，就不要做超过中品的官，向前看有五十人，向后望有五十人，这就足以避免耻辱，又没有倾覆的危险。高过中品，就应当告退谢绝，安居家中。我前不久担任黄门侍郎，已经可以告退了，但是当时因客居异乡，怕告退会遭到诽谤；心里有这个打算，但却没有适当的机会。自从丧乱发生以来，我看见很多乘机得势、侥幸富贵的人，早上还在执掌大权，晚上就尸填坑谷；月初还像卓氏、程郑一样富有而快乐，月末却像颜渊、原宪一样贫穷而悲泣。这样的人不止十个五个。一定要谨慎又谨慎啊！

诫兵第十四

题解

本篇的主旨是告诫子孙不要以习武从戎为事。若抛却“儒雅”、“违弃素业”，心存侥幸以武功来求得闻达，必自取耻辱、招来陷身灭族之祸。

原文

颜氏之先①，本乎邹②、鲁③，或分入齐，世以儒雅④为业，遍在书记⑤。仲尼门徒，升堂⑥者七十有二，颜氏居八人⑦焉。秦、汉、魏、晋，下逮齐、梁，未有用兵以取达者。春秋世，颜高、颜鸣、颜息、颜羽⑧之徒，皆一斗夫⑨耳。齐有颜涿聚⑩，赵有颜冣⑪，汉末有颜良⑫，宋有颜延之⑬，并处将军之任，竟以颠覆⑭。汉郎颜驷⑮，自称好武，更无事迹。颜忠⑯以党楚王受诛，颜俊⑰以据武威见杀，得姓已来，无清操⑱者，唯此二人，皆罹祸败。顷世⑲乱离，衣冠之士⑳，虽无身手㉑，或聚徒众，违弃素业㉒，徼幸战功。吾既羸薄㉓，仰惟前代㉔，故置心㉕于此，子孙志㉖之。孔子力翘门关㉗，不以力闻，此圣证㉘也。吾见今世士大夫，才有气干㉙，便倚赖之，不能被甲执兵，以卫社稷；但微行㉚险服㉛，逞弄拳腕，大则陷危亡，小则贻耻辱，遂无免者。

注释

①先：祖先。 ②邹：周代诸侯国名，在今山东省邹城市（原邹县）东南。战国时为楚国所灭。 ③鲁：周代诸侯国名，

在今山东省西南部。公元前256年为楚所灭。 ④儒雅：指儒术。 ⑤遍在书记：书籍中到处都有记载。书记，指书籍、书牍等。 ⑥升堂：升堂入室的简略说法，指学问达到较高深的境界。 ⑦八人：指颜回、颜无繇、颜幸、颜高、颜祖、颜之仆、颜哙、颜何。 ⑧“颜高”句：四人皆鲁国人，出身行伍，骁勇善战。 ⑨斗夫：武夫。 ⑩颜涿聚：春秋末齐国人。曾劝田常（一说齐景公）不要乐于游海而要及时回国，恐有人图谋不轨。⑪颜冣（jù）：亦作颜聚。战国时先为齐将，后为赵将，秦将王翦破赵时被虏。 ⑫颜良：三国时袁绍的将领，后为关羽所杀。⑬宋有颜延之：颜延之，字延年，南朝宋文学家，历官太子舍人、始安太守、中书侍郎、步兵校尉、光禄勋、太常、金紫光禄大夫。他未曾以将兵颠覆。疑作颜延。颜延为东晋末年兖州刺史王恭的将领，被刘牢之所杀。“宋”应为“晋”。 ⑭颠覆：颠坠覆败，灭亡。 ⑮颜驷：西汉人，文帝时为郎，历文帝、景帝、武帝三世不获重用，后被武帝拜为会稽都尉。 ⑯颜忠：东汉人，明帝时被告发为楚王刘英造作图书，有谋反嫌疑被诛。⑰颜俊：三国时人，自号将军，举武威郡反，后被张掖人和鸾所杀。 ⑱清操：清白的节操。 ⑲顷世：近世。顷，近来，不久前。 ⑳衣冠之士：指士大夫、世族。 ㉑身手：指拳脚功夫，武艺。 ㉒素业：平素的事业，此处指儒业。 ㉓羸薄：瘦弱单薄。 ㉔仰惟前代：追思前辈将兵致祸的教训。仰惟，追念，追思。惟，思。 ㉕置心于此：指把心思放在儒业上。 ㉖志：记。 ㉗“孔子”句：孔子的力量能举起国门的门闩。翘，举。㉘圣证：从圣人方面得来的例证。 ㉙气干：气力躯体。 ㉚微行：隐匿身份，易服出行。 ㉛险服：犹异服。此指武士的衣服。

译文

颜氏的祖先，本来在邹国、鲁国，有的分支迁到齐国，世代从事儒雅的事业，这全记载在书籍中。孔子的学生，学问精深的有七十二人，姓颜的占了八个。从秦汉、魏晋，直到齐梁，颜氏家族中没有靠带兵打仗来取得显贵的。春秋时代，颜高、颜鸣、颜息、颜羽等人，都不过是一介武夫罢了。齐国有颜涿聚，赵国有颜冣，东汉末年有颜良，东晋有颜延，都担任过将军的职务，最终都因此而倾败灭亡。西汉时侍郎颜驷，自称喜好武功，却没有见他取得什么功绩。颜忠因党附楚王而被杀，颜俊因割据武威而被诛，自有颜姓以来，没有清白节操的，只有这两个人，他们都遭到祸患失败。近世遭逢战乱，有些士大夫和贵族子弟，虽然没有武艺，却聚集众人，放弃向来从事的儒学，想侥幸获取战功。我身体瘦弱单薄，又想起颜氏家族前人中因好兵致祸的教训，所以仍旧把心放在儒业上面，子孙们对此要牢记在心里。孔子的力气大到能举起国门的门闩，但他不以力大闻名，这是从圣人那里得来的例证。我看到今世的士大夫，才有点气力，就以此作为资本，又不能披铠甲执兵器去保卫国家，而是行踪神秘，穿着奇装异服，卖弄拳术，重则使自己陷于危亡，轻则给自己留下耻辱，竟没有谁能幸免的。

原文

国之兴亡，兵之胜败，博学所至①，幸②讨论之。入帷幄③之中，参庙堂④之上，不能为主尽规以谋社稷，君子所耻也。然而每见文士，颇⑤读兵书，微有经略⑥，若居承平之世，睥睨⑦宫阃⑧，幸灾乐祸，首为逆乱，诖⑨误善良；如在兵革⑩之时，构扇⑪反复，纵横⑫说诱，不识存亡⑬，强相扶戴⑭：此皆陷身灭族之本也。诫之哉！诫之哉！

注释

①博学所至：博学达到一定程度。②幸：希望。③帷幄(wò)：古代军队的帐幕，此处指决策的地方。④庙堂：太庙的明堂，古代帝王祭祀、议事的地方，借指朝廷。⑤颇：稍微，略微。⑥经略：筹划治理之策。⑦睥睨（pìnì）：眼睛斜着向旁边看，形容傲慢的样子。此处有窥伺的意思。⑧宫阃（kǔn）：帝王后宫。⑨诖（guà）误：欺骗贻误。诖，欺骗。⑩兵革：指战争。⑪构扇：挑拨煽动。扇，同“煽”。⑫纵横说诱：指在各种势力之间游说诱骗。⑬不识存亡：指看不清存亡的趋势。⑭扶戴：扶立拥戴。

译文

对国家的兴亡、战争的胜败这类问题，博学达到一定程度时，希望你们加以研究。一个人进入决策部门，在朝廷上参与国政，不能替君主尽规划之责，以谋求国家利益，这是君子所引以为耻的。然而我常常看见一些文人，稍微读过几本兵书，略微懂得一点谋略，如果处在太平盛世，他们就窥伺宫廷动静，幸灾乐祸，带头起来叛乱，欺骗误导善良的人；如果处在战争时期，他们就挑拨煽动反叛，在各种势力之间游说诱骗，不了解存亡的趋势，拼命扶植拥戴他人：这些都是丧身灭族的祸根。一定要引以为戒啊！引以为戒啊！

原文

习[①]五兵[②]，便[③]乘骑，正[④]可称武夫尔。今世士大夫，但[⑤]不读书，即称武夫儿，乃饭囊酒瓮[⑥]也。

注释

①习：通晓，熟悉。 ②五兵：指戈、戟等五种兵器。③便：擅长。 ④正：才。 ⑤但：只。 ⑥饭囊酒瓮：犹酒囊饭袋。瓮，陶制的盛酒器。

译文

能熟练使用五种兵器，擅长骑马，这才可以称得上武夫。当今的士大夫，只要不肯读书，就称自己是武夫，实际上不过是酒囊饭袋罢了。

养生第十五

题解

本篇主要论述关于“养生”的看法。作者认为修道成仙之事难期，养生关键是在日常生活中善加调理养护；养生的前提是“全身保性”，要内外兼顾、形神皆养，力避祸患加身；对待生命要“不可不惜，不可苟惜”，不可因贪恋生命而置忠孝仁义于不顾。

原文

神仙之事，未可全诬[①]；但性命[②]在天，或难钟值[③]。人生居世，触途[④]牵絷[⑤]：幼少之日，既有供养之勤[⑥]；成立之年，便增妻孥[⑦]之累。衣食资须[⑧]，公私驱役[⑨]；而望遁迹[⑩]山林，超然尘滓[⑪]，千万不遇一尔。加以金玉之费[⑫]，炉器[⑬]所须，益非贫士所办。学如牛毛，成如麟角[⑭]。华山之下，白骨如莽[⑮]，何有可遂[⑯]之理？考之内教[⑰]，纵使得仙，终当有死，不能出世[⑱]。不愿汝曹专精于此。若其爱养神明[⑲]，调护气息[⑳]，慎节[㉑]起卧，均适寒暄[㉒]，禁忌食饮，将饵[㉓]药物，遂其所禀[㉔]，不为夭折者，吾无间然[㉕]。诸药饵法，不废世务也。庾肩吾[㉖]常服槐实，年七十余，目看细字，须发犹黑。邺中[㉗]朝士，有单服杏仁、枸杞、黄精、术、车前得益者甚多，不能一一说尔。吾尝患齿，摇动欲落，饮食热冷，皆苦疼痛。见《抱朴子》[㉘]牢齿之法，早朝叩齿三百下为良；行之数日，即便平愈[㉙]，今恒持之。此辈小术，无损于事，亦可修也。凡欲饵药，陶隐居[㉚]《太清方》中总录[㉛]甚备[㉜]，但须精审，不可轻脱[㉝]。

近有王爱州在邺学服松脂㉟，不得节度㊱，肠塞而死，为药所误者甚多。

注释

①诬：虚假，虚妄。②性命：指人与万物的天然禀赋。③钟值：遭逢。钟，适逢。值，遇到。④触途：处处，到处。⑤牵絷（zhí）：牵累，牵绊。絷，马缰绳，引申为束缚。⑥勤：劳苦。⑦孥（nú）：子女。⑧资须：维持生计的必需品。⑨驱役：驱使。⑩遁迹：避世隐居，使人不知踪迹。⑪尘滓（zǐ）：比喻俗世的事务。⑫金玉之费：炼丹药时所耗费的金、石，泛指炼丹的费用。⑬炉器：炼丹用的丹炉、器具。⑭麟角：麒麟的角，比喻极为稀少。⑮莽：密生的草。⑯遂：成功。⑰内教：佛教自称为内教，称其他教为外教。⑱出世：超脱尘世，摆脱人世的羁绊。⑲神明：指人的精神、心思。⑳气息：呼吸。㉑慎节：谨慎调节。㉒寒暄：冷暖。㉓将饵：都有进食、服食的意思。㉔遂其所禀：顺利地达到自然赋予的生命年限。遂，顺利地完成。禀，领受，赋予。㉕间然：指批评。㉖庾肩吾：字子慎，南朝梁文学家，庾信的父亲，曾任度支尚书、江州刺史。㉗邺中：指北齐都城邺，故址在今河北临漳。㉘《抱朴子》：晋代葛洪著，分内篇二十卷、外篇五十卷。㉚平愈：痊愈。㉛陶隐居：即陶弘景，字通明，南朝时道教思想家、医学家。㉜总录：汇集收录。㉝备：完备。㉞轻脱：轻率。㉟松脂：松树干所分泌的树脂。㊱节度：犹节制，约束。

译文

得道成仙的事情，不能说全是虚假，只是人的性命长短取决于天，很难恰好遇到成仙的机会。人在世一生，处处都有牵累羁绊：小时候，有供养父母的辛劳；成年以后，又增加了妻子儿女的拖累。既要解决穿衣吃饭的费用，又要受公事私事的驱使。如果希望隐居山林，超脱尘世，千万人中遇不到一个。加上炼丹要耗费金、石，需要炉鼎器具，更加不是贫士所能办到的。学道的人多如牛毛，成功的人稀如麟角。华山之下，白骨多如野草，哪里有可以遂心如愿的道理？再在佛教中考查这个问题，即使能得道成仙，最终还会死去，不能摆脱人世的羁绊，我不愿意你们专心致力在这上面。如果能爱惜保养精神，调理护养气息，谨慎调节作息时间，穿衣冷暖适当，饮食有节制，服用养生药物，顺利地达到自然赋予的生命年限，不致夭折，那我也就无所批评了。研究各种药物的服用方法，不要放弃人世间的事务。庾肩吾经常服用槐树的果实，到了七十多岁，眼睛还能看清小字，胡须头发还是黑色的。邺城的朝廷官员有人专门服用杏仁、枸杞、黄精、术、车前，得益很多，我在此不能一一陈说。我曾经得了牙病，牙齿松动快掉了，饮食过冷过热都要疼痛受苦。后来看了《抱朴子》里使牙齿牢固的方法，以早晨叩齿三百下为最好，我试着做了几天就好了，现在我仍然坚持这样做。这一类治病的小方子，对别的事没有损害，也可以学学。凡是要服用补药，陶隐居的《太清方》中收录得很完备，但是必须精心挑选，不能轻率。最近有个叫王爱州的人，在邺城效仿别人服用松脂，因为没有节制，导致肠子堵塞而死。被药物伤害的人是很多的。

原文

夫养生者先须虑祸[①]，全身保性[②]，有此生然后养之，勿徒[③]养其无生也。单豹养于内而丧外[④]，张毅养于外而丧内[⑤]，前贤所戒也。嵇康[⑥]著养生之论，而以傲物[⑦]受刑；石崇[⑧]冀[⑨]服饵[⑩]之征[⑪]，而以贪溺[⑫]取祸，往世之所迷也。

注释

①虑祸：考虑避免祸患。 ②全身保性：保全身体、性命。③徒：徒然，白白地。 ④“单豹”句：据《庄子·达生》载，单豹“岩居而水饮，不与民共利，行年七十，而犹有婴儿之色。不幸遇饿虎，饿虎杀而食之”。是说单豹注意保养自己的身心，却因忽视了外部的灾祸而丧生。 ⑤“张毅”句：据《庄子·达生》载，张毅“高门县簿，无不走也，行年四十，而有内热之病以死”。是说张毅善于远离外祸，却因不善于养护身体而病死。⑥嵇康：字叔夜，三国时魏人，“竹林七贤”之一，曾官中散大夫。他崇尚老、庄，讲求养生服食之道，但因声称“非汤武而薄周孔”，加上不满司马氏集团，终被司马昭所杀。 ⑦傲物：轻视别人。 ⑧石崇：字季伦，西晋时官至荆州刺史、侍中。他因抢掠客商而致富，生活奢靡，喜好服食药物。终因赵王司马伦心腹孙秀索要其宠妓绿珠不得而致隙，被诬族诛。 ⑨冀：希望。⑩服饵：服食丹药。 ⑪征：证验，效用。 ⑫贪溺：贪婪沉溺。

译文

养生的人首先必须考虑避免可能的祸患，保住身家性命。有了生命，然后才得以保养它；不要白费心思地去保养不存在的所谓长生不老的生命。单豹注意保养自己的身心，结果被饿虎吃掉；张毅重视防备外来侵害，但死于内热之病。这些都是前贤引以为戒的。嵇康写有养生方面的论著，却因为倔傲而被杀；石崇希望服药延年益寿，却因贪图财富沉溺女色而被诛。这些都是前代人糊涂的例子。

原文

夫生不可不惜，不可苟惜[①]。涉险畏之途，干[②]祸难之事，贪欲以伤生，谗慝[③]而致死，此君子之所惜哉；行诚孝[④]而见贼[⑤]，履仁义而得罪，丧身以全家，泯躯[⑥]而济国，君子不咎[⑦]也。自乱离已来，吾见名臣贤士，临难求生，终为不救，徒取窘辱[⑧]，令人愤懑。侯景之乱，王公将相，多被戮辱，妃主姬妾，略[⑨]无全者。唯吴郡太守张嵊[⑩]，建义[⑪]不捷，为贼所害，辞色不挠[⑫]；及鄱阳王世子[⑬]谢夫人[⑭]，登屋诟怒[⑮]，见射而毙。夫人，谢遵女也。何贤智操行若此之难？婢妾引决[⑯]若此之易？悲夫！

注释

①苟惜：以不正当的手段爱惜。 ②干：触犯。 ③谗慝（tè）：邪恶奸佞。谗，说陷害某人的坏话。慝，奸邪，邪恶。④诚孝：即忠孝。 ⑤见贼：被杀害。 ⑥泯躯：捐躯。⑦咎：追究罪过，责难。 ⑧窘辱：困窘耻辱。 ⑨略：大致。⑩张嵊（shèng）：字四山，南朝梁武帝时官吴兴太守。曾举兵讨伐侯景，兵败被杀。 ⑪建义：指带领军队讨伐叛军。 ⑫辞色不挠（náo）：言辞和神色不屈服。挠，屈服。 ⑬鄱阳王世子：指鄱阳王萧恢的嫡长子萧嗣。他在侯景叛乱时誓死不降，死于阵前。 ⑭谢夫人：即萧嗣之妻。 ⑮诟怒：怒骂。诟，辱骂。⑯引决：自杀。

译文

生命不能不珍惜，但不可苟且偷生。走上邪恶危险的道路，卷入招致祸难的事情，贪图欲望的满足而伤害生命，干些邪恶奸佞的事而导致死亡，这些都是君子所痛惜的。干忠孝的事而被害，做仁义的事而获罪，舍身以保全家庭，捐躯以有利于国家，君子对这些是不会责难的。自从发生战乱以来，我看见一些名臣贤士，面临危难苟且求生，终于求生不得，还白白地遭受窘迫和污辱，真叫人愤懑。侯景叛乱时，王公将相大多被杀，嫔妃、公主、姬妾也少有保全的。只有吴郡太守张嵊，组织义军反抗侯景，虽未获胜被叛军所杀，但言辞神色至死都不屈服。还有鄱阳王的世子萧嗣的夫人谢氏，登上屋顶，怒骂叛贼，直至被叛军射死。这位夫人是谢遵的女儿。为什么那些贤能智慧的人保持操守是那样困难，而婢妾之辈从容赴死反而如此容易呢？真让人觉得可悲啊！

归心第十六

题解

本篇主要谈对佛教的认识，告诫子弟要诚心归附佛教。作者认为佛教博大精深，远非儒教可比；佛、儒两教，本为一体，人们不应“归周、孔而背释宗”。作者重点列举了时人反对佛教的五种观点，逐一进行驳斥。最后列举七件事例，以印证佛教的“因果报应”、“生死轮回”等说法。

原文

三世[1]之事，信而有征[2]，家世[3]归心，勿轻慢也。其间妙旨，具诸经论[4]，不复于此，少能赞述[5]；但惧汝曹犹未牢固，略重[6]劝诱尔。

注释

①三世：佛教以过去、未来、现在为三世，亦称“三际”，即过去（前世、前生、前际）、现在（现世、现生、中际）、未来（来世、来生、后际）的总称。 ②征：证明，证验。 ③家世：世代相传的门第或家族的世系。此处指本家族。 ④经论：佛教经典分经、律、论三部分，总称《三藏》。经为佛所自说，论是经义的解释，律记戒规。 ⑤赞述：颂扬、阐述。 ⑥重(chóng)：重复。

译文

过去、现在、未来三世的事情，是真实而有依据的，我们家世代归依佛教，对此不要轻忽怠慢了。佛教中精微幽深的旨意，都记载在佛教的经、论之中，我不用再在这里赞美称述了。只是怕你们对佛教的信念还不牢固，所以再对你们稍加劝勉和诱导。

原文

原夫四尘五荫①，剖析形有②；六舟三驾③，运载群生：万行归空，千门④入善，辩才智惠⑤，岂徒《七经》⑥、百氏之博哉？明非尧、舜、周、孔所及也。内外两教⑦，本为一体，渐极为异⑧，深浅不同。内典初门，设五种禁⑨；外典仁义礼智信，皆与之符。仁者，不杀之禁也；义者，不盗之禁也；礼者，不邪之禁也；智者，不酒之禁也；信者，不妄之禁也。至如畋狩⑩军旅，燕享⑪刑罚，因民之性，不可卒除，就为之节，使不淫滥尔。归周、孔而背释宗⑫，何其迷也！

注释

①四尘五荫：佛教语。四尘为色、香、味、触。五荫即“五阴”、“五蕴”，指色（形相）、受（情欲）、想（意念）、行（行为）、识（心灵）。 ②形有：有形的事物。 ③六舟三驾：佛教语。六舟，即“六度”，又为“六到彼岸”，指人由生死之此岸渡到寂灭之彼岸的六种法门：布施、持戒、忍辱、精进、静虑（禅定）、智慧（般若）。三驾，又名“三乘”、“三车”，即引导众生达到解脱的三种方法、途径或教义。佛教以羊车喻声闻乘（小乘），鹿车喻缘觉乘（中乘），牛车喻菩萨乘（大乘）。 ④千门：谓种种修行的法门。 ⑤惠：同“慧”。 ⑥《七经》：指《诗》、《书》、《礼》、《乐》、《易》、《春秋》及《论语》。 ⑦内

外两教：即佛、儒两教。内教指佛教，外教指儒学。下文内典指佛经，外典指儒书。⑧渐极为异：是说中土之民与天竺之民因所处地域不同，其悟道的过程、方式也有所不同。渐指佛理，极指儒学。 ⑨五种禁：即“五戒”。佛教规定的五项戒条，即不杀生、不偷盗、不邪淫、不妄语、不饮酒。 ⑩畋（tián）狩：狩猎。畋，打猎。 ⑪燕享：饮宴。 ⑫释宗：即佛教。因佛教创始者为释迦牟尼，故以“释”指佛教。

译文

推究佛经所说的四尘（色、香、味、触）和五蕴（色、受、想、行、识），是剖析有形之物的；六舟（布施、持戒、忍辱、精进、静虑、智慧）和三乘（声闻、缘觉、菩萨），是来普度一切生灵的。所有的行为，终归要返回虚幻；种种修行法门，都得进入善道。佛教的辩才和智慧，岂止与儒家的《七经》和诸子百家的广博相提并论？佛教的境界，显然不是唐尧、虞舜、周公、孔子之道可以比得上的。佛教作为内教，儒学作为外教，本来同为一体，后来逐渐发展形成差别，道理便深浅不同了。佛经初入门，设有五种禁戒，儒书上的仁义礼智信，都与这五种禁戒相符。仁，是不杀生的禁戒；义，是不偷盗的禁戒；礼，是不淫乱的禁戒，智是不酗酒的禁戒，信是不虚妄的禁戒。至于像打猎、征战、宴饮、刑罚，应根据人们的习性，不可一下子去掉，只能够让它们存在而加以节制，不使过分发展罢了。人们归附周公、孔子之道却背离佛教宗旨，是多么糊涂啊！

原文

俗之谤者，大抵有五：其一，以世界外事及神化无方为迂诞[①]也；其二，以吉凶祸福或未报应为欺诳也；其三，以僧尼

行业多不精纯为奸慝[②]也；其四，以糜费金宝减耗课役[③]为损国也；其五，以纵有因缘[④]如报善恶，安能辛苦今日之甲，利益后世之乙乎？为异人也。今并释之于下云。

注释

①迂诞：迂阔荒诞，不合事理。 ②奸慝（tè）：指奸恶的人。 ③课役：赋税和徭役。 ④因缘：佛教产生结果的直接原因和辅助促成其结果的条件。

译文

世俗诽谤佛教的说法，大概有以下五种：其一，认为佛教所讲的有关现实世界之外的世界和那些神奇诡异、无法测定的事情是迂阔荒诞的；其二，认为人的吉凶祸福或者未来的报应是骗人的谎言；其三，认为和尚、尼姑这些人中很多并不专心佛理，寺院成了藏奸纳垢之所；其四，认为佛教耗费钱物削减赋税、徭税，对国家利益是有损害的；其五，认为即便真有因果报应之事，也是善有善报、恶有恶报，又怎么能够让今天的某甲含辛茹苦而让后世的某乙得到利益啊？这是两个完全不同的人呢。现在，我对这五种指责解释如下。

原文

释一曰：夫遥大之物，宁可度量？今人所知，莫若天地。天为积气，地为积块，日为阳精，月为阴精，星为万物之精，儒家所安也。星有坠落，乃为石矣；精若是石，不得有光，性又质重，何所系属？一星之径，大者百里，一宿[①]首尾，相去数万；百里之物，数万相连，阔狭从斜，常不盈缩。又星与日月，形色同尔，但以大小为其等差；然而日月又当石也？石既牢密，乌兔焉容[②]？石在气中，岂能独运？日月星辰，若皆是气，气体轻浮，当与天合，往来环转，不得错违，其间迟疾，理宜一等；何故日月五星二十八宿[③]，各有度数，移动不均[④]？宁当气坠，忽变为石？地既滓浊，法[⑤]应沉厚，凿土得泉，乃浮水上；积水之下，复有何物？江河百谷，从何处生？东流到海，何为不溢？归塘尾闾[⑥]，渫[⑦]何所到？沃焦[⑧]之石，何气所然[⑨]？潮汐去还，谁所节度？天汉[⑩]悬指，那不散落？水性就下，何故上腾？天地初开，便有星宿；九州[⑪]未划，列国未分，翦疆区野[⑫]，若为躔次[⑬]？封建已来，谁所制割？国有增减，星无进退，灾祥祸福，就中不差；乾象[⑭]之大，列星[⑮]之伙，何为分野，止系中国[⑯]？昴[⑰]为旄头，匈奴之次；西胡、东越、雕题、交阯[⑱]，独弃之乎？以此而求，迄无了者，岂得以人世寻常，抑必[⑲]宇宙外也？

注释

①宿（xiù）：星座。 ②乌兔：神话传说日中有三足乌，月中有兔，故合称日月为乌兔。 ③五星二十八宿：五星指金、木、水、火、土五大行星。二十八宿，我国古代天文学家把周天黄道（太阳和月亮所经天区）的恒星分成二十八个星座。东方为角、亢、氐、房、心、尾、箕，北方为斗、牛、女、虚、危、室、壁，西方为奎、娄、胃、昴、毕、觜、参，南方为井、鬼、柳、星、张、翼、轸。 ④均：均匀。 ⑤法：标准，规范。⑥归塘尾闾：归塘，即归墟，传说为海中无底之谷。尾闾，传说中海水所泄之处。 ⑦渫（xiè）：同“泄”。 ⑧沃焦：亦作“沃燋”，传说中东海南部的大石山。 ⑨然：同“燃”。 ⑩天汉：即银河。 ⑪九州：传说中的我国中原上古行政区划。《尚书·禹贡》将冀、兖、青、徐、扬、荆、豫、梁、雍作为九州。⑫翦疆区野：翦疆，划断疆界。区野，分化疆界。 ⑬躔

(chán) 次：日月星辰运行的次位、轨迹。⑭乾象：天象。⑮列星：天空定时出现的恒星。⑯中国：古时通常泛指中原地区，与“中华”“中夏”“中土”“中州”含义相同。⑰昴(mǎo)：星名，二十八宿之一。⑱雕题、交阯：指我国古代南方的少数民族。⑲抑必：必须，一定。

译文

我对第一种责难的解释是：那些遥远而庞大的物体，怎么能够测量呢？今天的人所知道的，不过是天地而已。天是各种云气堆积而成，地是各种实物积累而成，太阳是阳刚之气的精华，月亮是阴柔之气的精华，而星辰是宇宙万物的精华，这也是儒家信服的说法。星星有时会坠落下来，掉在地上就成了石头；精华如果是石头的话，就不应该有光亮；而且石头的特质又很沉重，靠什么把它们悬挂在天上呢？一颗星星的直径，大的有一百里，而一个星座从头到尾，相距约有数万里；直径一百里的物体，在空中数万里相连，它们宽窄纵横，保持一定没有盈缩变化。再者，星辰与太阳、月亮比较，其形状、色泽都相同，只是大小有别罢了。可是，太阳、月亮也该是石头吗？石头是很坚固的东西，那金乌和玉兔又是如何存身的呢？而且，石头在大气中又怎么能自行运转呢？如果太阳、月亮、星星都是气体，而气体很轻浮，它们就应当与天空合为一体，来回运转，应该不会相互错位，运行速度的快慢，按理来说应该是一样的；可为什么太阳、月亮、五星、二十八宿的运行却各有各的度数，而且速度并不一致呢？难道作为气体的星星，坠落时忽然变成石头了吗？大地既然是多种物质积聚而成，按理应当是沉重结实的，但如果向地下挖掘，就可挖出泉水，这说明大地是浮在水面上的；那么积水的下面又是什么东西呢？长江大河和泉水流经千山万谷，可它们又是从哪里来的呢？它们东流入海，可海水为什么不满溢呢？归塘、尾闾这些海水归泄之处，又将水排泄到何处了呢？如果说海水是被东海沃焦山的石头烧干的，哪石头又是由什么气体燃烧的呢？而潮汐的涨落又有谁来节制调度呢？银河悬在天空，为什么不散落下来呢？水的特性是往低处流的，又为什么升到天空呢？天地初开的时候，就有日月星宿了；那时九州尚未划分，列国也未划分，更未划分疆域，那么，天上的星宿又是如何运行的呢？分邦建国以来，又是谁在进行分封割据？地上的国家有增减，天上的星辰却没什么改变，人世间的吉祥祸福照样不断出现。天地之大，星宿之多，为什么以天上星宿的位置来划分地上的州郡区域，只限于中原一地呢？被称为旄头的昴星是代表胡人的，它的位置对应匈奴人的疆域；那西胡、东越、雕题、交阯这些地区，唯独被上天所抛弃了吗？对上述问题进行探求，至今无人能弄明白。难道因为用寻常的人事道理解释不了，一定要到宇宙之外另外寻找答案吗？

原文

凡人之信，唯耳与目，耳目之外，咸致疑焉。儒家说天，自有数义：或浑或盖，乍宣乍安[①]。斗极[②]所周，管维[③]所属，若所亲见，不容不同；若所测量，宁足依据？何故信凡人之臆说[④]，迷大圣[⑤]之妙旨，而欲必无恒沙世界[⑥]、微尘数劫[⑦]也？而邹衍[⑧]亦有九州之谈。山中人不信有鱼大如木，海上人不信有木大如鱼；汉武不信弦胶[⑨]，魏文不信火布[⑩]；胡人见锦，不信有虫食树叶吐丝所成；昔在江南，不信有千人毡帐；及来河北，不信有二万斛[⑪]船：皆实验也。

注释

①浑、盖、宣、安：即浑天说、盖天说、宣夜说、安天论，是古代关于天体的四种说法。浑天说认为天地的形状浑圆如鸟

卵，天包地如壳包着卵黄。盖天说起初认为天圆像张开的伞，地方像棋盘；后来改为天像一个斗笠，地像覆着的盘子。宣夜说认为天无一定形状，其高远无止境，日月星辰飘浮空中，动和静都依靠气。晋成帝咸康年间，会稽人虞喜又依据宣夜说作《安天论》。②斗极：斗指北斗星，极指北极星。③管维：亦作“斡维”，即斗枢（北斗七星的第一星，又称天枢），古人认为它是天运转的枢纽。④臆（yì）说：只凭个人想象的说法。⑤大圣：佛教称佛和菩萨为“大圣”。⑥恒沙世界：宇宙数量多到无法计算。恒沙，即“恒河沙数”。⑦微尘数劫：微尘，指极微小的物质。劫，佛教以天地的形成到毁灭为“一劫”。⑧邹衍：即驺衍（约前305—前240），战国末哲学家，阴阳家的代表人物，齐国人。他曾提出“大小九州说”，“以为儒者所谓中国者，于天下乃八十一分居其一分耳。中国名曰赤县神州。赤县神州内自有九州，禹之序九州是也，不得为州数。中国外如赤县神州者九，乃所谓‘九州’也。于是有裨海环之，人民禽兽莫能相通者，如一区中者，乃为一州。如此者九，乃有大瀛海环其外，天地之际焉”。⑨弦胶：传说古代仙家用凤喙及麟角熬成的一种胶，名为“续弦胶”或“连金泥”，专门用来黏合弓弩断弦和折断的刀剑。⑩火布：即石棉布。传说此布须用火烧来清除污垢，而布毫无损伤。⑪二万斛（hú）船：指可装二万斛物品的大船。

译文

一般人只相信自己耳闻目睹的事物，除此之外的都会怀疑。儒家对天的解释有好几种说法：有人说天包着地，如同蛋壳包着蛋黄；有人说天盖着地，就像斗笠盖着盘子；有人说日月众星自然漂浮于空中，有人说天际与海水相接，地就在海水之上；此外，认为北斗七星环绕北极星运行，是靠那斗枢作为转动轴。这些说法，如果是人们亲眼所见，就不会如此不同；如果是凭推测度量，那怎能以此为据呢？我们为什么相信一般人的臆测之说而怀疑佛门学说的精深含义，认为一定没有多至恒河沙的无限世界和微尘般的无穷劫数呢？何况战国时邹衍就有九州的说法。山里的人不相信世上有像树木那般大的鱼，海岛上的人也不相信世上有像鱼那般大的树木；汉武帝不相信世上有续弦胶（可以粘上断了的弓弦和刀剑），魏文帝不相信世上有一种叫火烷布（可以放在火上烧以此去掉污垢）；胡人看见锦缎，不相信是一种叫蚕的小虫吃了桑叶后吐丝织成的。从前我在江南，不相信世上有能够容纳一千人的毡帐；等到了河北，发现这里有人不相信世上有能装载两万斛货物的大船：这都是只凭实际经验的缘故。

原文

世有祝①师及诸幻术②，犹能履火蹈刃，种瓜③移井，倏忽之间，十变五化。人力所为，尚能如此，何况神通感应，不可思量，千里宝幢④，百由旬⑤座，化成净土⑥，踊⑦出妙塔⑧乎？

注释

①祝：男巫。 ②幻术：魔术。 ③种瓜：指将瓜的种子种下去即可得瓜。 ④宝幢（chuáng）：又称法幢。佛寺中悬挂的幢旗，常以诸宝严饰。 ⑤由旬：古印度计长度的单位。一由旬的长度，我国古有八十里、六十里、四十里等说法。 ⑥净土：指清净国土、庄严刹土，佛教中谓没有五浊（劫浊、见浊、烦恼浊、众生浊、命浊）染垢的极乐清净庄严世界。 ⑦踊：同“涌”，涌出、冒出。 ⑧妙塔：佛教的七宝塔。《妙法莲华经·见宝塔品》第十云：“尔时，佛前有七宝塔，高五百由旬，纵广二百五十由旬，从地涌出，住在空中，种种宝物而庄校之。”踊

出妙塔事出于此。

译文

世间有巫师及懂得法术的人，能够踏火、踩刀、种瓜、移井等，转眼之间，千变万化。人的力量尚且做到如此神奇；何况神明对人事的反应，更是无法想象，那种变幻更是不可思议：那些高达千里的宝幢，广达百由旬的莲花宝座，变化成佛教的清静世界，能从地上冒出高达两万里的七宝塔呢！

原文

释二曰：夫信谤之征，有如影响①；耳闻目见，其事已多。或乃精诚不深，业缘②未感，时傥差阑③，终当获报耳。善恶之行，祸福所归。九流百氏④，皆同此论，岂独释典为虚妄乎？项橐、颜回之短折⑤，伯夷、原宪之冻馁⑥，盗跖、庄跻之福寿⑦，齐景、桓魋之富强⑧，若引之先业⑨，冀以后生，更为通耳。如以行善而偶钟⑩祸报，为恶而傥值福征，便生怨尤，即为欺诡；则亦尧、舜之云虚，周、孔之不实也，又欲安所依信⑪而立身乎？

注释

①影响：影子与回声。 ②业缘：佛教指善业成善果、恶业生恶果的因缘，谓一切众生的境遇、生死都由前世业缘所决定。③差阑：略迟，较晚，这里指善恶报应因差误或阻隔而迟到。④九流百氏：九流，即儒、道、阴阳、法、名、墨、纵横、杂、农等战国时九家学术流派，后又作为各种学术流派的泛称。百氏，指诸子百家。 ⑤“项橐（tuó）”句：项橐，春秋人，据传其七岁而为孔子师，十岁夭折。颜回，孔子弟子，二十九而发白，三十一早死。 ⑥“伯夷”句：伯夷，商末孤竹君之长子。

初，孤竹君欲以次子叔齐为继承人，及父卒，叔齐让位于伯夷。伯夷以为逆父命，遂逃之，而叔齐亦不肯立，亦逃之。周武王灭商，他与弟弟叔齐不食周粟，逃到首阳山，采薇而食，饿死在山里。原宪，字子思，又叫原思，孔子弟子，春秋鲁人，一说宋人。传说其茅屋瓦牖、褐衣蔬食而不减其乐。 ⑦盗跖（zhí）：相传为春秋末期人，柳下惠之弟。《史记·伯夷列传》：“盗跖日杀不辜，肝人之肉，暴戾恣睢，聚党数千人，横行天下，竟以寿终。”庄跻，战国人，楚庄王之后，楚威王时为将，后拥兵在滇池一带自立为王。 ⑧“齐景”句：齐景，即齐景公，前547—前490年在位。《论语》载其“有马千驷”。桓魋（tuí），即向魋，春秋时宋国贵族，任大司马，《论语》载其“为石椁，三年不成”。两人皆极奢侈。 ⑨先业：佛教语，即宿业，指前生功德与来世报应。佛教认为生死轮回是由业决定的，业包括行动、语言、思想意识三个方面，即身业、口业（或语业）、意业。⑩钟：适逢。 ⑪依信：依据信念。

译文

我对第二种指责的解释是：我相信被人们诽谤的因果报应之说的种种证据，就像身体与影子、声音与回响一样。我耳闻目见的这类事情已经很多了。有时可能由于诚心不足，业与果还未发生感应，报应的时间可能会略迟，但最终还是要得到应验的。善恶的行为，正是祸福的归宿。九流和诸子百家，都有这种说法，难道只是佛教典籍这样说就荒诞无稽吗？项橐、颜回的短命去世，原宪、伯夷的挨冻受饿，盗跖、庄跻的获得长寿，齐景公、桓魋的富有强大，如果推究他们前世的功德和来世的报应，就可以讲通了。如果因为行善而偶然遇到灾祸，作恶而意外得福，便产生埋怨，认为因果报应是骗人，尧、舜的事迹是虚假的，周、孔的话不能相信，如果这样又靠什么信念来安身处世呢？

原文

释三曰：开辟[①]已来，不善人多而善人少，何由悉责其精洁[②]乎？见有名僧高行，弃之不说；若睹凡僧流俗，便生非毁。且学者之不勤，岂教者之为过？俗僧之学经律[③]，何异世人之学《诗》、《礼》？以《诗》、《礼》之教，格[④]朝廷之人，略[⑤]无全行者；以经律之禁，格出家之辈，而独责无犯哉？且阙行[⑥]之臣，犹求禄位；毁禁之侣，何惭供养[⑦]乎？其于戒行，自当有犯。一披法服[⑧]，已堕僧数，岁中所计，斋讲诵持[⑨]，比诸白衣[⑩]，犹不啻山海也。

注释

①开辟：中国古代神话说盘古开天辟地，此处指有人类以来。②精洁：精白纯洁，指品德高尚。③经律：记述佛的言论的典籍为经，记述佛教戒律的书为律。④格：衡量。⑤略：大致。⑥阙行：道德修养上有过失。⑦供养：佛教徒不事生产，靠人提供食物。⑧法服：即佛教徒所穿的袈裟。⑨斋讲诵持：斋，吃斋。讲，讲解佛经。诵，背诵佛经。持，高诵佛号。⑩白衣：佛教徒穿缁衣，故称世俗之人为白衣。

译文

我对于第三种指责的解释是：开天辟地有了人类以来，不善良的人多而善良的人少，怎么能够要求每一位僧人都是清白高尚的呢？看见了那些名僧们的高尚德行，舍弃不予称扬；而看到那些平庸僧人的伤风败俗，就指责诋毁。况且，接受教育的人不勤勉，难道是教育者的过错吗？那些平庸的僧人学习佛经、戒律，与世人学习《诗》、《礼》有什么两样呢？如果用《诗》、《礼》中的教义，来衡量朝廷中的官员，大概没有几个符合标准的；用佛经、戒律中的禁条，来衡量出家人，怎么唯独要求他们不违反戒律呢？而且，道德缺失的臣子们，还依然在追求高官厚禄；那些违犯禁条的僧侣们，坐享供养又为何感到惭愧呢？他们对于佛教的戒行，自然偶尔有违犯的时候。出家人一旦披上法衣，就算进入了僧侣的行业，一年到头所干的事，无非是吃斋念佛、讲经修行，与世俗之人的道德修养相比，其差距又不止是山高海深那样巨大了。

原文

释四曰：内教多途，出家自是其一法耳。若能诚孝在心，仁惠为本，须达、流水[①]不必剃落须发；岂令罄[②]井田而起塔庙，穷编户[③]以为僧尼也？皆由为政不能节之，遂使非法之寺，妨民稼穑，无业之僧，空国赋算，非大觉[④]之本旨也。抑又论之：求道者，身计也；惜费者，国谋也。身计国谋，不可两遂。诚臣徇[⑤]主而弃亲，孝子安家而忘国，各有行也。儒有不屈王侯高尚其事，隐[⑥]有让王辞相避世山林，安可计其赋役，以为罪人？若能偕化[⑦]黔首[⑧]，悉入道场[⑨]，如妙乐[⑩]之世，禳佉[⑪]之国，则有自然稻米，无尽宝藏，安求田蚕[⑫]之利乎？

注释

①须达、流水：佛教的两位长者。须达，舍卫国给孤独长者之本名，是邸园精舍的施主。流水，是一位乐善好施的佛教徒，据《金光明经》记载，流水长者曾用大象载河水，救活涸池中的上万条大鱼。 ②罄（qìng）：用尽。 ③编户：编入户籍、登记在册的普通人家。 ④大觉：此指佛教。 ⑤徇：同“殉”，献身。 ⑥隐：指隐士。 ⑦化：感化。 ⑧黔首：老百姓。 ⑨道场：佛寺。 ⑩妙乐：古代西印度国名。 ⑪禳佉

(rángqū)：印度古代神话中国王名，即转轮王，亦称转轮圣王。⑫田蚕：指植桑养蚕等事务，泛指农桑。

译文

我对于第四种指责的解释是：佛教修持的方法有很多，出家为僧只是其中的一种。如果一个人能有忠、孝之心，以仁、惠为立身之本，像须达、流水两位长者那样，用不着剃掉头发胡须；哪里要用所有的田地去盖宝塔、寺庙，让所有的在册的百姓都去当和尚、尼姑呢？是因为执政者不能够节制佛事，才使不守法纪的寺庙妨碍了百姓的生产，没有正业的僧人空享国家的赋税，这就不符合佛教救世的宗旨了。再进一步说，信奉佛教，这是个人的意愿；珍惜费用，这是国家的谋划，个人的意愿与国家的谋划，不可能两全其美。就像忠臣以身殉君主而放弃奉养双亲的责任，作为孝子使家庭安宁不惜忘掉为国家服务的义务，因为两者各有各的行为准则啊。儒家中有不为王公贵族所屈服、以高尚标准行事的人，隐士中有辞让王侯、丞相的位置到山林中远避尘嚣的人，又怎么能去算计这些人应承担的赋税徭役，把他们当成罪人呢？如果能够感化所有的老百姓，使他们都皈依佛教，那人世间就会像佛经中所描绘的妙乐之世、禳佉之国一样，会有自然生长的稻米，数不尽的宝藏，何必再去追求种田、养蚕的收获呢？

原文

释五曰：形体虽死，精神犹存。人生在世，望于后身[①]似不相属；及其殁后，则与前身似犹老少朝夕耳。世有魂神，示现梦想，或降僮妾，或感妻孥[②]，求索饮食，征须[③]福祐，亦为不少矣。今人贫贱疾苦，莫不怨尤前世不修功业，以此而论，安可不为之作地乎[④]？夫有子孙，自是天地间一苍生耳，何预身事？而乃爱护，遗其基址，况于己之神爽[5]，顿欲弃之哉？凡夫蒙蔽，不见未来，故言彼生与今非一体耳；若有天眼[6]，鉴其念念[7]随灭，生生[8]不断，岂可不怖畏邪？又君子处世，贵能克己复礼[9]，济时益物。治家者欲一家之庆，治国者欲一国之良，仆妾臣民，与身竟何亲也，而为勤苦修德乎？亦是尧、舜、周、孔虚失愉乐耳。一人修道，济度[10]几许苍生？免脱几身罪累？幸熟思之！汝曹若观俗计，树立门户，不弃妻子，未能出家；但当兼修戒行，留心诵读，以为来世[11]津梁[12]。人生难得，勿虚过也。

注释

①后身：佛教认为人死要转生，故有前身、后身之说。②妻孥（nú）：妻子和儿女。③征须：求取。④为之作地：为他（后身）留余地。⑤神爽：神魂、心神，此指灵魂。⑥天眼：佛教所说的五眼（肉眼、天眼、慧眼、法眼、佛眼）之一，即天趣之眼，能透视六道、远近、上下、前后、内外及未来等。⑦念念：梵语刹那，译为念，指极短的时间。⑧生生：佛教指轮回不断。⑨克己复礼：儒家指约束自己，使每件事都归于“礼”。语出《论语·颜渊》：“子曰：克己复礼为仁，一日克己复礼，天下归仁焉。”⑩济度：以佛法救济众生脱离苦海。⑪来世：佛教认为人死后会重行投生，因称转生之世为“来世”。⑫津梁：桥梁。此处比喻济度众生。

译文

我对于第五种指责的解释是：人的形体虽然死了，精神仍然存在。人活在世上时，看待死后的事情似乎与自己没有什么关系，等到他死了以后，才发现自己与前身的关系就好像老人与小孩、早晨与傍晚的关系。世界上有死者的魂灵向亲人托梦的事，有的托梦给他的僮仆侍妾，有的托梦给他的妻子儿女，向他们索要饮食，求取福佑，这类事是不少的。现在的人如果贫贱痛苦，没有不怨恨前世不修功立德的，就这一点来说，怎么可以不早修功德，为来世魂灵开辟安宁之地呢？至于他们的子孙，各自都是天地间的黎民百姓，和他本人有什么关系？而这个人尚且要尽心爱护，把自己的房产基业留传给他们，何况对于自己本人的魂灵就能立即抛弃吗？平庸的人愚昧无知，看不到未来，所以说来世与今世不是一个整体。如果有一双天眼，能照见自己的生命在一瞬间由诞生到消亡，又由消亡到诞生，这样生死轮回，连绵不断，难道不感到惧怕吗？再说君子处世，贵在能够约束自己，使言行合乎先王之礼，匡时救世，帮助他人，对世事有益。管理家庭就希望家庭安乐，治理国家就希望国家昌盛，仆人、侍妾、臣属、民众和自己有什么亲密关系，却要为他们勤苦地去修养德行呢？这也像尧、舜、周公、孔子那样，是为了别人的幸福而牺牲个人的欢乐啊。一个人修身求道，可以救济多少苍生？能使多少人解脱罪累呢？希望你们仔细想想这个问题。你们如果顾及世俗的生计，成家立业，不抛弃妻子儿女，不能出家为僧，也应当按佛教修养品性，恪守戒律，专心研读佛经，作为到达来世的桥梁。人生是宝贵的，可不要白白虚度啊。

原文

儒家君子，尚离庖厨，见其生不忍其死，闻其声不食其肉。高柴[①]、折像[②]，未知内教，皆能不杀，此乃仁者自然用心。含生[③]之徒，莫不爱命；去杀之事，必勉行之。好杀之人，临死报验，子孙殃祸。其数甚多，不能悉录耳，且示数条于末。

注释

①高柴（前521—?）：春秋齐国人，孔子学生，性仁善，《孔子家语·弟子行》说他不杀从冬眠中醒来的昆虫，不折刚刚开始生长的树木。 ②折像：后汉广汉雒（今四川广汉北）人。《后汉书·方术传》说他幼有仁心，不杀昆虫，不折萌芽。③含生：一切有生命者，多指人类。

译文

儒家的君子，都远离厨房，因为他们看见那些禽兽活着时的样子，就不忍心它们被杀掉；听见禽兽的惨叫声，就吃不下它们的肉。春秋时的高柴和后汉人折像不懂佛教的教义，却都不愿杀生，这就是善良人天生的仁慈心。凡是有生命的东西，没有不爱惜自己生命的；不杀生的事，你们一定要努力做到。好杀生的人临死时会受到报应，子孙也跟着遭殃。这类事很多，不能全部记下来，在本章之末现姑且抄录几条例子。

原文

梁世有人，常以鸡卵白[①]和[②]沐[③]，云使发光，每沐辄[④]二三十枚。临死，发中但闻啾啾数千鸡雏声。

注释

①卵白：即鸡蛋白。 ②和：调和。 ③沐：洗发。④辄：总是。

译文

梁朝有一个人，常常拿鸡蛋清合在水里洗头发，说这样可使头发富有光泽，每洗一次就要用去二三十枚鸡蛋。到他临死的时候，只听见头发中传出几千只雏鸡的啾啾叫声。

原文

江陵刘氏，以卖鳝羹为业[1]。后生一儿头是鳝，自颈以下，方为人耳。

注释

①鳝：通称黄鳝、鳝鱼。

译文

江陵的刘氏，以卖鳝鱼羹为生。后来他生了一个小孩，长了个鳝鱼头，从颈部以下，才是人形。

原文

王克[1]为永嘉郡守，有人饷[2]羊，集宾欲宴。而羊绳解，来投一客，先跪两拜，便入衣中。此客竟不言之，固无救请。须臾，宰羊为羹，先行至客。一脔[3]入口，便下皮内，周行遍体，痛楚号叫，方复说之。遂作羊鸣而死。

注释

①王克：南朝陈人。梁简文帝时，为尚书右仆射。后仕侯景，为宰相侍中。入陈，仍为尚书右仆射。　②饷：供给或提供吃喝的东西。　③脔（luán）：切成小块的肉。

译文

王克做永嘉郡守，有人送给他一只羊，他邀集宾客准备饮宴。羊绳解开，羊来到一位客人跟前，先跪下拜了两下，便钻进客人的衣服内。这个客人竟不说话，没有代为求饶。过了一会，杀了羊作成肉羹，先将肉羹传到这位客人面前。一块肉刚入口就泻入皮内，周流全身。客人疼痛号叫不已，才说出刚才羊向他求救的事。最终他发出羊叫声而死去。

原文

梁孝元在江州时，有人为望蔡县令，经刘敬躬乱[①]，县廨[②]被焚，寄寺而住。民将牛酒作礼，县令以牛系刹柱[③]，屏除[④]形象[⑤]，铺设床坐，于堂上接宾。未杀之顷，牛解，径来至阶而拜，县令大笑，命左右宰之。饮啖[⑥]醉饱，便卧檐下。稍醒而觉体痒，爬搔[⑦]隐疹[⑧]，因而成癞，十许年死。

注释

①刘敬躬乱：据《梁书·武帝纪下》载：大同八年（542）春正月，安城郡（治所在今江西安福东南）民刘敬躬发动叛乱，后被江州刺史湘东王萧绎率兵平定。 ②廨（xiè）：官署，旧时官吏办公处的通称。 ③刹（chà）柱：指寺院前悬挂旗幡的柱子。刹，梵语"刹多罗"的简称，寺庙佛塔。 ④屏除：拆掉、除去。 ⑤形象：佛像。 ⑥啖（dàn）：同"啖"，吃。 ⑦爬搔：抓痒。 ⑦隐疹（zhěn）：因抓挠过度而使皮肤受伤成疹。疹，皮肤上起的小颗粒，多由皮肤表层发炎浸润而起。

译文

梁孝元帝在江州的时候，有个人在望蔡县当县令，当时刚遇到刘敬躬的叛乱，县署被烧毁，就到一所寺庙里寄住。百姓把一头牛和酒作礼物送给他。县令叫人把牛拴在刹柱上，拆掉佛像，准备坐席，在佛堂上接待宾客。还没开始杀牛的时候，那牛挣脱绳子，径直跑到台阶前向县令跪拜求情，县令大笑，让左右的人把牛拉下去宰了。那县令饱餐牛肉美酒后，便睡在廊檐下。刚醒就觉得身上发痒，用指甲轻抓，初起为小疙瘩，后发展成恶疮，十来年后便死了。

原文

杨思达为西阳[1]郡守，值侯景[2]乱，时复旱俭[3]，饥民盗田中麦。思达遣一部曲[4]守视，所得盗者，辄截手腕，凡戮十余人。部曲后生一男，自然无手。

注释

①西阳：郡名，辖境相当于今湖北倒水以东、长江以北和蕲水以西地区，治所在今湖北黄冈东。 ②侯景（503—552）：字万景，北魏怀朔镇（今内蒙古固阳南）鲜卑化羯人。548 年叛乱起兵进攻南梁，551 年篡位自立为皇帝。 ③旱俭：即旱灾。俭，歉收，年成不好。 ④部曲：东汉时为军队的编制单位，魏晋南北朝时多称私人武装为部曲。

译文

杨思达任西阳郡太守的时候，正赶上侯景之乱，又逢旱灾，挨饿的百姓们便到田里来偷麦子。杨思达就派了一位部下去看守，凡抓到偷麦子的，就砍掉手腕，共砍了十几个人。后来那部下生了一个男孩，天生就没有手腕。

原文

齐有一奉朝请[1]，家甚豪侈，非手杀牛，啖[2]之不美。年三十许，病笃，大见牛来，举体如被刀刺，叫呼而终。

注释

①奉朝请：古代诸侯春季朝见天子叫朝，秋季朝见叫请，因称定期参加朝会为奉朝请。后以奉朝请的名义，来安置闲散官员。 ②啖：吃。

译文

北齐有一位担任奉朝请的人，家中非常豪华奢侈。不是亲手宰杀的牛，吃起来就觉得味道不美。这位奉朝请到三十几岁时，病势沉重，常看见许多牛朝他奔来，周身如刀刺般疼痛，最后叫呼着死去。

原文

江陵高伟，随吾入齐，凡数年，向幽州①淀②中捕鱼。后病，每见群鱼啮③之而死。

注释

①幽州：州名，治所在今北京市城区西南部。 ②淀(diàn)：浅的湖泊。 ③啮（niè）：咬。

译文

江陵的高伟，随我一同到北齐，有几年的时间，他都到幽州的湖泊中捕鱼吃。后来生病，常常看见成群的鱼来咬他，终于死去。

原文

世有痴人，不识仁义，不知富贵并由天命。为子娶妇，恨其生资不足，倚作舅姑①之尊，蛇虺②其性，毒口加诬，不识忌讳，骂辱妇之父母，却成教妇不孝己身，不顾他恨。但怜己之子女，不爱己之儿妇。如此之人，阴纪③其过，鬼夺其算④。慎不可与为邻，何况交结乎？避之哉！

注释

①舅姑：丈夫的父母。 ②虺（huǐ）：古书上说的一种毒蛇。 ③纪：同“记”，记载。 ④算：寿命。

译文

世上有一种愚笨的人，不懂得仁义，也不知道富贵皆由天命而定。他为儿子娶媳妇，恨那媳妇的嫁妆太少，仗着公婆的尊严，心性像蛇蝎一样凶残，对媳妇恶毒辱骂，不知道忌讳，甚至辱骂媳妇的父母，其实，这反而促使媳妇不孝顺自己，也不考虑她的怨恨。这种人只知道疼爱自己的子女，却不知道爱护自己的儿媳。像这样的人，冥司会把他的罪过记载下来，鬼神也会减掉他的寿命。你们注意不要与这种人作邻居，更何况与这种人交结往来呢？还是避开他吧。

卷第六

书　证

书证第十七

题解

书证就是考证书中字词的正确义、音、形。本篇作者主要以经、史典籍为蓝本，用四十多个例证对人们在某些字的义、音、形方面所产生的偏差或错误进行了详细的考证，涉及文字、训诂、校勘等。

原文

《诗》云："参差荇菜[①]。"《尔雅》云："荇，接余也。"字或为莕。先儒解释皆云："水草，圆叶细茎，随水浅深。"今是水[②]悉有之，黄花似莼，江南俗亦呼为猪莼，或呼为"荇菜"。刘芳具有注释[③]。而河北俗人多不识之，博士皆以参差者是苋菜[④]，呼"人苋"[⑤]为"人荇"，亦可笑之甚。

注释

①参差（cēncī）荇（xìng）菜：出自《诗经·周南·关雎》。参差，长短、高低不齐的样子。荇菜，一种多年生水草。根植于水下，叶对生，卵圆形，紫红色，漂浮在水面上，夏秋间开花，花鲜黄色。　②是水：所有有水的地方。　③"刘芳"句：刘芳，后魏彭城人，字伯文，长音训，所撰述凡十三种。宣

武帝时仕至中书令，转太常卿，定律令及朝仪。具，同“俱”，都。 ④苋（xiàn）菜：苋科，一年生草本。叶卵圆形或长卵形，绿、黄绿、紫红色，或绿色与紫红色嵌镶。种子极小，一般为黑色，有光泽。 ⑤人苋：苋菜的一种。

译文

《诗经》上说：“高低不齐的荇菜。”《尔雅·释草》解释是：“荇菜，就是接余。”“荇”字有时也写作“莕”。前代学者们解释为：“荇菜是一种水草，叶呈卵圆形，茎部很细，随水的深浅而生长。”现在，但凡有水的地方都有该植物生长，它的花呈鲜黄色，与莼菜类似，江南民间也称呼它为“猪莼”，或“荇菜”，刘芳对此都做了解释。而河北的老百姓大多不认识荇菜，就连那些饱读诗书满腹经纶的博学者也都把这种参差不齐的荇菜当成“苋菜”，把“人苋”叫做“人荇”，这实在很可笑。

原文

《诗》云：“谁谓荼苦①？”《尔雅》、《毛诗传》并以荼，苦菜也。又《礼》云：“苦菜秀②。”案：《易统通卦验玄图》③曰：“苦菜生于寒秋，更冬历春，得夏乃成。”今中原苦菜则如此也。一名游冬④，叶似苦苣⑤而细，摘断有白汁，花黄似菊。江南别有苦菜，叶似酸浆⑥，其花或紫或白，子大如珠，熟时或赤或黑，此菜可以释劳。案：“郭璞⑦注《尔雅》，此乃䓨⑧，黄蒢⑨也。今河北谓之龙葵⑩。梁世讲《礼》者，以此当苦菜，既无宿根，至春方生耳，亦大误也。又高诱⑪注《吕氏春秋》曰：“荣⑫而不实曰英。”苦菜当言英，益知非龙葵也。

注释

①谁谓荼（tú）苦：语出《诗经·邶风·谷风》。荼，一种苦菜。②苦菜秀：语出《礼记·月令》。秀，开花而不结实。③《易统通卦验玄图》：书名，著者不详。④游冬：苦菜的一种。⑤苦苣（jù）：即苦苣菜，菊科，一年生草本。⑥酸浆：植物名，另称“挂金灯”或“红姑娘”。⑦郭璞（276—324）：东晋文学家、训诂学家，字景纯，河东闻喜（今山西闻喜）人。博学，好古文奇字，又喜阴阳卜筮之术，东晋初为著作佐郎，后任王敦记室参军，因劝阻王敦谋反被杀。⑧蘵（zhī）：草名，即黄蒢。⑨蒢（chú）：草名。⑩龙葵：一年生草本。茎多分枝，叶互生，卵形，边缘有波状齿。夏季开花，白色，浆果球形，熟时紫黑色。⑪高诱：东汉学者，涿郡涿县（今河北涿州市）人。著有《孟子章句》、《战国策注》、《淮南子注》、《吕氏春秋注》等。⑫荣：开花。

译文

《诗经·邶风·谷风》说：“谁说荼的味道苦？”《尔雅·释草》和《毛诗传》都解释“荼”是“苦菜”。而《礼记·月令》对此的解释是：“苦菜是一种开花而不结实的植物。”据查，《易统通卦验玄图》上说：“苦菜生长在寒冷的深秋，经过冬春两季，到夏天才能长大。”现在中原的苦菜就是这样。苦菜又有人叫它做“游冬”，叶子像苦苣菜但略细，掐断后有白色汁液流出，黄色的花朵像菊花一样。江南地区还有一种苦菜，叶子像酸浆，花有紫色和白色两种颜色，结的果实有珍珠那么大，成熟的果实有红黑两种颜色，这种菜可以消除疲劳。郭璞注的《尔雅》中，认为这种苦菜就是蘵草，即黄蒢。现在河北一带把它叫做龙葵。梁朝讲解《礼记》的人，把它当做中原的苦菜，它既没有隔年的宿根，又是春天才生长，这也是一个大的误解。另外高诱在《吕氏春秋》注文中说："只开花不结果的叫英。"苦菜的花就应当叫做英，由此更说明它不是龙葵。

原文

《诗》云："有杕之杜[①]。"江南本并木旁施大。《传》曰："杕，独貌也。[②]"徐仙民[③]音徒计反。《说文》曰："杕，树貌也。"在《木部》。《韵集》[④]音次第之第，而河北本[⑤]皆为夷狄之狄，读亦如字，此大误也。

注释

①有杕（dì）之杜：见于《诗经·唐风》。杕，（树木）独立特出貌。杜，木名，即棠梨。 ②独貌：孤独的样子。 ③徐仙民：即徐邈，撰有《毛诗音》等。 ④《韵集》：晋吕静所撰之字书。 ⑤河北本：指黄河以北地区流行的《诗经》版本，与"江南本"相对而言。

译文

《诗经》上说："有杕之杜。"在江南通行的版本中"杕"字是"木"旁加一个"大"字，《毛诗传》上说："杕，孤立的样子。"徐仙民为它注的音是徒计反。《说文》上说："杕指树木孤独的模样。"字在木部。《韵集》为它注的音是次第的"第"，而河北的版本都写作夷狄的"狄"，音也一样，这是一个大错误。

原文

《诗》："駉駉牡马[①]。"江南书皆作牝[②]牡之牡，河北本悉为放牧之牧。邺下博士见难[③]云："《駉颂》既美僖公牧于坰野之事[④]，何限騲骘[⑤]乎？"余答曰：案：《毛传》云：'駉駉，良马腹干肥张也[6]。'其下又云:'诸侯六闲[7]四种:有良马、戎马、田马、驽马。'若作放牧之意,通于牝牡,则不容限在良马独得駉駉之称。良马,天子以驾玉辂[8],诸侯以充朝聘[9]郊祀,必无草也。《周礼·圉人职》:'良马,匹一人。驽马,丽一人[10]。'圉人所养[11],亦非騲也;颂人[12]举其强骏者言之,于义为得也。《易》曰:'良马逐逐。[13]'《左传》云:'以其良马二。'亦精骏之称,非通语也。今以《诗传》良马,通于牧騲,恐失毛生[14]之意,且不见刘芳《义证》乎?"

注释

①駉(jiōng)駉牡马:出自《诗经·鲁颂·駉》。駉駉,形容良马肥壮的样子。牡马,即雄马。 ②牝(pìn):雌性的鸟或兽,与"牡"相对。 ③见难:诘难我。 ④"《駉颂》"句:美,称赞。僖公,指鲁僖公,春秋鲁国国主。他遵伯禽之法,俭以足用,宽以爱民,务农重谷,牧于坰野,鲁人尊之,于是史克作该颂。坰(jiōng)野:遥远的郊野。 ⑤騲骘(cǎozhì):騲,亦作"草",雌马。骘,雄马。 ⑥腹干肥张:腹干,马的躯体。肥张(zhàng),肥壮的样子。 ⑦闲:马厩。此处是说诸侯有六个马厩,四种马。 ⑧玉辂(lù):古代帝王乘坐的以玉为饰的马车。 ⑨朝聘:古代诸侯定期朝见天子。 ⑩"良马"句:匹一人,一匹马配一个人饲养。驽马,即劣马。丽一人,两匹马配一个人饲养。丽,成对的。 ⑪圉(yǔ)人:养马人。 ⑫颂人:此指诗人。颂,歌颂、赞扬。 ⑬逐逐:两马并走。逐,竞,角逐。 ⑭毛生:即毛苌,相传是古文诗学"毛诗学"的传授者,时称"小毛公"。西汉赵(郡治今河北邯郸西南)人,官至北海太守。

译文

《诗经》上说："駉駉牡马。"江南地区的版本都写作牝牡的"牡"，而河北地区的版本全部写作放牧的"牧"。邺下的博士诘问我道："《駉颂》是歌颂鲁僖公在郊外原野上放牧的事情，为什么还要局限于雌马雄马呢？"我回答道："按：《毛诗传》：'駉駉，形容良马躯体肥壮的样子。'接下来又有：'诸侯六个马厩四种马：有良马、戎马、田马、驽马。'如果解释作放牧的意思，雌马雄马都说得通，那就不该只有良马独自得到'駉駉'之称。良马，天子用来驾玉车，诸侯用来去朝见天子和郊外祭祀天地，一定没有雌马。《周礼·圉人职》上说：'良马，一人管理一匹。驽马，一个人管理两匹。'圉人所养的良马，也不是雌马；歌颂鲁僖公的人举强壮的骏马作为对象，从道理上说才相宜。《易经》说：'良马相互角逐。'《左传》说：'以其良马二。'这也是对精壮雄马的称呼，不是通称所有的马。现在把《毛诗传》上说的良马等同于雄马和雌马，恐怕违背了毛苌的本意，况且你们没有看见刘芳《毛诗笺音义证》对这个问题的阐释吗？"

原文

《月令》云："荔挺出。"郑玄注云："荔挺，马薤[1]也。"《说文》云："荔，似蒲[2]而小，根可为刷。"《广雅》云："马薤，荔也。"《通俗文》亦云马蔺[3]。《易统通卦验玄图》云："荔挺不出，则国多火灾。"蔡邕《月令章句》[4]云："荔似挺[5]。"高诱注《吕氏春秋》云："荔草挺出也。"然则《月令注》荔挺为草名，误矣。河北平泽率生之。江东颇有此物，人或种于阶庭，但呼为旱蒲，故不识马薤。讲《礼》者乃以为马苋；马苋堪食，亦名豚耳[6]，俗名马齿。江陵尝有一僧，面形上广下狭；刘缓幼子民誉，年始数岁，俊晤[7]善体物[8]，见此僧云："面似马苋。"其伯父绍因呼为"荔挺法师"。绍亲[9]讲《礼》名儒，尚误如此。

注释

①马薤（xiè）：植物名，多年生宿根草本植物。　②蒲：水生植物名。可以制席，嫩蒲可食。　③马蔺（lìn）：亦称马莲，多年生草本。　④《月令章句》：书名，蔡邕撰。　⑤荔似挺："似"即"以"，"挺"同"莛"，草茎。　⑥豚耳：草名，苋科。⑦俊晤：俊朗颖悟。"晤"亦写作"悟"。　⑧体物：体察、描述事物。　⑨亲：本身、本人。

译文

《礼记·月令》篇中说："荔挺出。"郑玄解释说："荔挺就是马薤。"《说文解字》注释为："荔形状像蒲但略小，根可以用来做刷子。"《广雅》上解释为："马薤就是荔。"《通俗文》也称"荔"为"马蔺"；《易统通卦验玄图》中说："如果荔草长不出来，国家就会火灾频发。"蔡邕的《月令章句》中说："荔草以它的茎钻出地面。"高诱注的《吕氏春秋》说："荔草的茎冒出来了。"然而，《月令注》却把"荔挺"当做草的名字，显然是错了。河北地区的沼泽中大都有荔草。江东却少有此物，有的人将其种植在庭院里，只是称其为旱蒲，竟不知道"马薤"之名。讲解《礼记》的人把荔称为马苋；而马苋能够吃，也叫"豚耳"，俗名是"马齿苋"。江陵地区曾有一位僧人，脸型是上宽下窄；刘缓的小儿子刘民誉，刚刚几岁的时候，就俊朗颖悟，很善于体察描绘事物的形态，他看见这位僧人后描述说："他的脸很像马齿苋。"他的伯父刘绍因此称此僧为"荔挺法师。"刘绍作为一名著名的讲解《礼记》的学者，竟然也会犯这样的错误。

原文

《诗》云：“将其来施施。[①]”《毛传》云：“施施，难进之意。”郑《笺》[②]云：“施施，舒行[③]貌也。”《韩诗》[④]亦重[⑤]为施施。河北《毛诗》皆云施施。江南旧本，悉单为“施”，俗遂是之[⑥]，恐为少误。

注释

①将其来施施（yíyí）：出自《诗经·王风·丘中有麻》，意为“请从从容容的来。”施施，从容缓慢的样子。 ②《笺》：即郑玄所撰《毛诗传笺》，简称《郑笺》。 ③舒行：缓缓而行。④《韩诗》：《诗》今文学派之一，汉初燕（郡治今北京市）人韩婴所传。 ⑤重（chóng）：重叠。 ⑥是之：认为它正确。

译文

《诗经》说：“请从从容容的来。”《毛传》说：“施施，难以前进的意思。”郑玄《笺》说：“施施，缓缓行走的样子。”《韩诗外传》也是重叠为“施施”二字。河北版《毛诗》都写作“施施”。江南过去的《诗经》版本，全都写作“施”，众人就认可了它，这恐怕是个小小的错误。

原文

《诗》云：“有渰萋萋，兴云祁祁。[①]”《毛传》云：“渰，阴云貌。萋萋，云行貌。祁祁，徐貌也。”《笺》[②]云：“古者，阴阳和，风雨时，其来祁祁然，不暴疾[③]也。”案：“渰”已是阴云，何劳复云“兴云祁祁”耶？“云”当为“雨”，俗写误耳。班固《灵台》诗曰：“三光宣精[④]，五行布序[⑤]，习习祥风，祁祁甘雨。”此其证也。

注释

①“有渰（yǎn）萋萋”二句：出自《诗经·小雅·大田》。渰，云兴起的样子；萋萋，云弥漫的样子；祁祁，舒缓的样子。②《笺》：即郑玄《毛诗传笺》。③暴疾：猛烈急速。④三光宣精：三光指日、月、星。宣精，放射光芒。⑤五行布序：五行，指水、火、木、金、土五种物质，中国古代思想家把这五种物质作为构成万物的元素。布，安排、排列。序，季节、节令。

译文

《诗经·小雅·大田》篇中说：“有渰萋萋，兴云祁祁。”《毛传》解释此句为：“渰，阴云密布的样子。萋萋，云移动的样子。祁祁，舒缓的样子。”郑玄的《诗经传笺》解释为：“古时候，阴阳和谐，风雨及时，总是风调雨顺，从没有过急风暴雨发生。”据此可知，渰就已代表阴云，为什么还要不厌其烦地重复用“兴云祁祁”呢？可见“云”当为“雨”字，这是流行写法的笔误罢了。班固的《灵台》诗中说：“三光宣精，五行布序，习习祥风，祁祁甘雨。”就是此句的“云”当作“雨”的证明。

原文

《礼》云：“定犹豫，决嫌疑[①]。”《离骚》[②]曰：“心犹豫而狐疑。”先儒未有释者。案：《尸子》[③]曰：“五尺犬为犹。”《说文》云：“陇西[④]谓犬子为犹。”吾以为人将[⑤]犬行，犬好豫[⑥]在人前，待人不得，又来迎候，如此往还，至于终日，斯乃豫之所以为未定也，故称犹豫。或以《尔雅》曰：“犹如麂[⑦]，善登木。”犹，兽名也，既闻人声，乃豫缘木，如此上下，故称犹豫。狐之为兽，又多猜疑，故听河冰无流水声，然后敢渡。今俗云：“狐疑，虎卜[⑧]。”则其义也。

注释

①“定犹豫”句：此语出自《礼记·曲礼上》。意为决定“行”与“不行”、“是”与“不是”。 ②《离骚》：《楚辞》篇名，战国楚人屈原作。 ③《尸子》：先秦杂家著作，战国时期鲁人尸佼撰。 ④陇西：秦置郡名，指陇山（六盘山）以西的地方，治所在今甘肃省临洮南。 ⑤将：带领。 ⑥豫：同“预”，事先有所准备。 ⑦麂（jǐ）：动物名，哺乳纲，偶蹄目，鹿科。小型鹿类，仅雄的有角。 ⑧虎卜：卜筮的一种。传说虎能以爪画地，观奇偶以决定是否扑食，后人仿此做一种卜术，称为虎卜。

译文

《礼记·曲礼上》说：“定犹豫，决嫌疑。”《离骚》中说：“心犹豫而狐疑。”前代学者没有人对犹豫进行解释。按：《尸子》上说：“身长五尺的狗叫做犹。”《说解文字》说：“陇西人称小狗为犹。”我认为人带着狗一起走路，狗喜欢事先跑到人前面等，等不到人后，又跑回来迎接。像这样跑来跑去，直至一天结束，这就是“豫”字解释为左右不定的缘故，因此叫做“犹豫”。也有人根据《尔雅》中“犹长得像麂，善于攀爬树木”的说法，认为犹是一种野兽的名字，听到人的声音后，就预先爬到树上，人走后再爬下来，像这样上上下下，所以称为犹豫。另外，狐狸作为一种野兽，其性多疑，因此总要听到河里冰下没有流水声后，才敢从冰上过河。现在俗话所说的：“狐疑，虎卜。”就是这个含义。

原文

《左传》曰：“齐侯痎①，遂痁②。”《说文》云：“痎，二日一发之疟[3]。痁，有热疟也。”案：齐侯之病，本是间日一发，渐加重乎故，为诸侯忧也。今北方犹呼痎疟，音“皆”。而世间传本多以“痎”为“疥”，杜征南亦无解释[4]，徐仙民音“介”，俗儒就为通云：“病疥[5]，令人恶寒，变而成疟。”此臆说也。疥癣小疾，何足可论，宁有患疥转作疟乎？

注释

①齐侯痎（jiē）：齐侯，指齐景公。痎，小疟，指隔日发作一次的疟疾。 ②痁（shān）：大疟，指阵阵发作的疟疾。 ③疟（nüè）：即疟疾。 ④杜征南：即杜预（222—284），西晋将领、学者，京兆杜陵（今陕西西安东南）人。曾任镇南大将军，都督荆州诸军事，以灭吴功，封当阳县侯。撰有《春秋左氏经传集解》等。 ⑤疥（jiè）：即疥疮，一种皮肤病，是由疥螨引起的传染性皮肤病。

译文

《左传》记载：“齐侯痎，遂痁。”《说文》解释为：“痎是两天发作一次的疟疾。痁是常发热的疟疾。”按：齐景公的病，本来是两天发作一次，后逐渐加重，成为诸侯们忧虑的事情。现在，北方人仍称为“痎疟”，“痎”的读音是“皆”。可是世间的传本中，很多都把“痎”写成了“疥”。杜征南对此也没有解释。徐仙民给它注音为“介”。那些孤陋寡闻的学者就根据这一说法解释说：“得了疥疮，使人有怕寒的症状，就会转变为疟疾。”这是毫无根据的。疥疮那样的小毛病，何足挂齿，怎么可能转化为疟疾呢？

原文

《尚书》曰："惟影响[①]。"《周礼》云："土圭[②]测影，影朝影夕。"《孟子》[③]曰："图影[④]失形。"《庄子》[⑤]云："罔两[⑥]问影。"如此等字，皆当为"光景[⑦]"之"景"。凡阴景者，因光而生，故即谓为景。《淮南子》呼为"景柱"[⑧]，《广雅》云："晷柱[⑨]挂景。"并是也。至晋世葛洪《字苑》，傍始加彡[⑩]，音於景反。而世间辄改治《尚书》、《周礼》、《庄》、《孟》从葛洪字，甚为失矣。

注释

①惟影响：语出《尚书·大禹谟》。影响，指影子和回声。②土圭：古代用以测日影、正四时和测土地的器具。 ③《孟子》：儒家经典之一，战国时孟子及其徒弟万章等著。此处指伪书《孟子外书》。 ④图影：指画上的景物。 ⑤《庄子》：亦称《南华经》，道家经典之一，庄子及其后学著。 ⑥罔两：影子外面的淡薄阴影。 ⑦光景：光线和影子。 ⑧"《淮南子》"句：《淮南子》亦称《淮南鸿烈》，西汉淮南王刘安及其门客著。景柱，即"影柱"，古代用以测日影、定时刻的标杆。 ⑨晷(guǐ)柱：即日晷，测日影以及时刻的仪器。 ⑩彡：音"杉"。

译文

《尚书·大禹谟》中说："只有影子和回声。"《周礼》中说："土圭测影，影朝影夕。"《孟子外书》说："图影失形。"《庄子》说："罔两问影。"这些行文中的"影"是光景的"景"。大凡阴影，都因光而生，所以才叫做"景"。《淮南子》中说的"景柱"，《广雅》上说的"晷柱挂景"都是相同意思。直至晋朝葛洪在其所撰的《字苑》中，才把"景"旁边加一个"彡"，且注音为於景反。而其后的一些人就把《尚书》、《周礼》、《庄子》、

《孟子外书》中的“景”字改从了葛洪《字苑》中的“影”字。这是十分错误的。

原文

太公《六韬》[1]，有天陈、地陈、人陈、云鸟之陈[2]。《论语》曰：“卫灵公问陈于孔子。[3]”《左传》：“为鱼丽之陈[4]。”俗本多作阜傍车乘之车[5]。案诸陈队，并作陈、郑之陈。夫行陈[6]之义，取于陈列耳，此六书为假借也[7]，《苍》、《雅》[8]及近世字书，皆无别字；唯王羲之[9]《小学章》，独阜傍作车，纵复俗行，不宜追改《六韬》、《论语》、《左传》也。

注释

①太公《六韬》：太公，即吕尚、吕望、姜太公。《六韬》，中国古代兵书，旧题周吕望撰，经后人研究，大多认为是战国晚期至秦汉间作品。 ②陈：古代用兵布阵的队列、形式。 ③“卫灵公”句：语出《论语·卫灵公》。卫灵公，春秋时卫国君主。此句意为卫灵公向孔子请教关于军阵的问题。 ④鱼丽之陈：古代军阵名。 ⑤阜傍：左偏旁是“阝”。 ⑥行（háng）阵：军队的队列。 ⑦“六书”句：六书，古人分析汉字造字的理论和方法，即象形、指事、会意、形声、转注、假借。假借，是“本无其字，依声托事”。大意是语言中某些词有音无字，借用同音字来表示。 ⑧《苍》、《雅》：《苍》即《苍颉篇》，《雅》即《尔雅》。 ⑨王羲之：字逸少，晋代著名书法家，官至右军将军、会稽内史。

译文

姜太公的《六韬》中，有天陈、地陈、人陈、云鸟之陈。《论语》说：“卫灵公询问孔子列阵术。”《左传》说：“为鱼丽之

陈。”俗本多写作“阜”字旁加车乘的“车”字。按：以上几个陈队，都写作“陈”，陈国、郑国的“陈”。行陈的含义，是从“陈列”这个词中取用过来的，这在六书中就是假借。《苍颉篇》、《尔雅》以及近世的字书，都没写成别的字；只有王羲之的《小学章》中，唯独是阜旁加车字。即使俗体流行，也不应该将《六韬》、《论语》、《左传》中的“陈”字改作“阵”字。

原文

《诗》云：“黄鸟于飞，集于灌木①。”《传》云：“灌木，丛木也。”此乃《尔雅》之文②，故李巡③注曰：“木丛曰为灌。”《尔雅》末章又云：“木族④生为灌。”族亦丛聚也。所以江南《诗》古本皆为“丛聚”之“丛”，而古“丛”字似“冣”字⑤，近世儒生，因改为“冣”，解云：“木之冣高长者。”案：众家《尔雅》及解《诗》无言此者，唯周续之⑥《毛诗注》，音为徂会反，刘昌宗⑦《诗注》，音为在公反，又祖会反：皆为穿凿⑧，失《尔雅》训⑨也。

注释

①“黄鸟于飞”二句：语出《诗经·周南·葛覃》。黄鸟，黄鹂。于，助词，无义。集，栖止。这两句的诗意是：“黄鹂婉转飞翔，栖聚灌木丛中。” ②文：解释的文字。 ③李巡：东汉汝南（治今河南商水西南）人，汉灵帝时为中常侍，有《尔雅注》三卷。 ④族：聚集。 ⑤冣（zuì）：“最”的异体字。古“丛”为“冣”、“菆”或“藂”，与“冣”字相近。 ⑥周续之：字道祖，南朝宋雁门广武（今山西代县西南）人。通《毛诗》六义、《礼》、《论》及《公羊传》等。 ⑦刘昌宗：晋人，有《周礼音》、《毛诗音》等著作。 ⑧穿凿（záo）：牵强附会。

⑨训：解释。

译文

《诗经·周南·葛覃》中说：“黄鸟于飞，集于灌木。”《毛诗传》解释说：“灌木就是丛生的树木。”这是《尔雅》的注释，因此李巡的注释中说：“树木丛生叫灌。”《尔雅》的末章又解释为：“树木族生的叫做灌。”族，也就是“丛聚”的意思。所以江南地区《诗经》的旧版本中“灌”都写作“丛聚”的“丛”字。可古“丛”字很像“冣”字，因此近代的学者就将“丛”字改成了“冣”字，并解释说：“就是树木中最高大的。”考察各家研究《尔雅》及解释《诗经》的，都没有这样说过，只有周续之的《毛诗注》对该字的注音是“徂会”的反切，刘昌宗的《诗经注》对该字的注音是“在公”的反切或“祖会”的反切。这都是牵强附会，违背了《尔雅》的解释。

原文

“也”是语已及助句之辞[①]，文籍备[②]有之矣。河北经传[③]，悉略[④]此字，其间字有不可得无者，至如“伯也执殳[⑤]”，“于旅也语[⑥]”，“回也屡空[⑦]”，“风，风也，教也[⑧]”，及《诗传》云：“不戢，戢也；不傩，傩也。[⑨]”“不多[⑩]，多也。”如斯之类，傥削此文[⑪]，颇成废阙[⑫]。《诗》言：“青青子衿[⑬]。”《传》曰：“青衿，青领也，学子之服。”按：古者，斜领下连于衿，故谓领为衿。孙炎、郭璞注《尔雅》[⑭]，曹大家注《列女传》[⑮]，并云：“衿，交领也[⑯]。”邺下《诗》本，既[⑰]无“也”字，群儒因谬说云：“青衿，青领，是衣两处之名，皆以青为饰。”用[⑱]释“青青”二字，其失[⑲]大矣！又有俗学[⑳]，闻经传中时须“也”字，辄以意[㉑]加之，每不得所，益成可笑。

注释

①“也”句：“也”是语尾及语气助词。语已，即语尾。助句，即语助词。 ②备：全，都。 ③经传：儒家典籍经与传的统称。经是经典，传是对经典作出阐释的著作。 ④悉略：全部省略。 ⑤伯也执殳（shū）：伯，指兄弟排行，伯为老大。殳，古兵器，杖类。语出《诗经·卫风·伯兮》。 ⑥于旅也语：射礼完毕方可言语。语出《仪礼·乡射礼记》。 ⑦回也屡空（kòng）：回，指颜回，孔子学生。屡空，常常生活无着落。空，贫穷。语出《论语·先进》。 ⑧“风”句：第一个“风”，指《诗经》的十五国风；第二个“风”是动词，同“讽”，微言劝告的意思。 ⑨“不戢”句：即和且敬。不，语助词。戢，读为（jǐ），义为“和”。傩，一作“难”，读为（nán），义为“敬”。 ⑩不多：即多。不，语助词。 ⑪削：删除。 ⑫废阙：缺漏，这里指句子不完整。 ⑬衿（jīn）：古代衣服的交领。又指古代读书人穿的衣服。 ⑭“孙炎”句：字叔然，三国魏人，曾注《尔雅》。郭璞：字景纯，河东闻喜县人（今山西省闻喜县），东晋著名学者，既是文学家和训诂学家，又是道学术数大师和游仙诗的祖师。 ⑮“曹大家（gū）”句：曹大家即班昭，著《女诫》，续成班固《汉书》的八表及《天文志》。《列女传》，西汉刘向撰。 ⑯交领：古代交叠在胸前的衣领。 ⑰既：已经。 ⑱用：以，用来。 ⑲失：错误。 ⑳俗学：世俗流行之学。这里指盲从世俗流行之学的人。 ㉑意：猜想，想当然。

译文

“也”是语尾及语气助饲，文籍中都能见到它。河北的经、传，全都删减了这个字，而这中间有的“也”字是不能没有的。至于像“伯也执殳”，“于旅也语”，“回也屡空”，“风，风也，教也，”以及《诗经》毛传说的：“不戢，戢也；不傩，傩也。”“不多，多也。”像这类例子，如果删去这个“也”字，就完全成了残缺的句子。《诗经》说：“青青子衿。”毛传解释说：“青衿，青领也，学子之服。”按：古代的领子下连到衣襟，所以把领子叫做“衿”。孙炎、郭璞注释《尔雅》，曹大家注释《列女传》，都说：“衿，交领也。”邺下的《诗经》版本，就没有“也”字，许多学者就错误地解释道：“青衿，青领，这是衣服中两个部分的名称，都用青色作装饰。”用来解释“青青”二字，这就大错了！又有盲从世俗流行之学的人，听说经传中常常须用“也”字，就想当然地随意补充，往往补充的不是地方，就更加可笑了。

原文

《易》有蜀才注[①]，江南学士，遂不知是何人。王俭[②]《四部目录》，不言姓名，题云：“王弼[③]后人。”谢炅、夏侯该[④]，并读数千卷书，皆疑是谯周[⑤]；而《李蜀书》[⑥]（一名《汉之书》）云：“姓范，名长生，自称蜀才。”南方以晋家渡江[⑦]后，北间传记，皆名为伪书，不贵[⑧]省读[⑨]，故不见也。

注释

①“《易》”句：《易》指《周易》。《隋书·经籍志》载：“《周易》十卷，蜀才注。” ②王俭：南朝齐文学家。字仲宝，琅邪临沂（今山东琅邪）人。曾任太子舍人、尚书令等职，撰有《七志》、《宋元徽元年四部书目》。 ③王弼：字辅嗣，玄学家，三国魏山阳（今河南焦作市）人。曾任尚书郎，著有《周易注》、《老子注》等。 ④谢炅（jiǒng）、夏侯该：谢炅，南朝梁中书郎。夏侯该，应为夏侯咏，南朝梁人，撰《汉书音》、《四声韵

略》。⑤谯周：字允南，三国蜀巴西西充（今四川阆中西南）人。通经学，善书札。入蜀曾任中散大夫、光禄大夫，劝蜀主刘禅降魏。受魏封为阳城亭侯。入晋，任骑都尉。著有《法训》、《五经论》等。⑥《李蜀书》：或称《蜀李书》，晋常璩撰。⑦晋家渡江：晋，指晋朝。渡江，即西晋灭亡后司马睿在建康（今江苏南京）建立东晋王朝。⑧贵：重视。⑨省读：阅读。

译文

《易经》有蜀才作注的本子，江南学者竟然不知道蜀才为何许人，王俭的《四部目录》中，也没有提及他的姓名，只是写了"王弼后人"四字。谢炅、夏侯咏两人，都是读了数千卷书的学者，他俩都怀疑蜀才是蜀国的谯周；而《蜀李书》（又称《汉之书》）上写道："其人姓范，名长生，自称是蜀才。"南方人认为晋朝渡江之后，北方传记都是伪书，不重视去阅读它们，所以没看到这段记载。

原文

《礼·王制》云："裸股肱[①]。"郑注云："谓揎[②]衣出其臂胫。"今书皆作"擐甲"之"擐"[③]。国子博士萧该[④]云："'擐'当作'揎'，音'宣'，'擐'是穿著之名，非'出臂'之义。"案《字林》[⑤]，萧读是，徐爰[⑥]音"患"，非也。

注释

①裸股肱（gōng）：裸露大腿和胳膊。股，大腿。肱，泛指手臂。②揎（xuān）：同"揎"，挽起袖子。③擐（huàn）：套，穿。④萧该：南朝梁鄱阳王萧恢的孙子，著有《汉书音义》和《文选音义》。⑤《字林》：晋吕忱撰，是一部按汉字形体分部编排的字书。⑥徐爰：南朝宋开阳（今山东临沂县

北）人，字长玉，任中散大夫，撰有《礼记音》。

译文

《礼记·王制》说："裸股肱。"郑玄注释说："此句说的是挽起衣服，露出胳膊和小腿。"现在的人都把"擐"字写成擐甲的"擐"字。国子学博士萧该认为："'擐'应当是'擐'字，读音是'宣，是表示穿着的字，并非露出手臂的意思。"考查《字林》，萧该的读音是正确的，徐爰把"擐"读为"患"是错误的。

原文

《汉书》："田肎[①]贺上。"江南本皆作"宵"字。沛国刘显[②]，博览经籍，偏精班《汉》[③]，梁代谓之《汉》圣。显子臻[④]，不坠[⑤]家业。读班史[⑥]，呼为"田肎"。梁元帝尝问之，答曰："此无义可求，但臣家旧本，以雌黄[⑦]改'宵'为'肎'"。元帝无以难之。吾至江北，见本为"肎"。

注释

①肎（kěn）："肯"的古字。 ②刘显：字嗣芳，梁代沛国相人，以精研《汉书》著称，著有《汉书音》。 ③班《汉》：指班固所著《汉书》，我国第一部纪传体断代史。 ④显子臻：刘显的儿子刘臻。 ⑤坠：败坏，丧失。 ⑥班史：指班固的《汉书》。 ⑦雌黄：用矿物雌黄制成的颜料。

译文

《汉书》说："田肎贺上。"江南的版本都把"肎"写成"宵"字。沛国人刘显，博览经书，特别精通班固的《汉书》，梁代人称他为"《汉》圣"。刘显的儿子刘臻，没有荒废家业。他读班固的《汉书》时，读作"田肎"。梁元帝曾经问为什么这样读，他回答说："这没有什么含义可探求，只是因为我家里的旧抄本中，用雌黄把‘宵’字改成了‘肓’字。”梁元帝也没办法难住他。我到江北后，见到那里的版本就写作“肓”。

原文

《汉书·王莽赞》云：“紫色蛙声[1]，余分闰位[2]。”盖谓非玄黄[3]之色，不中律吕[4]之音也。近有学士，名问[4]甚高，遂云：“王莽非直鸢髆虎视[5]，而复紫色蛙声。”亦为误也。

注释

①紫色蛙声：紫色，不正之色。蛙声，不正之声。 ②闰位：非正统的帝位。 ③玄黄：指天地的颜色。玄为天色，黄为地色。 ④不中（zhòng）律吕：中，符合。律吕，古代校正乐律的器具，后也用以指乐律或音律，并用以表示正音。 ⑤名问：名声，名望。 ⑥鸢髆（yuānbó）：鸢，老鹰。髆同“膊”，肩膀。

译文

《汉书·王莽赞》说：“紫色蛙声，余分闰位。”意思大致是说不是玄黄之色，不合乎律吕正音。最近有位学士，名声很高，竟然说：“王莽不仅有老鹰的身躯、老虎的目光，而且还有紫色的皮肤、青蛙的嗓音。”这可弄错了。

原文

简策[1]字，“竹”下施“朿”[2]，末代隶书[3]，似杞、宋[4]之“宋”，亦有“竹”下遂为“夹”者；犹如“刺”字之旁应为“朿”，今亦作“夹”。徐仙民[5]《春秋》、《礼》音，遂以“筴”为正字，以“策”为音，殊为颠倒。《史记》又作“悉”字，误而为“述”，作“妬”字[6]，误而为“姤”[7]。裴、徐、邹[8]皆以“悉”字音“述”，以“妬”字音“姤”。既尔[9]，则亦可以“亥”为“豕”字音，以“帝”为“虎”字音乎？

注释

①简策：编连成册的竹简。 ②竹下施朿（cì）：指“策”字是“竹”字头下加“朿”。施，放。朿，偏旁部首。 ③隶书：字体名。始于秦代，普遍使用于汉魏，在东汉时期达到顶峰，书法界有“汉隶唐楷”之称。 ④杞、宋：春秋的两个国名。⑤徐仙民：即徐邈。 ⑥妬：即“妒”。 ⑦姤：音 gòu。⑧裴、徐、邹：裴，指裴骃，南朝宋人，撰有《史记注》。徐，指徐野民，南朝宋人，撰有《史记音义》。邹指邹诞生，南朝梁人，撰有《史记音》。 ⑨既尔：既然这样。

译文

简策的“策”字，都是“竹”字下面一个“朿”字，后来的隶书，写得有些像杞国、宋国的“宋”字，也有些只在“竹”字下加一个“夹”字的；就像刺字的偏旁应当是“朿”，现在也写作“夹”。徐仙民的《春秋左氏传音》、《礼记音》中，竟以“筴”字为正确字，其读音为“策”，这可说是完全颠倒了。《史记》在写“悉”字时，也误写作“述”字，而把“妬”字误写成“姤”字，裴骃、徐邈、邹诞生都用“悉”给“述”注音，用“妬”字给“姤”注音。既然这样，难道也可以用“亥”字为“豕”注音，用“帝”字为“虎”字注音吗？

原文

张揖[1]云：“虙[2]，今伏羲[3]氏也。”孟康《汉书古文注》[4]亦云：“虙，今伏。”而皇甫谧[5]云：“伏羲或谓之宓羲。”按诸经史纬候[6]，遂无宓羲之号。“虙”字从“虍”，“宓”字从

“宀”，下俱为“必”。末世传写，遂误以“虙”为“宓”，而《帝王世纪》因误更立名耳。何以验之？孔子弟子虙子贱为单父宰⑦，即虙羲之后，俗字亦为“宓”，或复加“山”。今兖州永昌⑧郡城，旧单父地也，东门有《子贱碑》，汉世所立，乃曰：“济南伏生⑨，即子贱之后。”是知“虙”之与“伏”，古来通字，误以为“宓”，较⑩可知矣。

注释

①张揖：字稚让，三国魏清河（今河北清河东南）人，著有《埤苍》、《三苍训诂》、《广雅》等。 ②虙（fú）：姓，亦作“伏”。 ③伏羲：别名庖牺、皇羲，古代三皇之一，相传其发明创造八卦，并教民捕鱼畜牧。 ④孟康：三国魏安平人，字公休。曾任魏中书令等职，著有《汉书古文注》。 ⑤皇甫谧：东汉人，幼名静，字士安，安定朝那人。所著《针灸甲乙经》、《帝王世纪》、《年历》、《高士传》、《逸士传》、《列女传》等流传于世。 ⑥纬候：纬，即纬书，以儒家经义预言人事吉凶和治乱兴替。候，即《尚书中候》的简称，是占卜之书。 ⑦“虙子贱”句：虙子贱，鲁人，名不齐，字子贱，孔子弟子。单（shàn）父，春秋鲁国邑名，也作亶（dǎn）父，今山东单县南。宰，掌管政务的地方官。 ⑧兖州永昌：治今保山市东北。 ⑨伏生：即伏胜，济南人。秦代为博士，西汉今文《尚书》的最早传授者。 ⑩较：明显。

译文

张揖说：“虙，即现在所说的伏羲氏。”孟康的《汉书古文注》也说：“虙，今‘伏’字。”但皇甫谧却说：“伏羲又称为‘宓羲’。”可是考查各类经书、史书、纬书及占验之书，竟没有“宓羲”这个称号。“虙”字从“虍”，“宓”字从“宀”，下边部分都是"必"，后代人传抄就将"虙"误写成"宓"，使《帝王世纪》也因而改了名称。用什么来验证呢？孔子弟子虙子贱做单父长官，他就是虙羲氏的后代，俗字也写为"宓"，有的还在"宓"下加个"山"。如今兖州的永昌郡城，是过去单父县地址，东门有一块《子贱碑》，是汉代竖立的，上面说："济南人伏生，就是子贱的后代。"因此知道"虙"与"伏"自古以来就是通用字，后人把"虙"错写成"宓"，就明显可知了。

原文

《太史公记》[①]曰："宁为鸡口，无为牛後。"[②]此是删[③]《战国策》耳。案：延笃[④]《战国策音义》曰："尸，鸡中之主。從，牛子。[⑤]"然则，"口"当为"尸"，"後"当为"從"，俗写误也。

注释

①《史太公记》：汉、魏、南北朝人称司马迁《史记》为《太史公记》。②"宁为鸡口"二句：见《史记·苏秦列传》，谓鸡口虽小，是进食很干净；牛後虽大，但是出的粪很臭。牛後，牛肛门。後，即"后"之繁体。③删：截取，采取。④延笃：字叔坚，东汉南阳犨人。博通经传及百家之言，以文章名著京师。⑤"尸"句：《史记·苏秦列传》索隐引《战国策》延笃注："尸，鸡中主也；从，谓牛子也。言宁为鸡中之主，不为牛子从后也。"從，即"从"之繁体。後、從因形近而误。

译文

《史记》说："宁为鸡口，无为牛後。"这是截取《战国策》中的文字。据查：延笃的《战国策音义》说："尸，鸡中之主。從，牛子。"这样看来，鸡口的"口"字应当作"尸"字、牛後的"後"字应当作"從"字，世上流行的写法是错误的。

原文

应劭《风俗通》云[1]："《太史公记》：'高渐离[2]变名易姓，为人庸保[3]，匿作于宋子[4]，久之作苦，闻其家堂上有客击筑[5]，伎痒[6]，不能无出言。'"案：伎痒者，怀其伎而腹痒也。是以[7]潘岳[8]《射雉赋》亦云："徒心烦而伎痒。"今《史记》并作"徘徊"，或作"彷徨不能无出言"，是为俗传写误耳。

注释

①"应劭（shào）"句：应劭，东汉汝南南顿（今河南项臣西南）人，字仲远，著有《汉官仪》《风俗通义》。《风俗通》即《风俗通义》，记录大量的神话异闻，是研究古代风俗和鬼神崇拜的重要文献。 ②高渐离：战国末年燕人，擅长击筑。刺杀秦始皇未遂，被杀。 ③庸保：受雇做杂役的人。 ④宋子：县名，在河北钜鹿。 ⑤筑：古代弦乐器名，似筝，十三弦。 ⑥伎痒：指人有所擅长，遇机会想表现如痒难忍。伎，同"技"。 ⑦是以：以是，因此。 ⑧潘岳：晋荥阳人，工诗赋，官至给事黄门侍郎。

译文

应劭的《风俗通义》中说："《太史公记》：'高渐离改名换姓给人家当庸保，隐居在宋子县，天长日久，感到很辛苦，听见主人家堂上有客人击筑，无法克制自己表现的欲望，随即应和着唱起来。'"据考察：技痒，是有所擅长因不能施展，心中发痒的意思。因此，潘岳在《射雉赋》中说："徒心烦而技痒。"现在《史记》写成"徘徊"，或写成"彷徨不能无出言"，这是一般人在传抄时造成的错误。

原文

太史公论英布曰[①]："祸之兴自爱姬，生于妒媢，以至灭国[②]。"又《汉书·外戚传》亦云："成结宠妾妒媢之诛[③]。"此二"媢"并当作"媢"[④]，媢亦妒也，义见《礼记》、《三苍》[⑤]。且《五宗世家》[⑥]亦云："常山宪王后妒媢[⑦]。"王充《论衡》云："妒夫媢妇生[⑧]，则忿怒斗讼[⑨]。"益知"媢"是"妒"之别名。原英布之诛为意[⑩]贲赫耳，不得言媢。

注释

①"太史公"句：太史公，《史记》作者司马迁。英布（？—前195），又称黥布，西汉初受封淮南王，后举兵反汉高祖被杀。 ②"祸之兴"三句：指英布谋反被诛的原因。英布因怀疑其爱姬与中大夫贲赫有染，欲逮捕贲赫，贲赫便赴长安告发英布谋反。朝廷追查此事，英布遂反，终被诛。 ③成：指汉成帝。此句指汉成帝皇后赵飞燕事。 ④媢（mào）：男子嫉妒妻妾，泛指嫉妒。 ⑤《三苍》：即李斯《苍颉篇》、扬雄《训纂篇》与贾访《滂喜篇》的合称。 ⑥《五宗世家》：《史记》中的篇名。 ⑦"常山宪王"句：即刘舜，汉景帝刘启少子，立为常山王，卒谥"宪"。史载刘舜的王后因嫉妒舜多爱姬，故刘舜病时不常侍奉，及刘舜死，此事被告发，王后遂被废黜。 ⑧生：指同处一室。 ⑨斗讼：争斗，争辩。 ⑩意：怀疑。

译文

太史公司马迁评论英布时说："杀身之祸起自爱姬，源于妒媢，以至灭国。"又《汉书·外戚传》也说："汉成帝的王后因妒媢而遭杀身之祸。"这两处的"媢"都应为"媢"字，"媢"的意思为“嫉妒”，其含义参见于《礼记》、《三苍》。而且《史记·五宗世家》中也说：“常山宪王的王后妒媢。”王充《衡论》说：“妒忌的丈夫与嫉妒的妻子相处，就会因愤怒而发生争斗和诉讼。”由此更加可知“媢”是“妒”的另一种说法。推究英布被杀的原因，是因为他怀疑贲赫与其爱姬有奸情，所以不能说是“媢”。

原文

《史记·始皇本纪》：“二十八年①，丞相隗林、丞相王绾等，议于海上②。”诸本皆作山林之“林”。开皇③二年五月，长安民掘得秦时铁称权④，旁有铜涂镌铭二所⑤。其一所曰：“廿六年，皇帝尽并兼天下诸侯，黔首⑥大安，立号为皇帝，乃诏丞相状、绾⑦，法度量则不壹歉疑者⑧，皆明壹之。”凡四十字。其一所曰：“元年，制诏丞相斯、去疾⑨，法度量，尽始皇帝为之，皆□⑩刻辞焉。今袭号而刻辞不称始皇帝，其于久远也，如后嗣为之者，不称成功盛德，刻此诏□⑪左，使毋疑。”凡五十八字，一字磨灭，见有五十七字，了了分明。其书兼为古隶⑫。余被敕写读之⑬，与内史令李德林对⑭，见此称权，今在官库；其“丞相状”字，乃为状貌之“状”，“爿”旁作“犬”；则知俗作“隗林”，非也，当为“隗状”耳。

注释

①二十八年：即秦始皇二十八年（前219年）。下文中“廿六年”同此。②海上：指东汉之滨。③开皇：隋文帝年号。开皇二年即582年。④铁称权：即铁秤锤。称，同“秤”。权，秤锤。⑤“铜涂”句：涂，同“镀”，以金饰物。铜涂，即在铜上镀金。镌铭，镌刻铭文。所，量词，相当于“处”。⑥黔首：此指百姓。⑦状、绾：即前文的丞相隗林、王绾。“林”

在此铭文中写成“状”。 ⑧“法度量则”句：法度，计量长短的标准。量，量器。则，标准的权衡器。不壹，不统一。歉，当作“嫌”。 ⑨“制诏”句：制诏，下诏，命令。斯，即秦左丞相李斯。去疾，即秦右丞相冯去疾。 ⑩□：为空格，据沈揆《考证》作“有”。 ⑪□：为空格，即下文的“一字磨灭”处。⑫兼为古隶：兼，整个、全部。古隶，指秦汉时期隶书。 ⑬被敕写读：被，接受。敕，皇帝的诏书。写，描摹。读，释读。⑭“内史令”句：内史令，隋官职名。李德林，字公辅，隋博陵安平人（今河北安平县）人。仕北齐时与颜之推同在文林馆，入隋任内史令。对，核对。

译文

《史记·秦始皇本纪》上说：“始皇二十八年，丞相隗林、丞相王绾等，在东海之滨议事。”各种本子都写成了“山林”的“林”。隋文帝开皇二年五月，长安百姓掘出一个秦朝的铁秤锤，旁边有镀金的雕刻铭文二处。其中一处刻的是：“二十六年，秦始皇吞并了天下各诸侯国，百姓都很安定，称号为皇帝，又下诏丞相隗状、王绾，长度、容量、重量标准不统一、疑惑不明的，都明确统一起来。”原文总共四十个字。另一处刻有：“（二世）元年，皇帝诏令丞相李斯、冯去疾：统一规范度量，全是始皇帝制定的，都刻有文辞记载。如今沿用了皇帝名号，而镌刻的文字却没有称呼始皇帝，天长日久，好像是后代继位的皇帝做了这些事情，不称颂始皇帝的功绩和大德，在左边刻此诏文，不使后人疑惑。”总共五十八个字，有一个字已磨灭，现能看见五十七个字，字字清楚分明。它的字体都是秦朝的隶书。我奉皇帝诏命摹写认读，并与内史令李德林核对，见到这两个秤锤，现在官库里面。上面“丞相状”的“状”字，是“状貌”的“状”字，即“爿”旁加“犬”字。由此可知俗本写作“隗林”是不对的，应当是“隗状”。

原文

《汉书》云：“中外禔福[①]。”字当从示。禔，安也，音匙匕[②]之匙，义见《苍》、《雅》、《方言》[③]。河北学士皆云如此。而江南书本[④]，多误从手，属文者对耦[⑤]，并为提挈[⑥]之意，恐为误也。

注释

①中外禔（tí）福：内外安宁福乐。禔，安宁。此语出自《汉书·司马相如传》。 ②匙匕：匙，舀取食物的勺子。匕，状似羹匙的取食用具。 ③《苍》、《雅》、《方言》：《苍》即《三苍》。《雅》即《尔雅》。《方言》，汉代扬雄撰，是我国最早的一部汇有古今各地同义词语的方言词典。 ④江南书本：指在江南地区通行的本子。书，指副本。本，指底本。 ⑤对耦：即对偶。耦，同“偶”。 ⑥提挈（qiè）：提携、带领。

译文

《汉书·司马相如传》中说：“中外禔福。”其中的“禔”字应当从“示”旁。“禔”，“安宁”的意思，发音是“匙匕”的“匙”，字义见于《三苍》、《尔雅》和《方言》。河北的学者都这样说。可江南通行的本子，多数误以为“禔“字从“手”旁，写文章的人用对偶句时，都把它理解为“提挈”的意思，恐怕是不对的。

原文

或问："《汉书注》[①]：'为元后[②]父名禁，故禁中为省中[③]。'何故以'省'代'禁'？"答曰："案：《周礼·宫正》：'掌王宫之戒令纠禁。'郑注云：'纠[④]，犹割也，察也。'李登[⑤]云：'省，察也。'张揖云：'省，今省詧[⑥]也。'然则小井、所领二反，并得训[⑦]察。其处既常有禁卫[⑧]省察，故以'省'代'禁'。'詧'，古'察'字也。"

注释

①《汉书注》：此指《汉书·昭帝纪》的注文。 ②元后：指汉元帝刘奭的皇后。 ③禁中、省中：指宫禁之中。 ④纠(jiū)："纠"的异体字，督察、矫正。 ⑤李登：三国魏音韵学家，著有《声类》。 ⑥詧："察"的异体字。 ⑦训：解释为。⑧禁卫：宫廷的警卫人员。

译文

有人问："《汉书·昭帝纪》的注文中说：'因为孝元帝皇后的父亲名禁，就避讳把禁中改为省中。'为什么要用'省'字代替'禁'字呢？"我回答说："按：《周礼·宫正》说：'掌王宫之戒令纠禁。"郑玄对此的解释是：'纠，犹割也，察也。'李登说：'省，察的意思。'张揖解释说：'省就是省察的意思。'那么小井、所领两个反切音的"省"字，也都可以解释为察。禁中那些地方既然经常有警卫省察，所以用'省'代替'禁'。'詧'就是古代的'察'字。"

原文

《汉明帝纪》[①]："为四姓小侯立学[②]。"按：桓帝加元服[③]，又赐四姓及梁、邓小侯帛，是知皆外戚也。明帝[④]时，外戚有樊氏、郭氏、阴氏、马氏为四姓。谓之小侯者，或以年小获封，故须立学耳。或以侍祠猥朝⑤，侯非列侯⑥，故曰小侯，《礼》云："庶方小侯⑦。"则其义也。

注释

①《汉·明帝纪》：此指《后汉书·明帝纪》。 ②"为四姓"句：四姓，指下文中东汉明帝的外戚樊、郭、阴、马四个名门贵族姓氏。小侯，旧称功臣子孙或外戚子弟中的封侯者，因其不是列侯故称小侯。立学，设立学校。 ③"桓帝"句：桓帝，即汉桓帝刘志（132—167），在位期间发生了史上著名的"党锢之乱"。元服，指冠，古称行冠礼为加元服。 ④明帝：即汉明帝刘庄（6—75）。 ⑤侍祠猥朝：侍祠，陪从祭祀，此指侍祠侯。猥朝，即猥朝侯和朝侯。汉代王子封为侯者称诸侯；异姓功臣封侯者为彻侯。有赐特进者，官位在三公下，称朝侯；位次九卿以下者，只是陪从祭祀而无上朝资格称侍祠侯；被分封至偏远小国的皇室至亲或奉先侯坟墓在京师者，随时接受皇帝召见，称猥朝侯。 ⑥列侯：爵位名，亦称"通侯"、"彻侯"，避汉武帝刘彻讳改"彻"为"列"。 ⑦庶方小侯：偏远的方国小侯。

译文

《后汉书·明帝纪》中说："为四姓小侯立学。"据考察：汉桓帝行冠礼时，又赐给四姓及梁、邓小侯丝绸，由此得知他们都是外戚。汉明帝时，外戚有樊氏、郭氏、阴氏、马氏四姓。《后汉书》中称他们为小侯的原因，可能是他们年纪小而得到封爵，所以还需为他们设置学校；也有人认为因为他们属侍祠侯或猥朝侯，这些侯爵并非列侯，所以称小侯。《礼记》上说："庶方小侯。"就是小侯的真正含义。

原文

《后汉书》[1]云："鹳雀[2]衔三鳝鱼。"多假借为鳣鲔[3]之"鳣"；俗之学士，因谓之为鳣鱼。案：魏武《四时食制》："鳣鱼大如五斗奁[4]，长一丈。"郭璞注《尔雅》："鳣长二三丈。"安有鹳雀能胜[5]一者，况三乎？鳣又纯灰色，无文章[6]也。鳝鱼长者不过三尺，大者不过三指，黄地黑文[7]。故都讲[8]云："蛇鳝，卿大夫服之象也。"《续汉书》[9]及《搜神记》[10]亦说此事，皆作"鳝"字。孙卿云："鱼鳖鳅鳣。"及《韩非》、《说苑》皆曰："鳣似蛇，蚕似蠋[11]。"并作"鳣"字。假"鳣"为"鳝"，其来久矣。

注释

①《后汉书》：此指《后汉书·杨震传》。 ②鹳（guàn）雀：即鹳，一种水鸟，形似鹤亦似鹭。 ③鳣鲔（zhānwěi）：鳣，鱼名，即鲟鳇鱼。鲔，即鲟鱼。 ④奁（lián）：古代盛放在梳妆台上的盒匣等器具。 ⑤胜：此指衔住。 ⑥文章：错综华美的花纹或色彩。 ⑦黄地黑文：黄色的质地，黑色的花纹。⑧都讲：古代学舍中协助讲经的人或门第中成绩优秀的人。⑨《续汉书》：晋秘书监司马彪撰。 ⑩《搜神记》：志怪之书，晋干宝撰。 ⑪蠋（zhú）：蝴蝶、蛾等昆虫的幼虫。

译文

《后汉书·杨震传》说："鹳雀口中衔着三条鳝鱼。""鳝"大多假借为鳣鲔的"鳣"。一般的读书人，于是认为衔的是鳣鱼。据考证：曹操的《四时食制》说："鳣鱼像盛五斗东西的盒子那么大，有一丈长。"郭璞注解《尔雅》说："鳣鱼有两三丈长。"鹳雀怎么能衔起一条这么大的鱼呢，何况是三条？鳣鱼又是纯灰色的，没有花纹。而鳝鱼最长的不超过三尺，粗的不超过三指，

全身黄色质地黑色花纹，所以都讲说：“蛇鳝，是卿大夫服饰的图案。”《续汉书》、《搜神记》也谈到这件事。两本书都写作“鳝”字。荀子说：“鱼鳖鳅鳣。”《韩非子》、《说苑》都说：“鳣的样子像蛇，蚕的形状像蠋。”均都作“鳣”字。可见假借“鳣”为“鳝”，已经由来很久了。

原文

《后汉书》[①]：“酷吏樊晔为天水郡守[②]，凉州[③]为之歌曰：‘宁见乳虎穴，不入冀府寺[④]。’”而江南书本“穴”皆误作“六”。学士因循，迷而不寤[⑤]。夫虎豹穴居，事之较[⑥]者。所以班超[⑦]云：“不探虎穴，安得虎子？”宁当论其六七耶？

注释

①《后汉书》：此指《后汉书·酷吏传》。 ②樊晔句：樊晔，后汉南阳新野人。光武帝刘秀时历河东都尉，迁扬州牧，复拜天水太守，其为政严猛。天水郡，西汉置，东汉改为汉阳郡。③凉州：州名，东汉时治陇县（今甘肃张家川回族自治县）。④“宁见”句：此句喻樊晔苛政猛于乳虎。宁，宁可、宁愿。乳虎，正在哺育期的母虎，相当凶猛。冀府寺，天水太守的官署。寺，官署、官舍。 ⑤寤：同“悟”，觉悟。 ⑥较：明显，显著。 ⑦班超（32—102）：东汉著名史学家班固之弟。

译文

《后汉书·酷吏传》记载：“酷吏樊晔做天水太守时，凉州城的百姓编了首歌谣说：‘宁见乳虎穴，不入冀府寺。’”江南的书中，都将“穴”字误写成了“六”字。学者们沿袭了这个错误，感到迷惑不解。虎豹都居洞穴，这是众所周知的事，因此班超说：“不探虎穴，安得虎子？”难道要强调是六只还是七只虎吗？

原文

《后汉书·杨由[①]传》云："风吹削肺[②]。"此是削札牍之柿[③]耳。古者，书误则削之，故《左传》云"削而投之"是也。或即谓札为削。王褒[④]《童约》曰："书削代牍。"苏竟[⑤]书云："昔以摩研编削[⑥]之才。"皆其证也。《诗》云："伐木浒浒[⑦]。"毛《传》云："浒浒，柿貌也。"史家假借为肝肺字，俗本因是悉作"脯腊"[⑧]之"脯"，或为"反哺"[⑨]之"哺"。学士因解云，"削哺，是屏障之名。"既无证据，亦为妄矣！此是风角占候[⑩]耳。《风角书》曰："庶人[⑪]风者，拂地扬尘转削[⑫]。"若是屏障，何由可转也？

注释

①杨由：东汉成都（今四川成都市）人，字哀侯。 ②削肺：《后汉书·方术传》中作"削哺（fèi）"。削哺即削柿（fèi）、削肺，削札牍时削下的碎片。 ③札牍之柿：札，古时写字用的小木片。牍，古代写字用的木板。柿，削下的木片、木皮。 ④王褒：字子渊，西汉蜀人，善诗赋。 ⑤苏竟：字伯况，东汉平陵（在今咸阳市）人，官拜侍中。 ⑥摩研编削：摩研，切磋、研究。编削，编撰书籍。 ⑦浒浒（xǔ）：伐木声，亦写作"许许"。 ⑧脯腊（fǔxī）：干肉。 ⑨反哺：乌鸦长大后，衔食喂哺其母。 ⑩风角占候：风角，古代通过观察风向来卜吉凶的一种迷信术数。占候，根据天象的变化来预测吉凶。⑪庶人：平民、百姓。 ⑫转削：吹转木屑。

译文

《后汉书·杨由传》上说："风吹削肺。"其中的"肺"就是削札牍的"柿"。古时候，人们写错了字就把它刮削掉，所以《左传》说："削而投之"就是这个意思。有的人就把"札"称为“削”。王褒的《童约》中说：“书削代牍。”苏竟在信中写道：“昔以摩研编削之才。”这都是“札”被称为“削”的例证。《诗经·小雅·伐木》中有：“伐木浒浒。”《毛诗传》中解释说：“浒浒，砍削的样子。”史官们用假借的手法将“柿”字写成了“肝肺”的“肺”字。世上流行的本子又依此全部写成了“脯腊”的“脯”，或写成了“反哺”的“哺”字。因此，学者们解释《后汉书·杨由传》中的“削哺”一词时说：“削哺，是屏障之名。”这种解说既无凭证，也是够荒诞的了。“风吹削脯”讲的是风角占候。《风角书》中说：“一般人形成的风，能够吹拂地面，扬起尘土，使木屑旋转起来。”如果“削脯”是“屏障”，又怎么能转动呢？

原文

《三辅决录》[①]云：“前队大夫范仲公[②]，盐豉[③]蒜果共一筒。”“果”当作魏颗[④]之“颗”。北土通呼物一凷[⑤]，改为一颗，蒜颗是俗间常语耳。故陈思王[⑥]《鹞雀赋》曰：“头如果蒜，目似擘椒[⑦]。”又《道经》云：“合口诵经声璅璅[⑧]，眼中泪出珠子碟[⑨]。”其字虽异，其音与义颇同。江南但[⑩]呼为蒜符，不知谓为颗。学士相承，读为裹结之裹，言盐与蒜共一苞裹[⑪]，内[⑫]筒中耳。《正史削繁音义》又音蒜颗为苦戈反，皆失也。

注释

①《三辅决录》：汉赵岐撰，是一部汉代关中地方人物志，记述汉代三辅名人事迹。 ②“前队（suì）”句：前队指南阳郡，治所在宛县（今河南南阳市）。大夫，此指南阳郡太守。③豉（chǐ）：即豆豉，用煮熟的大豆制成。 ④魏颗：春秋时晋

国大夫。⑤甴：同“块”。⑥陈思王：即曹植，建安著名文学家。⑦擘（bò）：剖开，分开。⑧璅璅：同“琐琐”，形容声音细碎。⑨磥（kē）：同“颗”，颗粒。⑩但：仅，只是。⑪苞裹：即包裹。苞同“包”。⑫内：同“纳”。

译文

《三辅决录》上说：“前队大夫范仲公，盐豉蒜果共一筒。”“果”字应当是魏颗的“颗”字。北方人一般称一块的东西为“一颗”，蒜颗就是世间的常用语。所以陈思王曹植在他的《鹞雀赋》中说：“头如果蒜，目似擘椒。”另外《道经》中也说：“合口诵经声琐琐，眼中泪出珠子磥。”这个‘磥’字虽然写法不同，但它和‘颗’字的发音及意思完全相同，可江南的人单单称“蒜颗”为“蒜符”，不知道是“蒜颗”。学者们相互承袭，读成了“裹结”的“裹”字，说范仲公是把盐豉和蒜放在一个包裹里，再放进竹筒中。《正史削繁音义》又给“颗”字注音为“苦戈”的反切，两者都是错误的。

原文

有人访吾曰：“《魏志》①蒋济②上书云‘弊攰③之民’，是何字也?”余应之曰：“意为攰即是㱋④倦之㱋耳。张揖、吕忱并云：‘支傍作刀剑之刀，亦是剞⑤字。’不知蒋氏自造支傍作筋力之力，或借剞字，终当音九伪反。”

注释

①《魏志》：即《三国志·魏志》。②蒋济：三国魏平阿人，字子通，魏明帝时任护军中护军，加散骑常侍，卒谥“景”。③弊攰（guì）：弊，疲困。攰，筋疲力尽。④㱋（guì）：极度疲倦。⑤剞（jī）：刻、镂用的曲刀。

译文

有人咨询我说："《魏志》中蒋济上书里说'弊攰之民'，这个'攰'是个什么字？"我告诉他说："根据行文的意思，可知这个'攰'就是'皱倦'的'皱'字。张揖、吕忱都说：'这就是支傍加个刀剑的刀，也就是刏字。'却不知道这个字是蒋济自造支傍加'筋力'的力字，还是有人将其假借为刏字？但'攰'终归应读为'九伪'的反切。"

原文

《晋中兴书》[①]："太山羊曼[②]，常颓纵[③]任侠，饮酒诞节[④]，兖州号为䶡伯[⑤]。"此字皆无音训。梁孝元帝常谓吾曰："由来不识。唯张简宪[⑥]见教，呼为嚃羹[⑦]之嚃。自尔便遵承之，亦不知所出。"简宪是湘州[⑧]刺史张缵谥也，江南号为硕学[⑨]。案：法盛世代殊近，当是耆老[⑩]相传；俗间又有䶡䶡[⑪]语，盖无所不施，无所不容之意也。顾野王《玉篇》[⑫]误为黑傍沓。顾虽博物，犹出简宪、孝元之下，而二人皆云重边。吾所见数本，并无作黑者。重沓是多饶积厚之意，从黑更无义旨。

注释

①《晋中兴书》：南朝宋湘东太守何法盛撰，记载东晋以后史事。 ②太山羊曼：太山，即泰山。羊曼，晋泰山南城人，字祖延，元帝时任晋陵太守。任达放纵，好饮酒，时人称之为"䶡伯"，与温峤等并称中兴名士。 ③颓纵：疏懒放纵。 ④诞节：放纵无节制。 ⑤䶡（tà）伯：放纵豁达的人。 ⑥张简宪：即张缵，字伯绪，南朝梁人，死后谥"简宪"。 ⑦嚃（tà）羹：吃羹不咀嚼而吞下。嚃，不咀嚼而吞咽。羹，用蒸、煮等方法做成的糊状食物。 ⑧湘州：治临湘，今长沙市。 ⑨硕学：博学

的人。硕，大。 ⑩耆（qí）老：老年人。耆，古代称六十岁老人。 ⑪黭（tà）黭：重复、重叠。 ⑫顾野王：字希冯，南朝梁、陈间吴郡吴（治今江苏苏州市）人，文字训诂学家，著有《玉篇》。

译文

《晋中兴书》上说："泰山人羊曼，通常疏慢放纵、仗义行侠，好饮酒而不拘礼节，兖州人都称他为'黭伯'。"这个"黭"字各种书中都没有注音和注解。梁孝元帝曾经对我说："我向来不认识这个字。只有张简宪曾教过我，把它称为'嚃羹'的'嚃'，从那时起我就遵从他的发音，也不知道他是怎么得来的。"简宪是湘州刺史张缵的谥号，江南人都称他为"硕学之士"。据考察：何法盛生活的年代离当时较近，"黭"字可能听老人们传下来的。世间还有"黭黭"一词，大概是无所不施、无所不容的意思。顾野王所著的《玉篇》把"黭"误写成了"黑"旁加"沓"。顾野王虽然博学多才，可还是没有超过张缵和孝元帝，张、孝二人都说"黭"是"重"字旁。我看过几个版本，都没有写成"黑"字旁的。重沓是储备丰厚的意思，从"黑"旁字就完全不知道它的含义了。

原文

《古乐府》[①]歌词，先述三子，次及三妇，妇是对舅姑[②]之称。其末章云："丈人且安坐，调弦未遽央[③]。"古者，子妇供事舅姑，旦夕在侧，与儿女无异，故有此言。丈人亦长老之目[④]，今世俗犹呼其祖考[⑤]为先亡丈人。又疑"丈"当作"大"，北间风俗，妇呼舅为大人公。"丈"之与"大"，易为误耳。近代文士，颇作《三妇诗》，乃为匹嫡[⑥]并耦己[⑦]之群妻之意，又加郑、卫之辞[⑧]，大雅君子[⑨]，何其谬乎！

注释

①《古乐府》：此指汉、魏、晋、南北朝的乐府诗。后代模仿其体制的作品也称古乐府。文中歌词出自《乐府·清调曲·相逢行》。 ②舅姑：指公婆，与下文的丈人同。 ③未遽（jù）央：还没有调整好。遽，仓促，匆促。 ④目：称谓、名称。 ⑤考：已故的父亲。 ⑥匹嫡：配偶，婚配。 ⑦耦己：与自己成双。耦同“偶”。 ⑧郑、卫之辞：指春秋时郑国、卫国的歌词，后用以代指淫荡的音乐和文学作品。 ⑨大雅君子：道德才能俱佳的人。

译文

《乐府·清调曲·相逢行》的歌词，先讲述三个儿子，其次提及三个媳妇，媳妇是相对于公婆的称呼。这首歌词的末章说：“丈人且安坐，调弦未遽央。”古时候，儿媳妇供养侍奉公婆，早晚都在身边，与儿女没有两样，所以歌中有这样的说法。丈人也可作长辈老人的称呼，现在世人仍称呼他们的已故祖、父为先亡丈人。我又怀疑“丈”字应写作“大”字，北方地区的习俗，媳妇称呼公公为大人公。“丈”字与“大”字很容易混写错。近代的文人们，很多都写过《三妇诗》，内容多是描写与妻妾们男欢女爱的事，其间又加一些淫邪的言词，那些道德高尚才华出众的人，怎么会这样荒谬呢？

原文

《古乐府》歌百里奚[①]词曰：“百里奚，五羊皮。忆别时，烹伏雌[②]，吹[③]扊扅[④]；今日富贵忘我为！”“吹”当作“炊煮”之“炊”[⑤]。案：蔡邕《月令章句》曰：“键，关牡[⑤]也，所以止扉[⑥]，或谓之剡移[⑦]。”然则当时贫困，并以门牡木作薪[⑧]炊耳。《声类》作扊，又或作扂[⑨]。

注释

①百里奚：春秋时秦国贤相，原为虞国大夫，虞亡后流落到楚，秦穆公以五张羊皮赎回，用为大夫，称为五羖大夫。据《乐府解题》引《风俗通》云：百里奚为秦相后，其妻为洗衣妇。在相府举行的一次音乐会上，她演唱了这首歌词。百里奚才知洗衣妇原是自己的发妻，遂重新团圆。②伏雌：母鸡。③吹：同“炊”，烧火做饭。④扊扅（yǎnyí）：门闩。⑤键、关牡：都指门闩。⑥扉：门。⑦剡（yǎn）移：即“扊扅”，亦指门闩。⑧薪：柴。⑨扂（diàn）：门闩。

译文

《古乐府》歌唱百里奚的歌词说：“百里奚，五羊皮，忆别时，烹伏雌，吹扊扅；今日富贵忘我为！”其中“吹”应当写作“炊煮”的“炊”字。按：蔡邕《月令章句》说：“键，就是关牡，是用来闩门的，也有人称它为剡移。”这样看来，当时百里奚家中很贫穷，都把门闩当柴烧了。这个字《声类》写作“扊”，有些书也写作“扂”字。

原文

《通俗文》，世间题云“河南服虔字子慎造[①]”。虔既是汉人，其《叙》乃引苏林、张揖[②]；苏、张皆是魏人。且郑玄以前，全不解反语[③]，《通俗》反音，甚会近俗[④]。阮孝绪又云“李虔所造”[⑤]。河北此书，家藏一本，遂无作李虔者。《晋中经簿》及《七志》[⑥]，并无其目，竟不得知谁制。然其文义允惬[⑦]，实是高才。殷仲堪[⑧]《常用字训》，亦引服虔《俗说》，今复无此书，未知即是《通俗文》，为[⑨]当有异？近代或更有服虔乎？不能明也。

注释

①服虔：字子慎，河南荥阳人，东汉经学家，曾为九江太守。 ②苏林、张揖：苏林，字孝友，三国魏人，通文字训诂。张揖，三国魏人，著有《广雅》。 ③反语：即反切，古代注音的一种方法，即用两个字注一个字的读音，前一个字取声母，后一个字取韵母、声调。 ④甚会近俗：很合近来的习俗。会，相合，符合。 ⑤“阮孝绪”句：阮孝绪（479—536），字士宗，南朝梁目录学家，博采宋齐以来图书记录，集为《七录》。李虔，字叔恭，后魏人，著有《续通俗文》二卷。 ⑥“《晋中经簿》”句：《晋中经簿》，即《中经新簿》，三国魏荀勖撰。《七志》，南朝宋王俭撰。二书均为书目。 ⑦允惬（qiè）：妥帖，适当。⑧殷仲堪（？—399）：东晋陈郡（治今河南淮阳）人。孝武帝时任荆州刺史，镇江陵，起兵反对会稽王司马道子被俘自杀。著有《常用字训》。 ⑨为：或者，还是。表选择。

译文

《通俗文》一书，世间很多版本都写：“河南服虔字子慎撰。”服虔是汉朝人，《通俗文》中的《叙》却引用了苏林和张揖的话，而苏、张二位都是三国时期魏人。况且在郑玄之前，人们都不懂反切法，《通俗文》的反切注音，很符合于近代人的注音习尚。阮孝绪又说：“《通俗文》是李虔撰的。黄河以北这本书，每家都收藏一本，就都没有题作李虔”《晋中经簿》和《七志》中，都没有它的条目，没能知道这本书究竟是谁写的。但这本书的文辞恰当妥帖，确实是高明有才之人所作。殷仲堪的《常用字训》中也引用了服虔的《俗说》。现在这本书失传了，不知它是否就是《通俗文》，或者有什么不同？近代是否还有一位服虔？我就不清楚了。

原文

或问："《山海经》[1]，夏禹及益所记[2]，而有长沙，零陵、桂阳、诸暨[3]，如此郡县不少，以为何也?"答曰："史之阙文[4]，为日久矣；加复秦人灭学[5]，董卓焚书[6]，典籍错乱，非止于此。譬犹《本草》[7]神农所述，而有豫章、朱崖、赵国、常山、奉高、真定、临淄、冯翊等郡县名[8]，出诸药物；《尔雅》周公所作[9]，而云'张仲[10]孝友'；仲尼修《春秋》，而《经》[11]书孔丘卒；《世本》[12]左丘明所书，而有燕王喜、汉高祖；《汲冢琐语》[13]，乃载《秦望碑》[14]；《苍颉篇》李斯所造，而云'汉兼天下，海内并厕[15]，豨黥韩覆，畔讨灭残'[16]；《列仙传》刘向所造[17]，而《赞》[18]云'七十四人出佛经'；《列女传》亦向所造[19]，其子歆又作《颂》[20]，终于赵悼后[21]，而传有更始韩夫人[22]、明德马后[23]及梁夫人嫕[24]：皆由后人所羼[25]，非本文也。

注释

①《山海经》：先秦古籍，是一部富于神话传说的最古老的地理书，主要记述古代地理、民族、民俗、物产、神话、药物、巫术、宗教等。具体成书年代及作者不详。　②"夏禹"句：夏禹，亦称禹、大禹、戎禹，传说中古代部落联盟领袖。益，即伯益，助禹治水有功，被选为继承人，后为禹子启所杀。　③"长沙"句：长沙，古郡名，秦时置，治临湘（今湖南省长沙市）。零陵，古郡名，西汉置，治零陵（今广西全州西南）。桂阳，古郡名，汉高帝置，治郴县（今湖南郴州市）。诸暨，县名，秦时置，在今浙江省绍兴市西南部。　④阙文：缺疑不书或脱漏的文字。　⑤秦人灭学：指秦始皇的"焚书坑儒"。　⑥董卓焚书：指东汉末年董卓烧宗庙观阁，焚尽经籍之事。　⑦《本草》：即《神农本草经》，秦汉时人托名"神农"所作。神农，又称炎帝，

传说他尝百草为药以治病。 ⑧“豫章”句：以上所列郡县均为汉时地名。 ⑨“《尔雅》”句：《尔雅》，我国第一部解释词义的书。周公，即姬旦，周文王子，辅助武王建周王朝，成王时摄政。 ⑩张仲：西周宣王时人，在周公之后百余年。 ⑪《经》：指《春秋左氏传》。 ⑫《世本》：战国时史官所撰，记黄帝至春秋时诸侯大夫的氏姓、世系、都邑、制作等。 ⑬《汲冢琐语》：即“汲冢书”。西晋太康二年（281）。汲郡人不准发掘魏襄王墓（或言安釐王墓），得《琐语》11 篇，记载战国时各国卜梦妖怪之事。 ⑭《秦望碑》：秦始皇于会稽祭大禹时所立的纪功碑。⑮厕：同“侧”，置身于，参加。 ⑯“豨（xī）黥韩覆”两句：豨，指陈豨。黥，黥刑，或指黥（qióng）布。韩，指韩信。畔，同“叛”。此处指他们皆为汉高祖时的叛逆之臣，终招致被杀。⑰《列仙传》：我国最早且较有系统地叙述神仙事迹的著作，旧题西汉刘向撰，实系东汉人伪托。 ⑱《赞》：指《列仙传赞》。赞是一种用于颂扬人物的文体。 ⑲《列女传》：一名《古列女传》，西汉刘向撰。分七卷，共记叙了 105 名妇女的故事。⑳《颂》：即刘歆所撰的《列女传颂》。 ㉑赵悼后：战国赵悼襄王赵偃之后，因其淫乱赵宫，致赵为秦灭，大夫怨恨她，将她及全家杀死。 ㉒更始韩夫人：汉更始帝刘玄的宠姬，其佞谄淫邪，常假更始帝传旨，为群臣所怨，后为赤眉所杀。 ㉓明德马后：东汉明帝刘庄的皇后，伏波将军马援的小女，德冠后宫，卒谥“德”。 ㉔梁夫人嫕（yì）：东汉和帝刘肇的姨母梁嫕。㉕羼（chàn）：本为群羊杂居，引申为掺杂。

译文

有人问我：“《山海经》是夏禹和伯益所记录的，里面却记载了长沙、零陵、桂阳和诸暨等秦汉时的郡县地名，像这样的地名还不少，你认为这是为什么？”我回答说：“史书中的残缺不全，由来已久了；再加上秦始皇的焚书坑儒，董卓的焚毁经典，使得经书典籍发生了错乱，类似的错误何止于此。例如《神农本草经》是神农所记述的，其中却出现豫章、朱崖、赵国、常山、奉高、真定、临淄、冯翊等汉代的郡、县名，以及这些地方出产的各种药物；《尔雅》是周公撰写的，里面却说‘张仲孝友’；孔子修订《春秋》，而《春秋左氏传》里却写了孔子去世的事；《世本》是春秋左丘明撰写的，里面却有战国燕王喜、汉高祖的名字；《汲冢琐语》是战国时的书籍，里面却记载了《秦望碑》的事情；《苍颉篇》是秦朝李斯撰著的，里面却记载‘汉朝兼并天下，四海之内统一，陈豨被黥面，韩信覆亡，叛臣被讨伐，残兵都被诛杀’。《列仙传》是西汉刘向撰写的，而书中的《赞》却说：‘七十四人出于佛经’；《列女传》也是西汉刘向撰写，他的儿子刘歆又写了《列女传颂》，其中记述的事情截止到战国赵悼后，而传中却出现西汉更始韩夫人、东汉明帝明德马后和梁夫人嫕。这些都是后人掺杂内容而导致的混乱，并非书中本来的记述。

原文

或问曰：“《东宫旧事》[①]何以呼‘鸱尾[②]’为‘祠尾’？”答曰：“张敞[③]者，吴人，不甚稽古[④]，随宜记注[⑤]，逐[⑥]乡俗讹谬，造作[⑦]书字耳。吴人呼‘祠祀’为‘鸱祀’，故以‘祠’代‘鸱’字；呼‘绀’为‘禁’，故以‘糸’傍作‘禁’代‘绀’字；呼‘盏’为竹简反，故以‘木’傍作‘展’代‘盏’字；呼‘镬’字为‘霍’字，故以‘金’傍作‘霍’代‘镬’字；又‘金’傍作‘患’为‘镮’字，‘木’傍作‘鬼’为‘魁’字，‘火’傍作‘庶’为‘炙’

字，‘既’下作‘毛’为‘髻’字；金花则‘金’傍作‘华’，窗扇则‘木’傍作‘扇’：诸如此类，专辄[8]不少。”

注释

①《东宫旧事》：书名，《新唐书·艺文志》题张敞撰。②鸱（chī）尾：宫殿屋脊两端构件上的装饰，以外形如鸱尾而称。鸱，古书上指鹞鹰。③张敞：晋吴郡吴人，仕至侍中尚书、吴国内史。④稽古：稽考古道，研习古事。稽，考证、考核。⑤随宜记注：随顺时宜记录注释。⑥逐：顺从。⑦造作：创造。⑧专辄：专擅，专断。

译文

有人问我：“《东宫旧事》为什么把‘鸱尾’叫做‘祠尾’？”我告诉他说：“张敞是吴郡人，不太懂得考查古代的事情，随手记述注释，顺从乡俗间的谬误，造作了这些文字。吴地的人把‘祠祀’称为‘鸱祀’，’所以就把‘鸱’字写成‘祠’字；呼‘绀’为‘禁’，所以就用‘禁’字加‘糸’旁代替‘绀’字；呼‘盏’为‘竹简反’的音，所以就用‘展’字加‘木’旁代替‘盏’字；呼‘镬’为‘霍’，所以就用‘霍’字加‘金’旁代替‘镬’字；又用‘患’字加‘金’旁代替‘镮’字，‘鬼’加‘木’旁代替‘魁’字，‘庶’字加‘火’旁当作‘炙’字，‘既’下加个‘毛’字当‘髻’字；‘金花’二字就用‘金’字旁加‘华’字代替，‘窗扇’二字就用‘木’字旁加‘扇’字代替。诸如此类，任意妄写的字还不少。

原文

又问：“《东宫旧事》：‘六色罽緵’[1]，是何等物？当作何音？”答曰：“案：《说文》云：‘莙，牛藻也，读若威[2]。’

《音隐》[3]：'坞瑰反。'即陆机[4]所谓'聚藻[5]，叶如蓬'者也。又郭璞注《三苍》亦云：'蕴，藻之类也，细叶蓬茸生。'然今水中有此物，一节长数寸，细茸[6]如丝，圆绕可爱，长者二三十节，犹呼为'莙'。又寸断五色丝，横著线股间绳之，以象莙草，用以饰物，即名为莙。于是当绀[7]六色罽，作此莙以饰绲带[8]，张敞因造'糸'旁'畏'耳，宜作[9]'隈'。"

注释

①罽（jì）緭（wēi）：用染色丝毛编织而成的花纹饰物。②莙：水藻的一种。古读作 wēi，今读作 jūn。 ③《音隐》：即《说文音隐》。 ④陆机：一作陆玑。陆玑，字元恪，三国吴吴郡人，著有《毛氏草木虫鱼疏》。 ⑤聚藻：即下文的蕴（wēn）藻，亦作"薀藻"，一种水草。 ⑥细茸：纤细柔软。 ⑦绀（gàn）：天青色，一种深青带红的颜色。 ⑧绲（gǔn）带：织成的带子。 ⑨作：或作"音"。

译文

还有人问："《东宫旧事》里有'六色罽緭'，指的是什么东西？应当读什么音呢？"我回答说："考查《说文解字》中所说的：'莙就是牛藻，读音与威字相似'。而《说文音隐》则说是'坞瑰的反切。'就是陆玑所说的'聚藻，叶子像蓬草'的那种水草。另外，郭璞所注释的《三苍》中也说：'蕴是水藻一类的东西，它的细叶长得蓬松柔密。'现在水中有这种藻类，一节有几寸长，纤细柔密如丝，圆转曲折，十分可爱，长的有二三十节，人们仍称为"莙"。而且，把五色的丝线剪成一寸长，横放在几股线中间用绳子系住，做得像莙草一样，用来装饰物品，就把它叫做莙。当时一定是要捆缚六色罽，就制作了这种莙来装饰绲带，张敞于是造了系旁加畏的字，发音是隈。"

原文

柏人[①]城东北有一孤山，古书无载者。唯阚骃[②]《十三州志》以为舜纳于大麓，即谓此山，其上今犹有尧祠焉；世俗或呼为宣务山，或呼为虚无山，莫知所出。赵郡士族有李穆叔、季节兄弟、李普济[③]，亦为学问，并不能定乡邑此山。余尝为赵州佐[④]，共太原王邵读柏人城西门内碑。碑是汉桓帝时柏人县民为县令徐整所立，铭曰："山有巏嵍[⑤]，王乔[⑥]所仙。"方知此巏嵍山也。"巏"字遂[⑦]无所出。嵍字依诸字书，即旄丘之旄也。旄字，《字林》一音亡付反，今依附俗名，当音权务耳。入邺，为魏收[⑧]说之，收大嘉叹。值其为《赵州庄严寺碑铭》，因云："权务之精。"即用此也。

注释

①柏人：古县名，西汉置，治所在今河北隆尧西。 ②阚骃(kànyīn)：字玄阴，北魏前期地理学家、经学家，敦煌（今甘肃敦煌）人，史书载其"博通经传，聪敏过人，三史群言，经目则诵"。 ③"李穆叔"句：李穆叔，即李公绪。北齐人，博通经传，撰有《典言》。李季节，即李槩，公绪弟，撰有《战国春秋》、《音谱》等书。李普济，北齐人。 ④佐：辅佐地方官的官吏。 ⑤巏嵍（quánwù)：山名，即尧山，在今河北隆尧西。 ⑥王乔：又名王子乔，传说为周灵王太子，后成仙。 ⑦遂：完全。 ⑧魏收：字伯起，仕魏及北齐，著有《魏书》。

译文

柏人城的东北有一座孤山，古书上没有此山的记载。只有阚骃的《十三州志》中认为舜曾进入大山，说的就是这座山，山上至今仍留有尧的祠庙。世人有的叫它宣务山，有的称它为虚无山，但都不清楚这种称呼的由来。赵郡的士族中有李穆叔、李季节兄弟和李普济，都是有学问的人，但都不能判定家乡这座山的名称及由来。我曾任赵州辅佐官，和太原人王邵一起释读柏人城西门内的石碑。这座碑是汉桓帝时候柏人县民众为县令徐整立的，上面的铭文说："有一座巏嵍山，是王乔成仙的地方。"我才知道这座山就是巏嵍山。可其中的"巏"字却找不到出处。"嵍"字根据各种字书，就是"旄丘"的"旄"字。"旄"字，《字林》给它注的音是"亡付"的反切，现在依照通俗的称呼，"巏嵍"二字应读为"权务"。到邺城后，我对魏收说了这件事，魏收对此大加赞许。当时正巧魏收在写《赵州庄严寺碑铭》，于是写下"权务之精"一句，就是运用了我所说的这个典故。

原文

或问："一夜何故五更[①]？更何所训？"答曰："汉魏以来，谓为甲夜、乙夜、丙夜、丁夜、戊夜；又云鼓，一鼓、二鼓、三鼓、四鼓、五鼓；亦云一更、二更、三更、四更、五更，皆以五为节。《西都赋》亦云：'卫以严更之署[②]。'所以尔者，假令正月建寅[③]，斗柄[④]夕则指寅，晓则指午矣。自寅至午，凡历五辰[⑤]。冬夏之月，虽复长短参差[⑥]，然辰间辽阔[⑦]，盈不过六，缩不至四，进退[⑧]常在五者之间。更，历也，经也，故曰五更尔。"

注释

①五更：旧时分一夜为五段，称五更。 ②卫以严更之署：严密监督夜行更鼓的官署来负责皇室的安全。卫，保卫，警卫。严更之署，督行更鼓的官署。 ③建寅：夏历以寅月为岁首，故称为建寅。 ④斗柄：指北斗七星中处于尾部的玉衡、开阳和摇光三颗星，称"杓"。 ⑤五辰：指寅、卯、辰、巳、午五个时

辰。古人用十二地支表示一昼夜的十二个时辰，每个时辰相当两小时。 ⑥参差：长短不齐。 ⑦辽阔：指时间的长短程度。 ⑧进退：即盈缩，指时间增长或缩短。

译文

有人问我：“一夜为什么分为五更？‘更’字又作何解释呢？”我回答说：“汉、魏以来，一夜的五个时辰称为甲夜、乙夜、丙夜、丁夜和戊夜，也称为一鼓、二鼓、三鼓、四鼓和五鼓，还叫做一更、二更、三更、四更和五更，都是用‘五’来划分时间的。《西都赋》也说：‘卫以严更之署。’之所以这样，是因为把正月假定为建寅月，北斗星的斗柄日落时就指向寅的区间，日出时就指向午的区间；从寅时到午时，总共经过五个时辰。冬天和夏天的月份，虽然白天与黑夜的时间长短不齐，但是对于时辰间的时间差，增长不会超过六个时辰，缩短不会低于四个时辰，多少通常在五个时辰左右。更，就是经历、经过的意思，所以称为五更。”

原文

《尔雅》云：“术[①]，山蓟也。”郭璞[②]注云：“今术似蓟而生山中[②]。”案：术叶其体似蓟，近世文士，遂读蓟为筋肉之筋，以耦[③]地骨[④]用之，恐失其义。

注释

①术（zhú）：草名，即山蓟。 ②郭璞：字景纯，河东闻喜县人（今山西省闻喜县），东晋文学家和训诂学家。 ③耦：同“偶”。 ④地骨：即枸杞。

译文

《尔雅》上说：“术就是山蓟。”郭璞注解说：“今天所说的术，长得像蓟但生在山中。”按：术的叶子形状像蓟，近代的文人，就把“蓟”读作“筋肉”的“筋”，并且拿“山蓟（筋）”作为“地骨”的对偶来使用，恐怕失去了“山蓟”本身的意义。

原文

或问：“俗名傀儡子[1]为郭秃，有故实乎？”答曰：“《风俗通》云：‘诸郭皆讳秃。’当是前代人有姓郭而病秃[2]者，滑稽戏调[3]，故后人为其象，呼为郭秃，犹《文康》象庾亮耳[4]。”

注释

①傀儡（kuǐlěi）子：即木偶戏。 ②病秃：因患皮肤病而导致秃头。 ③戏调：诙谐，开玩笑。 ④“《文康》”句：《文康》，乐舞名，又名《礼毕》。庾亮（289—340），东晋颍川鄢陵（今河南鄢陵西北）人，卒谥“文康”。据《隋书·经籍志》载，庾亮死后，他家中的歌女为悼念他，按其生前的面容做了一个面具，执翳而舞，并称之为《文康乐》。

译文

有人问我：“俗称傀儡戏为郭秃，有什么典故吗？”我回答说：“《风俗通》上讲：‘所有姓郭的人都忌讳秃字。’这可能是前代有姓郭的因为得皮肤病变秃的人，喜欢滑稽调笑，所以后人就模仿他的像制作傀儡，并称它为郭秃，就像《文康》乐舞中的人物出现庾亮的形象一样。”

原文

或问曰：“何故名治狱参军[1]为长流[2]乎？”答曰：“《帝王世纪》[3]云：‘帝少昊[4]崩[5]，其神降于长流之山，于祀主秋[6]。’案：《周礼·秋官》，司寇[7]主刑罚、长流之职，汉魏捕贼掾[8]耳。晋宋以来，始为参军，上属司寇，故取秋帝[9]所居为嘉

名焉。”

注释

①治狱参军：官名。治狱，即审理案件。 ②长流：即长流参军。 ③《帝王世纪》：书名，晋皇甫谧撰。 ④少昊(hào)：传说中古部落首领，也作少皞。 ⑤崩：帝王死。⑥于祀主秋：主持秋祭。秋主肃杀，古称与刑狱有关的事为秋。⑦司寇：古代主管刑狱的官员。 ⑧掾(yuàn)：原为佐助的意思，后为副官佐或官署属员的通称。 ⑨秋帝：指少昊。

译文

有人问我：“为什么把治狱参军称为长流参军呢？”我回答说：“《帝王世纪》说：‘帝少昊死后，他的神灵降临在长流山上，主持秋祭’。按：《周礼·秋官》上说：司寇主管刑罚。长流的职务，在汉、魏两代就是追捕贼盗的官吏。晋、宋以来，才开始称为参军，上属司寇管辖，所以就取秋帝少昊所居之处作为其好名称。”

原文

客有难[①]主人曰：“今之经典，子皆谓非，《说文》所言，子皆云是，然则许慎胜孔子乎？”主人拊掌大笑，应之曰：“今之经典，皆孔子手迹耶？”客曰：“今之《说文》，皆许慎手迹乎？”答曰：“许慎检以六文[②]，贯以部分[③]，使不得误，误则觉[④]之。孔子存其义而不论其文也。先儒尚得改文从意，何况书写流传耶？必如《左传》止戈为武[⑤]，反正为乏[⑥]，皿虫为蛊[⑦]，亥有二首六身[⑧]之类，后人自不得辄改也，安敢以《说文》校其是非哉？且余亦不专以《说文》为是也，其有援引经传，与今乖者，未之敢从。又相如《封禅书》曰：‘導一茎六穗于庖[9]，牺双觡共抵之兽[10]。’此䆃训择，光武诏云‘非徒有豫养䆃择[11]之劳’是也。而《说文》云：‘䆃是禾名。’引《封禅书》证；无妨自当有禾名，非相如所用也。‘禾一茎六穗于庖’，岂成文乎？纵使相如天才鄙拙，强为此语；则下句当云‘麟双觡共抵之兽’，不得云牺也。吾尝笑许纯儒[12]，不达文章之体，如此之流，不足凭信。大抵服其为书，隐括[13]有条例，剖析穷根源，郑玄注书，往往引以为证；若不信其说，则冥冥不知一点一画，有何意焉。”

注释

①难（nàn）：诘难，非难。 ②六文：即“六书”，指象形、指事、会意、形声、转注、假借。 ③部分：此指许慎在《说文解字》中首创的部首编排法。 ④觉：发觉，发现。 ⑤止戈为武：指“止”“戈”合成“武”字。 ⑥反正为乏：古文中“乏”为“正”的反写。 ⑦皿虫为蛊（gǔ）：指“蛊”由“皿”“虫”合成。 ⑧亥有二首六身：指亥字是‘二’字头‘六’字身。 ⑨“䆃（dǎo）一茎”句：䆃，选择。庖，厨房。此句意为选择那些一茎六穗的嘉禾送到厨房供祭祀用。 ⑩“牺双觡（gé）”句：牺，祭祀时所用的牲畜。此处作动词。觡，骨角。抵，本，指动物双角的底部。此句意为把双角的根部连成一体的牲畜用作祭品。 ⑪䆃择：选择。 ⑫纯儒：纯粹的儒者。此指许慎专攻文字训诂。 ⑬隐括：亦作隐栝，矫正竹木弯曲的器具，引申为修改、订正。

译文

有位客人责难我说：“现在的经典，你都说不对，《说文》所说的，你都说对，那么许慎比孔子还高明吗？”我拍手大笑，回答他道：“今天的经典，都是孔子亲笔写的吗？”客人说：“今天的《说文》，都是许慎的亲笔手迹吗？”我回答说：“许慎用六书来检验文字，用部首分类来加以编排，使之不致出现错误，出现错误就能发现。孔子保留经典的道理而不讨论经典的文字本身。前辈儒者还可以按照自己的看法来改动文字，何况这些典籍经过书写流传呢？一定是像《左传》里所说的‘止戈为武’，‘反正为乏’，‘皿虫为蛊’，‘亥有二首六身’这类情况，后人自然不能随意改动，哪能用《说文》来校订它们的对错呢？况且我也不只是以《说文》为对，《说文》中有援引经传的文句，与今天的经传文句不相符的，我就不敢顺从它。又比如司马相如的《封禅书》说：‘導一茎六穗于庖，牺双觡共抵之兽。’这个“導”字就解释作择，汉光武帝的诏书中所说‘非徒有豫养導择之劳’的“導”字，就是这个含义。而《说文》却说：‘導是禾名。’并引《封禅书》为证。我们不妨说本来就有一种禾叫導，却不是司马相如在《封禅书》中使用的。否则，‘禾一茎六穗于庖’，难道能成文句吗？就算司马相如天资低劣，很勉强地写下了这句话；那么下一句也应当说‘麟双觡共抵之兽’，而不应该说‘牺’。我曾经嘲笑许慎是专攻文字的纯粹儒者，不懂得文章的体裁风格，像这一类情况，就不值得相信。但总的说来我佩服许慎撰写的这本书，对文字的审定与组织有条例，剖析字义能够探寻它的根源，郑玄注释经书，往往引用《说文》作为证据。如果不相信《说文》的说法，就会昏昧地不知道文字的一点一画有什么意义。

原文

世间小学[①]者，不通古今，必依小篆，是正书记[②]；凡《尔雅》、《三苍》、《说文》[③]，岂能悉得苍颉本指[④]哉？亦是随代损益，互有同异。西晋已往字书，何可全非？但令体例成就，不为专辄[⑤]耳。考校是非，特须消息[⑥]。至如“仲尼居”，三字之中，两字非体，《三苍》“尼”旁益“丘”[7]，《说文》“尸”下施“几”[8]：如此之类，何由可从？古无二字，又多假借[9]，以“中”为“仲”，以“说”为“悦”，以“召”为“邵”，以“间”为“闲”：如此之徒，亦不劳改。自有讹谬，过成鄙俗，“乱”旁为“舌”[10]，“揖”下无“耳”，“鼋”、“鼍”[11]从“龜”，“奮”、“奪”从“雚”[12]，“席”中加“带”[13]，“恶”上安“西”，“鼓”外设“皮”，“鑿”头生“毁”，“離”则配“禹”，“壑”乃施“豁”，“巫”混“經”旁，“皋”分“澤”片[14]，“獵”化为“獦”[15]，“宠”变成“竉”，“業”左益“片”，“靈”底著“器”，“率”字自有“律”音，强改为别；“单”字自有“善”音[16]，辄析成异：如此之类，不可不治。吾昔初看《说文》，蚩薄[17]世字，从正则惧人不识，随俗则意嫌其非，略[18]是不得下笔也。所见渐广，更知通变，救前之执[19]，将欲半[20]焉。若文章著述，犹择微相影响[21]者行之，官曹[22]文书，世间尺牍，幸不违俗也。

注释

①小学：指文字、音韵、训诂之学。 ②是正书记：校正书籍。是正，订正，校正。书记，泛指书籍。 ③《尔雅》、《三苍》、《说文》：《尔雅》是我国最早的一部解释词义的专著和按照词义系统、事物分类来编纂的词典。《三苍》，汉初合李斯《仓颉篇》、赵高《爰历篇》和胡毋敬《博学篇》为一书，称“三仓”。《说文》即《说文解字》。 ④苍颉（jié）本指：苍颉，即仓颉，上古人名，传说其始创文字。本指，本意，指最初的字形。指，同“旨”。 ⑤专辄：专擅，专断。 ⑥消息：斟酌。 ⑦“尼”旁益“丘”：即“屔”，古时为“尼”的正字。 ⑧“尸”下施“几”：即“凥”，古人把它作居处的“居”字。 ⑨假借：

六书之一。《说文·叙》："假借者，本无其字，依声托事。" ⑩"乱"旁为"舌"：即"乱"，亂的简化字。 ⑪鼋、鼍（yuántuó）：鼋，俗称绿团鱼、癞头鼋、鳖斑。鼍，亦称"扬子鳄"，俗称"猪婆龙"。 ⑫雚：此指"雚"旁。⑬"席"中加"带"：字作"廗"。 ⑭"皋"分"泽"片：字作"睪"。⑮獦（gé）：即獦狚（dàn），野兽名。 ⑯"单"字自有"善"音：指单不只读为"dān"，有时也读为"shàn"。 ⑰蚩薄：嘲笑鄙薄。蚩同"嗤"。 ⑱略：完全。 ⑲执：偏执。 ⑳半：指从正和随俗各占一半。 ㉑影响：这里是近似的意思。 ㉒官曹：即官署，官衙。

译文

世上那些研究文字、训诂的人不懂古今文字的变化，写字一定要依据小篆，以此来订正书籍。凡是《尔雅》、《三苍》、《说文》上面的文字，难道都能找到苍颉造字时的最初字形吗？文字也是依随年代变化而增减笔画，相互之间有同有异。西晋以来的字书，哪里能够全部否定呢？只要它能使体例完备，不任意专断就行了。考校文字的是非，特别需要斟酌。至于像"仲尼居"这三个字中，有两个字就不合正体，《三苍》在"尼"旁边加了"丘"，《说文》在"尸"下面放了"几"：像这一类例子，哪里可以依从呢？古代一个字没有两种形体，又多假借之字，以"中"为"仲"，以"说"为"悦"，以"召"为"邵"，以"间"为"闲"：像这一类情况，也用不着劳神去改它。有时文字本身就有错讹谬误，这种错字却形成了不良的风气，如"亂"字旁边是"舌"，"揖"字下面无"耳"，"鼋"、"鼍"的下面部分依从了"黽"的形体，"奮"、"奪"的下面依从了"雚"的形体，"席"字中间加成"带"字，"恶"字上面安放成"西"，"鼓"字的右面写成"皮"字，"鑿"字头上生出"毁"字，

“離”字的左面配“禹”字，“鼗”字上面加“豁”，“巫”字与“經”的“巠”旁相混淆，“皋”字分“澤”的半边成了“睪”，“獵”字变成了“獦”字，“宠”字变成“寵”字，“業”字左面加上“片”，“靈”的下面写成“器”，“率”字本来就有“律”这个音，却勉强地改换为别的字，“单”字本来就有“善”这个音，却分写成不同的两个字：像这一类情况，不可不加以整治。我从前看《说文解字》时，看不起俗字，想依从正体又怕别人不认识，想随顺俗体心里又觉得这样写不对，这样就完全不能下笔为文了。后来，随着所见的东西逐渐增多，进一步懂得了通变的道理，要补救从前的偏执态度，需要把从正和随俗二者结合起来。如果是写文章做学问，仍然要选择与《说文》字体略微近似的字来用；如果是官府的文书，或社会上的书信，就希望不要违背约定成俗的习惯。

原文

案：弥亙字从二间舟[①]，《诗》云“亙之秬秠[②]”是也。今之隶书，转“舟”为“日”；而何法盛《中兴书》[③]乃以“舟”在“二”间为舟航字，谬也。《春秋说》以人、十、四、心为“德”，《诗说》以“二”在“天”下为“酉”[④]，《汉书》以“货泉”为“白水真人”[⑤]，《新论》以“金昆”为“银”[⑥]，《国志》[⑦]以“天上有口”为“吴”，《晋书》[⑧]以“黄头小人”为“恭”，《宋书》[⑨]以“召”、“刀”为“劭”，《参同契》[⑩]以“人”负“告”为“造”：如此之例，盖数术[⑪]谬语，假借依附，杂以戏笑耳。如犹[⑫]转“贡”字为“项”，以“叱”为“匕”，安可用此定文字音读乎？潘、陆诸子《离合诗》[⑬]、《赋》、《栻卜》[⑭]、《破字经》[⑮]及鲍昭[⑯]《谜字》，皆取

会流俗⑰，不足以形声论之也。

注释

①弥亙：即弥亘，连绵不断。“亙”为“亘”的异体字。②秬秠（jùpī）：黑黍。③何法盛：南朝宋人，撰《晋中兴书》。④“《春秋说》”两句：《春秋说》、《诗说》皆纬书。⑤“货泉”句：货泉，王莽时货币名。白水真人，即“泉”可拆为“白、水”二字，而古代繁体的“货”字含有“真、人”二字。⑥“《新论》”句：《新论》，即《桓子新论》，东汉桓谭撰。金昆为银，昆为次的意思，金昆即比金子次一等的。⑦《国志》：即《三国志》，西晋陈寿撰。⑧《晋书》：此指南北朝人撰著的《晋书》。⑨《宋书》：南朝梁沈约撰。原书已散佚。⑩《参同契》：早期道教重要经籍，全名《周易参同契》，东汉魏伯阳撰。⑪数术：即术数，有关天文、历法、占卜方面的学问。⑫如犹：即犹如，如同。⑬“潘、陆”句：潘、陆，指潘岳、陆机，二人均为西晋文学家。《离合诗》，杂体诗名，离合字的偏旁部首连缀成诗。⑭《栻卜》：占卜书名。栻，古代占卜时日的器具，后称为星盘。⑮《破字经》：书名。破字，即拆字。⑯鲍昭：即鲍照，南朝宋文学家，有《鲍参军集》。⑰取会流俗：迎合世俗。

译文

按：“弥亙”的“亙”字依从于“二”的中间加个“舟”字，《诗经》中说的“亙之秬秠”的“亙”就是这个字。现在的隶书，把“舟”改写成了“日”字；而何法盛的《中兴书》以“舟”在“二”之间为“舟航”的“航”字，这完全错了。《春秋说》以“人、十、四、心”组成“德”字，《诗说》以“二”在“天”的下面为“酉”字，《汉书》以“货泉”二字拆开作

"白水真人"四字,《新论》以"金昆"为"银"字,《三国志》以"天"上面加"口"为"吴"字,《晋书》以"黄"字头加"小人"为"恭"字,《宋书》以"召、刀"合成"劭"字,《参同契》以"人负告"为"造"字:像这一类例子,大略都是玩弄术数的荒谬言语,不过是假托附会,杂以游戏玩笑罢了。就像把"贡"字变成"项",把"叱"当做"匕"一样,怎么能用这种方法来确定文字的读音呢?潘岳、陆机等人的《离合诗》、《赋》、《栻卜》、《破字经》,以及鲍照的《迷字》等,都是为迎合当时流行的习俗而写作的,是不足以用规范的字形、字音来评论的。

原文

河间[1]邢芳[2]语吾云:"《贾谊传》云:'日中必熭[3]。'注:'熭,暴也。'曾见人解云:'此是暴疾[4]之意,正言日中不须臾,卒然[5]便昃[6]耳。'此释为当乎?"吾谓邢曰:"此语本出太公《六韬》[7],案字书,古者暴晒字与暴疾字相似[8],唯下少异,后人专辄加傍日耳。言日中时,必须暴晒,不尔者,失其时也。晋灼[9]已有详释。"芳笑服而退。

注释

①河间：郡名，在今河北境内。 ②邢芳：人名。 ③䕬（wèi）：亦作“彗”，曝晒，晒干。 ④暴疾：迅猛、急速。 ⑤卒（cù）然：突然。卒，同“猝”。 ⑥昊（zé）：同“昃”，太阳偏西。 ⑦《六韬》：又称《太公六韬》、《太公兵法》、《素书》，旧题周初太公望（即吕尚、姜子牙）所著，普遍认为是后人依托，作者已不可考。 ⑧“古者”句：㬥同“曝”，本字作“暴”，曝晒。㬥同“暴”，急速。 ⑨晋灼：河南人，仕晋为尚书郎，撰有《汉书集注》、《汉书音义》。

译文

河间人邢芳对我说：“《汉书·贾谊传》上说：‘日中必䕬。’注释是：‘䕬，暴也。’我曾经见人解释说：‘这个暴是暴疾的意思，就是说太阳当顶不一会儿，突然间就西斜了。’这个解释恰当吗？我对邢芳说：“这句话原本出自姜太公《六韬》，根据字书看，古时候㬥晒的㬥字与暴疾的暴字很相似，只是下面稍微不同，后来的人主观地在㬥字旁边加了个“日”旁，意思是说太阳当顶时，必须㬥晒物品，不这样的话，就会失去时机。对此晋灼已有详细解释。”邢芳信服地含笑告退了。

卷第七

音辞　杂艺　终制

音辞第十八

题解

本篇是有关声韵学的专论。作者对语言变化的差异和成因进行了分析，既有横向的比较，也有纵向的对比，指出语言因时代、地域、行业、阶层不同而变化，并对语言在流传过程中出现的讹误进行了辨析和匡正。

原文

夫九州[①]之人，言语不同，生民已来，固常然矣。自《春秋》标齐言之传[②]，《离骚》目[③]楚词之经，此盖其较明之初也。后有扬雄著《方言》[④]，其言大备。然皆考名物之同异，不显声读之是非也。逮郑玄[⑤]注《六经》，高诱[⑥]解《吕览》、《淮南》，许慎造《说文》，刘熹[⑦]制《释名》，始有譬况[⑧]假借以证音字耳。而古语与今殊别，其间轻重清浊，犹未可晓；加以内言外言[⑨]，急言徐言[⑩]，读若之类[⑪]，益使人疑。孙叔言创《尔雅音义》，是汉末人独知反语。至于魏世，此事大行。高贵乡公[⑫]不解反语[⑬]，以为怪异。自兹厥后，音韵锋出[⑭]，各有土风[⑮]，递相非笑，指马之谕[⑯]，未知孰是。共以帝王都邑，参校方俗，考核古今，为之折衷[⑰]。搉而量之，独金陵与洛下耳[18]。南方水土和柔，其音清举而切诣[19]，失在浮浅，其辞多鄙俗。北方山川深厚，其音沉浊而鈋钝[20]，得其质直，其辞多古语。然冠冕[21]君子，南方为优；闾里小人，北方为愈。易服而与之谈，南方士庶，数言可辩；隔垣而听其语，北方朝野，终日难分。而南染吴、越[22]，北杂夷虏[23]，皆有深弊，不可具论[24]。其谬失[25]轻微者，则南人以“钱”为“涎”[26]，以“石”为“射”，以“贱”为“羡”，以“是”为“舐”；北人以“庶”为“戍”，以“如”为“儒”，以“紫”为“姊”，以“洽”为“狎”。如此之例，两失甚多。至邺已来[27]，唯见崔子约[28]、崔瞻叔侄，李祖仁[29]、李蔚兄弟，颇事言词，少为切正。李季节[30]著《音韵决疑》，时有错失；阳休之[31]造《切韵》，殊为疏野。吾家儿女，虽在孩稚，便渐督正之；一言讹替[32]，以为己罪矣。云为品物[33]，未考书记者，不敢辄名，汝曹所知也。

注释

①九州：根据《尚书·禹贡》的记载，分别是冀州、兖州、青州、徐州、扬州、荆州、梁州、雍州和豫州。泛指中国。 ②标齐言之传：标出对齐地方言的解释。 ③目：看作，称为。 ④《方言》：汉代扬雄著，语言训诂之书，是我国第一部方言辞典。不但广泛收录了汉代黄河流域绝大部分地区的方言，还注明了使用范围。 ⑤郑玄：字康成，东汉末年的经学大师，撰有《毛诗笺》、《三礼注》等。 ⑥高诱：汉末涿郡人，撰有《吕氏春秋注》、《淮南子注》。 ⑦刘熹：即刘熙，东汉训诂学家，撰有我国语源学的重要著作《释名》。 ⑧譬况：一种用描述性的语言说明发音情况的注音方法，是最早的注音方法之一。 ⑨内言外言：汉代注家譬况字音的用语。内外是指韵母的洪细而言，内言发洪音，外言发细音。 ⑩急言徐言：汉代注家譬况字音的

用语，急言为短音，徐言为长音。⑪读若：汉代注家譬况字音的用语，用同音字或近音字注释。⑫高贵乡公：即曹髦，魏文帝曹丕之孙，撰有《左传音》。⑬反语：即反切。⑭音韵锋出：指音韵著作纷纷涌现。⑮土风：指地方方言。⑯指马之谕：比喻争辩是非差别。出自《庄子·齐物论》。⑰折衷：也作“折中”，调和取正。⑱“金陵”句：金陵，即建康，今江苏南京市，为吴、东晋及南朝宋、齐、梁、陈都城。洛下，即洛阳，今河南洛阳市，为魏、西晋、后魏的都城。⑲切诣：此指发音迅急。⑳钝钝（édùn）：发音滞浊迟缓。㉑冠冕：指仕官人家。㉒吴、越：在此指吴、越的方言。㉓夷虏：在此指少数民族的语言。㉔具论：全部论述。㉕谬失：错误差失。㉖以“钱”为“涎”（xián）：把“钱”读作“涎”。其下列举的和此同。㉗邺：指邺城。㉘崔子约：北齐人，官至考功郎。其侄崔瞻（实为崔赡），官至吏部郎中。㉙李祖仁：北魏人，即李岳，官至中散大夫。其弟李蔚，仕北齐，官至秘书丞。㉚李季节：即李概，北齐人，撰有《音谱》及《修续音韵决疑》。㉛阳休之：北齐人，撰有《韵略》。㉜讹替：谬误。㉝云为品物：所做物品。云，所。品物，即物品。

译文

全国各地的语言不相同，从有人类以来，本来常常这样。《春秋公羊传》标出对齐地方言的解释，《离骚》被看做是用楚人语词写的经典作品，这大概就是语言差异开始明显的最初阶段吧。后来西汉的扬雄写《方言》一书，他的论述大体上完备。但该书基本上都是考证事物名称的异同，并不明确地分辨读音的是与非。直到东汉的郑玄注释《六经》，高诱注释《吕氏春秋》和《淮南子》，许慎撰写《说文解字》，刘熙编著《释名》，这才开始用譬况和假借的方法来解说字音。但是古代语言与今天的语言

有区别，其中发音的轻、重、清、浊，仍然不能了解；加上他们又采用的是内言外言、急言徐言、读若等类的注音方法，就更让人疑惑了。孙叔然著《尔雅音译》，这说明到汉末人们才懂得反切注音法。到魏国时，反切注音法广为流行起来。高贵乡公曹髦不懂得反切注音法，被人们认为是一桩奇怪的事。从那以后，音韵方面的著作大量出现，各自又带有地方的口语色彩，相互间责难嘲笑，像指马之谕一样，谁是谁非难以判断。大家都应该用帝王都城的发音，参照比较各地的方言，考察审视古今语音，以此来确定一个合适的语言标准。经过这样的反复研究，仅有金陵和洛阳的语音较适合作正音。南方的水土柔和温软，所以口音也就清脆悠扬且语速快，弱点在于浮浅，言辞较为鄙陋粗俗。北方的山川深邃宽厚，所以它的语音就低沉浑厚，显示出它的质朴爽直，它的言辞多古代的语汇。但是谈到官宦君子的语言，当然还是南方较好；说起市井小民的语言，那就是北方的为优。如果让南方人换成同样的服装与他们交谈，南方的官与民，只要几句话就可辨明身份；但是如果隔着墙听北方人说话，就算听一整天也难以分清官和民。然而，南方的语言已掺杂了吴、越等地的方言，北方的语言已经杂糅了少数民族的词汇，都有严重的弊端，在此就不一一论述。其中谬误差失较轻的例子有：如南方人把“钱”读为“涎”，“石”读为“射”，“贱”读为“羡”，“是”读为“舐”；北方人则把“庶”读为“戍”，“如”读为“儒”，“紫”读为“姊”，“洽”读为“狎”。像这样的例子，南北方都很多。我到了邺城以后，只看到崔子约、崔瞻叔侄，李岳、李蔚兄弟，对语言颇有研究，稍微做了一些切磋补正的工作。李概所著的《音韵决疑》一书，其中时有错误和遗失的地方；阳休之编写的《切韵》一书，较为粗略草率。我的儿女们虽然还在孩年时代，但我就已经开始在这方面对他们进行矫正；即使一个字错了，我都会视为自己的罪过。而家中所做的各种物品，未从书中经过考证，都不敢随便称呼名字，这是你们所知道的。

原文

古今言语，时俗不同；著述之人，楚、夏[①]各异。《苍颉训诂》，反“稗”为“逋卖”[②]，反“娃”为“於乖”；《战国策》音“刎”为“免”，《穆天子传》[③]音“谏”为“间”；《说文》音“戛”为“棘”，读“皿”为“猛”；《字林》[④]音“看”为“口甘”反，音“伸”为“辛”；《韵集》[⑤]以“成、仍、宏、登”合成两韵，“为、奇、益、石”分作四章；李登[⑥]《声类》以“系”音“羿”；刘昌宗《周官音》读“乘”若“承”。此例甚广，必须考校。前世反语，又多不切，徐仙民《毛诗音》反“骤”为“在遘”，《左传音》切“椽”为“徒缘”，不可依信，亦为众矣。今之学士，语亦不正；古独何人，必应随其讹僻乎？《通俗文》[⑦]曰：“入室求曰搜。”反为“兄侯”。然则“兄”当音“所荣”反。今北俗通行此音，亦古语之不可用者。玙璠[⑧]，鲁人宝玉，当音“余烦”，江南皆音“藩屏”之“藩”。“岐山”[⑨]当音为“奇”，江南皆呼为“神祇[⑩]”之“祇”。江陵陷没，此音被[⑪]于关中，不知二者何所承案[⑫]。以吾浅学，未之前闻也。

注释

①楚、夏：楚，春秋战国时楚国区域，此处泛指南方。夏，即华夏，泛指中原地区。②反“稗”为“逋卖”：“稗”字的反切音为“逋卖”。③《穆天子传》：又名《周王传》、《周王游行记》，是一部记述周穆王的事迹但又带有虚构成分的传记作品。④《字林》：晋吕忱撰。⑤《韵集》：吕忱之弟吕静

撰。⑥李登：三国魏人。⑦《通俗文》：汉服虔撰。⑧玙璠（yúfán）：美玉名。⑨岐（qí）山：山名，在陕西省岐山县。⑩神祇（qí）：泛指神明。神指天神，祇指地神。⑪被：流行。⑫承案：依据。承，接受。案，依从。

译文

古代与今天的语言，因时代风俗的不同而不同；那些著述的人，因其所处南北地区的不同而有差别。《仓颉训诂》，把“稗”注为“逋卖”的反切，“娃”注为“於乖”的反切；《战国策》把“刎”注音为“免”，《穆天子传》把“谏”注音为“间”；《说文解字》把“戛”注音为“棘”，把“皿”读成“猛”；《字林》把“看”注为“口甘”的反切，把“伸”注音为“辛”；《韵集》把“成、仍、宏、登”四字合成为两个韵，把“为、奇、益、石”分为四个韵；李登的《声类》，把“系”注音为“羿”，刘昌宗的《周官音》，把“乘”注音为“承”：这样的例子有很多，都必须考查校正。前代人的反切注音，又有很多都不确切，徐仙民的《毛诗音》，对“骤”的反切注音是“在遘”，《左传音》则把“椽”反切为“徒缘”，这些都是不能依信的，这样的例子还有很多。现在的学者，语音也有不正确的。古人难道有什么特殊，一定要依随他们的谬误吗？《通俗文》一书中说：“进入房间寻找叫搜。”服虔把“搜”的反切注为“兄侯”。那“兄”的读音就只能是“所荣”反切。如今的北方习俗通行这个音，也是古语中不能沿用的。“玙璠”是鲁国人所说的宝玉，其读音应当是“余烦”，但江南人都把“璠”字读成“藩屏”的“藩”。而“岐山”的“岐”字应当音“奇”，但江南人都读为“神祇”的“祇”。江陵城陷落的时候，这两个读音又流传到了关中，却不知道它们有什么根据。以我浅薄的学识，从来没有听说过。

原文

北人之音，多以“举”、“莒”[①]为“矩”；唯李季节[②]云：“齐桓公与管仲[③]于台上谋伐莒，东郭牙[④]望见桓公口开而不闭，故知所言者莒也。然则莒、矩必不同呼[⑤]。”此为知音[⑥]矣。

注释

①莒（jǔ）：古邑名，在今山东莒县。　②李季节：即李槩，北齐人，撰有《音韵决疑》、《音谱》。　③管仲：名夷吾，字仲，春秋初期政治家。　④东郭牙：齐国大臣，敢于犯颜直谏。　⑤同呼：指同为开口呼或合口呼。　⑥知音：懂得音韵。

译文

北方人发音，大多把“举”、“莒”读为“矩”。只有李季节说：“齐桓公和管仲在朝堂上谋划攻打莒国，东郭牙远远看到齐桓公说话时口张开而不合拢，因此知道他所说的是‘莒’国。所以‘莒’、‘矩’两字必定有着开口合口的区别。”这就是通晓音韵的了。

原文

夫物体自有精粗[①]，精粗谓之好恶[②]；人心有所去取[③]，去取谓之好恶[④]。此音见于葛洪、徐邈。而河北学士读《尚书》云好生恶杀[⑤]。是为一论物体，一就人情，殊不通矣。

注释

①粗精：精致和粗糙。　②好恶（hǎoè）：好与坏的意思。即精为好，粗为恶。　③去取：舍弃和接受。　④好恶（hàowù）：喜欢与讨厌的意思。即去为恶，取为好。　⑤好生恶杀：应读为“好（hǎo）生恶（wù）杀”，而河北学士却读为

“好（hào）生恶（è）杀。

译文

各种物体本身都有精致与粗糙的区别，这种精致与粗糙被称为好（hǎo）或恶（è）；人的意愿对事物有取有舍，取舍的态度称为喜好（hào）和厌恶（wù）。这后面的一个“好恶”同字异音的情况见于葛洪、徐邈的著述中。但河北的读书人读《尚书》中的“好（hào）生恶（wù）杀”一句时，却读成了“好（hǎo）生恶（è）杀”。这样，一个取评论物体的精粗的读音，一个取表达人情的爱憎的读音，这就很说不通了。

原文

甫者，男子之美称，古书多假借为父字；北人遂[①]无一人呼为甫者，亦所未喻。唯管仲、范增[②]之号，须依字读[③]耳。

注释

①遂：都、全。 ②范增：秦末居鄛（今安徽桐城南）人。先为项梁谋士，后归项羽，项羽尊其为“亚父”。 ③须依字读：即管仲被尊为“仲父”，范增被尊为“亚父”，其中的“父”字都应读为“父（fù）”。

译文

“甫”字是对男子的美称，古书中多用“父”作“甫”的假借字；因此北方人就没有把这个“父”读为“甫”的，这也是不明白“甫”的意思导致的。只是管仲号“仲父”、范增尊为“亚父”的“父”，应当按照“父”字本来的读音。

原文

案诸字书，焉者鸟名[①]，或云语词[②]，皆音“于愆”反。自葛洪《要用字苑》分“焉”字音训[③]：若训“何”训“安”[④]，当音“于愆”反，“于焉逍遥”、“于焉嘉客”[⑤]“焉用佞”、“焉得仁”[⑥]之类是也；若送句[⑦]及助词，当音“矣愆”反，“故称龙焉”、“故称血焉”[⑧]“有民人焉”、“有社稷焉”[⑨]“托始焉尔”[⑩]“晋、郑焉依”[⑪]之类是也。江南至今行此分别[⑫]，昭然易晓；而河北混同一音，虽依古读，不可行于今也。

注释

①焉者鸟名：《说文·鸟部》书中载：“焉，焉鸟，黄色，出于江淮，象形。” ②语词：虚词。 ③音训：训诂学术语，对字词进行注音解释。 ④训何训安：即解释为“何、安”。 ⑤“于焉逍遥”二句：出自《诗经·小雅·白驹》。意思是：“在这里很逍遥”，“在这里做个好客人”。 ⑥“焉用佞”二句：出自《论语·公冶长》，意思是：哪里用得着口才？哪里说得上是“仁人”呢？佞，能言善辩、有口才。 ⑦送句：句尾语气词。 ⑧“故称龙焉”二句：出自《周易·坤》，意思是：所以称为龙，所以称为血。 ⑨“有民人焉”二句：出自《论语·先进》，意思是：有老百姓在那里，有社稷在那里。社稷，土地神和谷神。 ⑩托始焉尔：出自《春秋公羊传·隐公二年》。 ⑪晋、郑焉依：出自《左传·隐公六年》，意思是：依靠晋国和郑国。 ⑫行此分别：通行这种不同的读音。

译文

查验各种字书，“焉”是鸟的名称，有的说是虚词，都注音为“于愆”的反切。从葛洪编撰的《要用字苑》一书起，才区分“焉”字的注音和释义：如果解释为“何”或“安”时，其字音应是“于愆”的反切，如“于焉逍遥”、“于焉嘉客”、“焉用佞”、“焉得仁”等就是这样；如果用在句尾或作语气助词时，字音就应该是“矣愆”的反切，如“故称龙焉”、“故称血焉”、“有民人焉”、“有社稷焉”、“托始焉尔”、“晋、郑焉依”等都是。江南地区至今仍实行这种区别，明白易懂；而河北地区把两者读成一个音，虽然是根据古代字书的读法，也不应当通行于今天。

原文

邪[①]者，未定之词[②]。《左传》曰：“不知天之弃鲁邪？抑鲁君有罪于鬼神邪？”[③]《庄子》云：“天邪地邪？”《汉书》云：“是邪非邪？”之类是也。而北人即呼为“也”，亦为误矣。难者曰：“《系辞》云：‘乾坤，《易》之门户邪[④]？’此又为未定辞乎？”答曰：“何为不尔！上先标问[⑤]，下方列德[⑥]以折[⑦]之耳。”

注释

①邪（yé）：助词，表疑问。 ②未定之词：指表示疑问的词。 ③“不知”句：出自《左传·昭公》，意思是：不知是上天抛弃了鲁国呢？还是鲁君得罪了鬼神呢？抑，表选择，相当于或是、还是。 ④“乾坤”句：出自《周易·系辞下》，意思是：明晓《乾》、《坤》两卦的意蕴，是通向《易》的门径吗？ ⑤标问：标出疑问。 ⑥列德：阐明阴阳之德。 ⑦折：判断，裁决。

译文

“邪”字，是表示疑问的词。《左传》中说：“不知是上天抛弃鲁国呢？还是鲁君得罪了鬼神呢？”《庄子》说：“是天呢？还是地呢?”《汉书·外戚传》说:“是对呢?还是不对呢?”这类语句中的“邪”字就是疑问词。但北方的人却把“邪”读为“也”,这是错误的。责难我的人说:“《周易·系辞》里说:‘乾坤,《易》之门户邪?’这个‘邪’也是表示疑问吗?”我回答说:“怎么不是呢?上面先标明疑问,下面才阐明阴阳之德的道理作出结论啊。”

原文

江南学士读《左传》,口相传述,自为凡例①,军自败②曰败,打破人军曰败③。诸记传未见补败反,徐仙民读《左传》,唯一处有此音,又不言自败、败人之别,此为穿凿④耳。

注释

①凡例:通例,章法。 ②自败:即自己失败,此处的“败”读为“蒲迈”的反切。 ③打破人军曰败:即打败敌人的军队。此处的“败”字读为“补败”的反切。 ④穿凿:牵强附会。

译文

江南地区的学者读《左传》,是用口头相互传递叙述的,自定章法,自己的军队失败时叫败(蒲迈反),打败对方的军队叫败(补败反)。可在各种传记中从未见过给“败”注音为“补败”的反切的,徐邈读《左传》,只有一处注了这个音,但又没有说明自败、败人的区别,这就显得有些牵强了。

原文

古人云:“膏粱难整①。”以其为骄奢自足,不能克励②也。吾见王侯外戚,语多不正,亦由内染贱保傅③,外无良师友故

耳。梁世有一侯，尝对元帝饮谑[4]，自陈“痴钝”[5]，乃成“飔段”，元帝答之云：“飔异凉风[6]，段非干木[7]。”谓“郢州”为“永州”[8]，元帝启报简文，简文云：“庚辰吴人[9]，遂成司隶[10]”。如此之类，举口皆然。元帝手教诸子侍读[11]，以此为诫。

注释

①膏粱难整：膏粱，富贵人家。难整，即难正，难以端正的意思。 ②克励：克制私欲，力求上进。 ③保傅：古代辅导天子和诸侯子弟的官员，有太保、太傅等。 ④饮谑：饮宴戏谑。⑤痴钝：愚笨、迟钝。 ⑥飔（sī）异凉风：这个飔（痴）不同于凉风之飔。飔，凉风。 ⑦段非干木：这个段（钝）也不是段干木的段。段干木，魏文侯时人名。 ⑧谓“郢州”为永州：把“郢州”说成“永州”。郢，古州名，治所在今湖北武昌。永州，地名，今湖南永州。 ⑨庚辰吴人：《春秋》中载吴国人在庚辰日进入楚都郢地，故古人以此作为“郢”的歇后语。 ⑩遂成司隶：《后汉书》记有鲍永及其父鲍宣、子鲍昱，先后拜为司隶校尉，故后人举后汉抗直不阿之司隶为“永”的歇后语。 ⑪侍读：陪伴皇室子弟读书的官吏。

译文

古人说：“富贵人家的子弟，很难使他们端正。”是因为他们骄横奢侈自满自大，不能克制私欲、力求进取。我见过那些王侯外戚，他们的语音大多不正确，这是因为他们内受下贱保傅的熏染，外无良师益友的缘故。梁朝有一位侯王，曾和梁元帝一起饮宴说笑，他说自己“痴钝”，却说成“飔段”。元帝回答他说：“痴不同于凉风之飔，钝也不是段干木之段。”他又把“郢州”说成“永州”。梁元帝把此事告知简文帝，简文帝说：“庚辰日吴人进入郢都的“郢”，竟成了后汉司隶鲍永的‘永’。”类似的错误，这位侯王张口就犯。梁元帝亲自教导儿子们的侍读，就常常举这些作为告诫。

原文

河北切“攻”字为“古琮”，与“工、公、功”三字不同，殊为僻[①]也。比世有人名暹[②]，自称为“纤”；名“琨”，自称为“衮”[③]；名“洸”[④]，自称为汪；名"勬"[⑤]，自称为獡[⑥]。非唯音韵舛错[⑦]，亦使其儿孙避讳纷纭[⑧]矣。

注释

①僻：偏僻，不正，引申为错误。 ②暹：音 xiān。③衮：音 gǔn。 ④洸：音 guāng，意思是水波动荡闪光的样子。⑤勬：音 yào。 ⑥獡：音 shuò。 ⑦舛（chuǎn）错：错乱，差错。 ⑧纷纭：纷繁杂乱。

译文

河北地区的人把“攻”字读为“古琮”的反切，和“工、公、功”三个字读音不同，这是错误的。近代有个人名“暹”，他自称为“纤”；有个人名“琨”，自称为“兖”；有个人名“洸”，自称为“汪”；有个人名“勬”，自称为“獡”。这不仅仅是音韵上的错乱，也使儿孙们在避讳先人的名字时，混乱无所依从了。

杂艺第十九

题解

“杂艺”是指读经书阅史籍以外的其他技能。本篇作者主要讨论了包括书法、绘画、射箭、卜筮、算术、医学、琴瑟、博弈、投壶等各种技艺，认为适当学习、兼通几门，可以修身怡情、“得以自资”，但不可专精，以免受累。

原文

真草[①]书迹，微须留意。江南谚云：“尺牍书疏[②]，千里面目[③]也。”承晋、宋余俗，相与事[④]之，故无顿狼狈[⑤]者。吾幼承门业[⑥]，加性爱重，所见法书[⑦]亦多，而玩习功夫颇至，遂不能佳者，良由[⑧]无分故也。然而此艺不须过精。夫巧者劳而智者忧，常为人所役使，更觉为累。韦仲将[⑨]遗戒，深有以[⑩]也。

注释

①真草：指两种书法，即真书和草书。真书又叫楷书。②尺牍书疏：牍，书写用的木简，长一尺一寸，古人以此作书信，故称尺牍。书疏，书函，信札。 ③千里面目：相隔千里也能见到人的面目，指书信往来中书法的重要性，所谓字如其人。④事：学习。 ⑤无顿狼狈：顿，仓促。狼狈，比喻为难窘迫。此句意为没有在仓促间因字写得潦草不像样子而感到困窘。⑥门业：家传的学业。 ⑦法书：指名家的书法范帖。 ⑧良由：实在由于。 ⑨韦仲将：即韦诞三国时魏著名书法家，京兆

杜县（治今陕西西安东南）人，善楷书。《世说新语·巧艺》载，魏明帝时曾让他于建好的宫殿上题字，题完后须发皆白，他以此告诫子孙不要学习书法。 ⑩以：原因，道理。

译文

对于真书、草书的书法，需要稍加用心。江南谚语说："一尺长短的信函，就是你在千里之外给人看到的面目。"那里的人继承了晋、宋以来重视书法的遗风，都留意书法，所以仓促间写出的字没有觉得为难窘迫的。我从小蒙受家庭影响，加上生性喜爱书法，见到名家的书法字帖也多，临帖摹写费的功夫很深，而最终没能写好，实在是因为欠缺天分的缘故。但是，这种技艺也不必学得太精。技艺精巧的人受劳累，有智谋的人多忧虑，经常为别人所驱使，反而觉得是个累赘。韦仲将留下不让儿孙学书法的告诫，是很有道理的。

原文

王逸少①风流才士，萧散名人，举世惟知其书，翻②以能自蔽也。萧子云③每叹曰："吾著《齐书》，勒④成一典，文章弘义，自谓可观；唯以笔迹得名，亦异事也。"王褒地胄清华⑤，才学优敏，后虽入关，亦被礼遇⑥。犹以书工，崎岖碑碣⑦之间，辛苦笔砚之役，尝悔恨曰："假使吾不知书，可不至今日邪？"以此观之，慎勿以书自命。虽然，厮猥⑧之人，以能书拔擢⑨者多矣。故道不同不相为谋也⑩。

注释

①王逸少：即王羲之，琅琊（今山东临沂）人，字逸少，东晋书法家，工于各体，有"书圣"之称。 ②翻：反而，同"反"。 ③萧子云：南朝梁人，善草隶，著有《晋书》。《齐书》

为萧子显著，此恐为颜氏笔误。④勒：编纂。⑤“王褒”句：王褒，字子渊，琅琊（山东临沂）人，北周文学家，书法与萧子云并称。地胄，当时对世家贵族的称呼。清华，高贵华丽。⑥“后虽”句：指梁都城江陵陷落后，王褒被遣长安，授车骑大将军仪同三司。⑦“崎岖”句：崎岖，跋涉、奔波。碑碣，碑和墓志等石刻文字的总称。碑，墓地前的石碑。碣，碣文。⑧厮猥：地位微贱。⑨拔擢（zhuó）：提拔。⑩“道不同”句：想法主张不同，不互相谋划。语出《论语·卫灵公》。

译文

王羲之是个风流不拘的才士，潇洒闲散的名人，全国的人都只知道他的书法，反而因此而掩盖了他的其他才能。萧子云常常感叹说：“我撰写《齐书》，编纂成一部典籍，书中的文辞大义，自以为是值得一看的，却只是以书法精妙得名，也真是怪事啊。”王褒门第高贵，才华横溢，文思敏捷，后来虽然到了北周，也仍然能受到礼遇。但他还是因为工于书法，奔波于碑碣之间，辛辛苦苦的挥毫书写。他后悔说：“假如我不懂书法，大概不会弄得像今天这样吧？”由此看来，千万不要以书法自命不凡。虽是这样，地位低下的人，因为会书法而得到提拔的也很多。所以说主张不同的人是谈不到一块的。

原文

梁氏秘阁散逸①以来，吾见二王②真草多矣，家中尝得十卷，方知陶隐居、阮交州、萧祭酒③诸书，莫不得羲之之体，故是书之渊源④。萧晚节所变⑤，乃是右军⑥年少时法也。

注释

①“秘阁”句：秘阁即内府，古代宫中藏图书之处。散逸，散失。梁武帝、元帝搜集了大量珍贵图书画卷，一部分毁于侯景之乱，一部分为西魏攻破江陵时焚毁，其余书画运到长安。②二王：指王羲之、王献之父子。王献之，字子敬，王羲之第七子，官至中书令。其书英俊洒脱，气势恢弘，与羲之并称“二王”。 ③“方知”句：陶隐居，即陶弘景。阮交州，即阮研，南朝陈留（治今河南开封县东北）人，官至交州刺史。萧祭酒，即萧子云，曾任国子祭酒，时称萧祭酒。三人皆南朝梁时人，均善书法。 ④书之渊源：书法的源头。 ⑤晚节所变：晚年书法风格的改变。 ⑥右军：即王羲之，官至右军将军，故云。

译文

梁朝秘阁珍藏的图书散逸以来，我所看到的二王的楷书、草书墨迹还很多，家里就曾经保存了十卷。由此我才知道陶弘景、阮研、萧子云等人的各种书法，没有不学王羲之的书体的，所以王羲之的书体是书法的渊源。萧子云晚年书法风格出现变化，就是在学习王羲之年轻时的笔法。

原文

晋、宋以来，多能书者。故其时俗，递相染尚[①]，所有部帙，楷正可观，不无俗字，非为大损。至梁天监之间，斯风未变；大同[②]之末，讹替滋生。萧子云改易字体，邵陵王[③]颇行伪字[④]；朝野翕然[⑤]，以为楷式，画虎不成[⑥]，多所伤败。至为一字，唯见数点，或妄斟酌，逐便转移[⑦]。尔后坟籍，略不可看。北朝丧乱之余，书迹鄙陋，加以专辄造字，猥拙[⑧]甚于江南。乃以“百”“念”为“忧”、“音”“反”为“变”、“不”

“用”为“罢”、“追”“来”为“归”、“更”“生”为“苏”、“先”“人”为“老”，如此非一，遍满经传。唯有姚元标[9]工于楷隶，留心小学[10]，后生师之者众。洎[11]于齐末，秘书缮写，贤于往日多矣。

注释

①染尚：濡染崇尚。 ②天监、大同：均为梁武帝年号。天监，502—519 年。大同，535—546 年。 ③邵陵王：即梁武帝之子萧伦，封为邵陵（今河南郾城县）王。 ④伪字：指不规范的字。 ⑤翕（xī）然：看法和观点一致。 ⑥画虎不成：语出《后汉书·马援传》，“效季良（杜季良）不得，陷为天下轻薄子，所谓画虎不成反类狗者也。”比喻仿效失真，弄得不伦不类，贻为笑柄。 ⑦逐便转移：随便改换。 ⑧猥拙：拙劣。 ⑨姚元标：北朝北齐魏郡（今河南安阳北）人，官至左光禄大夫，以工书知名于时。 ⑩小学：文字、音韵、训诂之学。 ⑪洎（jì）：及，到。

译文

晋、宋以来，人们多有擅长书法的，一时形成了注重书法的风气，互相濡染影响，所有的书籍文献都用楷书正体，十分可观。虽然其中不无俗字，也无伤大雅。到梁武帝天监年间，这种风气也没有改变。到大同末年，异体错讹的字就逐渐产生了。萧子云改换字的形体，邵陵王也爱使用不规范的字。朝廷内外蔚然成风，以他们的字作为楷模，结果画虎不成反类犬，造成许多弊端。甚至写“一”字只见几个点，或者胡乱摆布，随意改换笔画。因此，这以后的典籍大都没法看。北朝战乱之后，书写粗率鄙陋，加上擅自造字，比江南更加拙劣。有的竟用“百”、“念”合写为“忧”，“言”、“反”合写为“变”，“不”、“用”合写为

“罢”，“追”、“来”合写为“归”，“更”、“生”合写为“苏”，“先”、“人”合写为“老”，如此等等书中到处可见。只有姚元标擅长楷书和隶书，专心研究小学，晚辈向他学习的很多。到了齐朝末年，掌管典籍文献的官吏所抄写的各类文稿都比过去好多了。

原文

江南闾里间有《画书赋》，乃陶隐居[①]弟子杜道士所为，其人未甚识字，轻为轨则[②]，托名贵师[③]，世俗传信，后生颇为所误也。

注释

①陶隐居：即陶弘景。 ②轨则：即准则。 ③托名贵师：指凭借他老师的名声。

译文

江南地区民间有《画书赋》流传，是陶隐居弟子杜道士所作。这个人认不了多少字，却轻率的为绘画书法制定准则，还假托名师，社会上的人也就轻易传布相信，很多后生晚辈被它所误导。

原文

画绘之工，亦为妙矣；自古名士，多或能之。吾家尝有梁元帝手画蝉雀白团扇及马图，亦难及也。武烈太子[①]偏能写真[②]，坐上宾客，随宜点染[③]，即成数人，以问童孺，皆知姓名矣。萧贲、刘孝先、刘灵，并文学已外，复佳此法。玩阅古今，特可宝爱。若官未通显，每被公私使令，亦为猥役[④]。吴县顾士端出身湘东王国侍郎，后为镇南府刑狱参军，有子曰庭，西朝[⑤]中书舍人，父子并有琴书之艺，尤妙丹青，常被元帝所使，每怀羞恨。彭城刘岳，橐之子也，仕为骠骑府管记[⑥]、平氏县令，才学快士[⑦]，而画绝伦。后随武陵王入蜀，下牢之败[⑧]，遂为陆护军[⑨]画支江[⑩]寺壁，与诸工巧[⑪]杂处。向使[⑫]三贤都不晓画，直运素业[⑬]，岂见此耻乎？

注释

①武烈太子：即梁元帝长子萧方等，年二十二而殁，元帝即位后谥为武烈太子。 ②偏能写真：尤其擅长画人的相貌。 ③随宜点染：随便挥笔作画。 ④猥役：杂役，卑贱的差役。 ⑤西朝：指梁朝。梁元帝建都于江陵，而江陵在建康之西，故称。 ⑥管记：指记室，掌章表书记文檄。 ⑦快士：豪侠之士。 ⑧下牢之败：指梁元帝时武陵王萧纪的叛军在下牢被陆法和击败。下牢，在今湖北宜昌市西北。 ⑨陆护军：即陆法和，梁元帝时为都督郢州刺史，封江乘县公，加司徒。文宣帝时为大都督。 ⑩支江：古县名，故城在今湖北枝江县东。 ⑪工巧：工匠。 ⑫向使：假使，假如。 ⑬直运素业：直，仅仅。运，从事。素业，指儒学之业。

译文

绘画技艺的工巧，也是十分精妙的。自古以来的名士，很多具有这种才能。我家曾经有梁元帝亲手画的蝉雀白团扇和马图，也是一般人难以赶上的。梁武烈太子特别擅长画人物肖像，对座上的宾客随意挥笔点染，就可画成几个人像，拿去问小孩，小孩都能知道这几个人像画的是谁。萧贲、刘孝先、刘灵，除了精通文学以外，还擅长绘画。观摩玩赏古今名画，确实特别值得珍爱。但如果官职还未显赫，就会因擅长绘画常被公家或私人使唤，也算是一种卑贱的差役。吴县顾士端先任湘东王国侍郎，后任镇南府刑狱参军，有个儿子叫顾庭，梁元帝建都江陵时为中书舍人，父子俩都擅长弹琴写字，尤其精于绘画，常被梁元帝所役使，时常对此感到羞愧和怨恨。彭城的刘岳，是刘橐的儿子，担任骠骑府管记、平氏县县令，富有才能、为人豪爽，而绘画技艺无与伦比。后来跟随武陵王萧纪入蜀，在下牢关失败，就为陆护军画支江寺的壁画，和各类工匠混杂在一起。当初如果这三位贤士都不通晓绘画，只是致力于儒业，难道会蒙受这种耻辱吗？

原文

弧矢之利，以威天下①，先王所以观德②择贤，亦济身之急务也。江南谓世之常射，以为兵射，冠冕③儒生，多不习此；别④有博射⑤，弱弓⑥长箭，施于准的⑦，揖让升降⑧，以行礼焉。防御寇难，了无所益。乱离之后，此术遂亡。河北文士，率晓兵射，非直葛洪一箭，已解追兵⑨，三九⑩宴集，常縻⑪荣赐。虽然，要⑫轻禽，截狡兽，不愿汝辈为之。

注释

①“弧矢”二句：弧矢，弓箭。威，震慑。语出《周易·系辞下》：“弦木为弧，剡木为矢，弧矢之利，以威天下。” ②观德择贤：语出《礼记·射义》，“射者，何也？射以观德也。孔子曰：射者何以射？何以听？循声而发，发而不失正鹄者，其唯贤者乎！”意在通过射箭比武来考察射者的德行。 ③冠冕：指仕宦之人。 ④别：另外。 ⑤博射：古代的一种类似于游戏的射箭方式。 ⑥弱弓：软弓，射力较差。 ⑦准的（dì）：指箭靶。⑧揖让升降：即拱手、相让、前进、后退，博射时的四种礼节。⑨“葛洪一箭”二句：语出葛洪《抱朴子·自叙》：“昔在军旅，曾手射追骑，应弦而倒，杀二贼一马，遂得免焉。” ⑩三九：三公九卿。 ⑪縻（mí）：束缚。这里是得到的意思。 ⑫要：同“邀”，拦截击杀。

译文

弓箭的锋利，可以威服天下。前代帝王要用射箭来观察人的德行，选择贤才，同时也是保全自身的紧要事情。江南称世上一般的射箭叫做兵射，仕宦人家的读书人大多不喜欢练习它。另有一种博射，用软弓长箭射在箭靶上，讲究揖让进退，以此表达礼节，而对于防御敌人侵犯的祸难，完全没有用处。战乱流离之后这种射法也就亡失了。河北的读书人大都懂得兵射，不但能像葛洪一样，一箭便抵御了敌人的追兵，而且在三公九卿出席的宴会上，常常可以靠它取得荣耀的赏赐。虽然如此，但是截击飞鸟，拦截狡猾凶猛的野兽，我还是不愿你们去做的。

原文

卜筮[1]者，圣人之业也；但近世无复佳师，多不能中。古者，卜以决疑[2]，今人生疑于卜。何者？守道信谋[3]，欲行一事，卜得恶卦，反令忧忧[4]，此之谓乎？且十中六七，以为上手[5]，粗知大意，又不委曲[6]。凡射奇偶[7]，自然半收[8]，何足赖[9]也。世传云："解阴阳者，为鬼所嫉，坎壈[10]贫穷，多不称泰[11]。"吾观近古以来，尤精妙者，唯京房、管辂、郭璞[12]耳，皆无官位，多或罹灾，此言令人益信。傥值世网[13]严密，强负此名，便有诖误[14]，亦祸源也。及星文风气[15]，率不劳为之。吾尝学《六壬式》，亦值世间好匠[16]，聚得《龙首》、《金匮》、《玉軨变》、《玉历》十许种书，讨求无验，寻亦悔罢。凡阴阳之术，与天地俱生，其吉凶德刑[17]，不可不信；但去圣既远，世传术书，皆出流俗，言辞鄙浅，验少妄多。至如反支[18]不行，竟以遇害；归忌[19]寄宿[20]，不免凶终[21]：拘而多忌，亦无益也。

注释

①卜筮：占卜。用龟甲称卜，用蓍草称筮，合称卜筮。②卜以决疑：用卜筮的方法来解决疑难的事情。 ③守道信谋：信守道义规则，相信自己的谋划安排。 ④恜恜（chì）：忧惧不安。 ⑤上手：高手，水平较高的卜者。 ⑥委屈：详尽，详细。 ⑦奇（jī）偶：单数双数。 ⑧半收：占一半。 ⑨赖：依靠，凭借。 ⑩坎壈（kǎnlǎn）：困顿失志。 ⑪称泰：显达平安。 ⑫京房、管辂、郭璞：京房，西汉人，善占卜，精《周易》，元帝时，立为博士，后因与中书令石显争权而被捕下狱，死于狱中。管辂，三国时魏国人，精于《易》及占卜术，四十八岁而卒。郭璞，东晋人，妙于阴阳算历，后因劝阻王敦谋反被杀。 ⑬世网：比喻社会道德法律等对人的约束。 ⑭诖（guà）误：牵累，贻误。 ⑮星文风气：古人认为通过观星象、天文和气候可以预测吉凶。 ⑯好匠：高手。 ⑰德刑：恩泽与刑罚。⑱反支：古占星术以阴阳五行配合岁月日时，以此判断时日吉凶，反支日为凶日。 ⑲归忌：即忌归，回家不宜的日子。⑳寄宿：借住在外。 ㉑凶终：不得善终。

译文

卜筮，是圣人从事的职业，但近代再也没有好的卜师，所以卜筮结果多不能应验。古人用占卜来解决疑惑，现在的人却因占卜而产生疑惑，这是什么原因呢？一个人恪守道义，相信既定的谋划，打算去干一件事就去占卜，却卜得一个恶卦，反而让自己忧惧不安，说的就是这种情况吧！况且占卜十次有六七次应验，就被看成占卜高手，其实他们只是猜出大意，又不能详细说清个中原因。凡是猜测单双数，自然可以猜对一半，哪里值得作为依据！社会上流传说："懂得阴阳的人，为鬼所妒忌，一生坎坷贫穷，多不通达。”我看汉魏以来，对占卜术特别精妙的，只有京房、管辂和郭璞，他们都没有得到官职，大多遭受灾祸，这话就更加令人相信了。倘若遇上法网严密的年代，勉强背上个善于占卜的名声，就有可能受到牵累，也是招祸的根源。还有关于星相、天文、风水、望气等，一律不要去为它劳神。我曾学过《六壬式》之类的占卜书，也遇到世间占卜高手，搜集到《龙首》、《金匮》、《玉軨变》、《玉历》等十多种有关占卜的书，探求研究并没有效果，随即后悔而停止了。所有阴阳占卜之术，和天地一起产生，它所昭示的吉凶祸福，不能不信；但现在离开圣人的时代已经很远，世传的术数书籍，都出自平庸人之手，语句鄙陋浅薄，有效验的少而荒谬不可信的多。至于有人在反支日不敢出行，反而为贼所杀；有人在归忌日寄居在外，仍不免被害。可见拘泥于许多忌讳，也是没有好处的。

原文

算术亦是六艺[①]要事，自古儒士论天道，定律历者，皆学通之。然可以兼明[②]，不可以专业[③]。江南此学殊少，唯范阳[④]祖暅[⑤]精之，位至南康[⑥]大守。河北多晓此术。

注释

①六艺：古代教育学生的六种科目。即《周礼·地官·大司徒》中所指的礼、乐、射、御、书、数。 ②兼明：指在主业之外附带通晓算术。 ③专业：专门以算术为业。 ④范阳：郡名，治所在涿县（今属河北）。 ⑤祖暅（xuǎn）：即祖暅之，南齐人，祖冲之的儿子，精天文历算，曾制大明历。 ⑥南康：古郡名，治所在今江西省赣州市西。

译文

算术也是六艺中很重要的一项。自古以来，学者们谈论天道，制定乐律和历法，都要精通算术，但只需在主业之外附带通晓，不可以把它作为专业。江南通晓算术的人很少，只有范阳的祖暅精通它，他官至南康太守。河北地区的人大都通晓算术。

原文

医方[①]之事，取妙极难，不劝汝曹以自命[②]也。微解药性，小小和合[③]，居家得以救急，亦为胜事，皇甫谧、殷仲堪[③]则其人也。

注释

①医方：行医施药。 ②以自命：以达到医术高明自许。③小小和合：小小，稍微。和合，调和，指配制药物。 ③皇甫谧、殷仲堪：皇甫谧，魏晋人，撰有医书《针灸甲乙经》，编撰《历代帝王世纪》、《高士传》、《逸士传》、《列女传》等。殷仲堪，东晋人，撰有医书《殷荆州药方》。孝武帝时镇守江陵，后兵败自杀。

译文

行医施药的事，要想达到精妙的地步是极为困难的，我不想劝你们以此作为追求目标。稍微了解一点药性，能配一点药，家中能救急也就算是好事了。皇甫谧、殷仲堪，就是这样的人。

原文

《礼》曰："君子无故不彻琴瑟。[①]"古来名士，多所爱好。洎于梁初，衣冠子孙，不知琴者，号[②]有所阙。大同以末，斯风顿尽。然而此乐愔愔[③]雅致，有深味哉！今世曲解[④]，虽变

于古，犹足以畅神情也。唯不可令有称誉[⑤]，见役勋贵，处之下坐，以取残杯冷炙[⑥]之辱。戴安道[⑦]犹遭之，况尔曹乎！

注释

①“君子”句：语出《礼记·曲礼下》，此句意为品德高尚的人，是不会随意丢弃琴瑟的。“彻”同“撤”，放弃。 ②号：被称作。 ③愔愔（yīn）：安静和悦的样子。 ④曲解：泛指乐曲。解，古乐府一节称一解。 ⑤称誉：此指以音乐而闻名于时。 ⑥残杯冷炙：吃剩的酒肉。炙，烤肉。 ⑦戴安道：即戴逵，晋朝人。博学能文，善鼓琴。《晋书·隐逸传》载，戴拒绝武陵王司马晞召他鼓琴娱客，当众摔琴，说：“不为王门伶人。”

译文

《礼记·曲礼》上说：“君子无故不把琴瑟撤去。”自古以来的名士大都爱好它。到梁朝初年，如果贵族子孙不懂得弹琴鼓瑟，就被称为一种缺憾。大同末年以后，这种风气就完全消失殆尽了。但是这种音乐和悦安舒，非常雅致，意味无穷。现在的乐曲虽然是从古代变化而来，但仍足以愉悦心情。只是不要以擅长音乐而出名，以至被达官显贵所役使，让你身居下座，遭受吃残羹冷炙的屈辱。戴安道尚且受到这样的待遇，何况你们呢！

原文

《家语》曰：“君子不博，为其兼行恶道故也。”[①]《论语》云：“不有博弈者乎？为之，犹贤乎已。”[②]然则圣人不用博弈为教；但以学者不可常精，有时疲倦，则傥为之，犹胜饱食昏睡，兀然[③]端坐耳。至如吴太子[④]以为无益，命韦昭[⑤]论之；王肃、葛洪、陶侃[⑥]之徒，不许目观手执，此并勤笃之志也。能尔为佳。古为大博则六箸[⑦]，小博则二茕[⑧]，今无晓者。比世所行，一茕十二棋，数术浅短，不足可玩。围棋有手谈、坐隐[⑨]之目，颇为雅戏；但令人耽愦[⑩]，废丧实多，不可常也。

注释

①“君子”句：博，博戏，古代的一种游戏，六箸十二棋。恶道，歪门邪道。此句意为：君子不玩博弈之戏，因其会使人走入邪道。 ②“不有”句：语出《论语·阳货》。意为：不是有博弈下棋的游戏吗？玩玩这些也比什么都不做要好。 ③兀然：浑然没有知觉的样子。 ④吴太子：即孙和，三国东吴人，礼贤下士，时人多赞之。曾被封南阳王，孙权死后，为孙峻赐死。其子孙皓即位后追谥为文皇帝。 ⑤韦昭：三国吴云阳（今陕西淳化）人，主修国史，触怒吴主，为孙皓所杀。 ⑥王肃、葛洪、陶侃：王肃，三国时魏人，曾遍著五经。葛洪，晋人，其《抱朴子·外篇自叙》中谈及博弈之害处。陶侃，东晋庐江浔阳（今江西九江）人，为荆州刺史时，曾劝诫佐吏不要玩博弈戏具。 ⑦箸：博戏时所用的竹筷。 ⑧茕（qióng）：博戏时用的工具，即骰子。 ⑨手谈、坐隐：均为古时下围棋的别称。 ⑩耽愦（dānkuì）：指使人沉溺，心神不得安宁。耽，沉溺。愦，心乱，昏乱。

译文

《孔子家语》说：“君子不玩博戏，是因为博戏也会使人走上邪道。”《论语》说：“不是有玩博戏下围棋的游戏吗？玩玩这些总比闲着好。”尽管如此，圣人不会把博戏、围棋作为教育内容。只是因为读书人不可能总是专心于学，有时疲倦，偶尔玩玩，比饱食昏睡或呆呆地坐着要好。至于像吴太子认为博弈没有好处，叫韦昭写文章论述它的害处；王肃、葛洪、陶侃不许眼观棋盘、手执棋子，这些都是勤奋专一、意志坚定的表现。能够这样当然好。古时候玩大博用六根竹筷，小博用两个骰子，现在已经没有通晓的了。近代通行的游戏，是用一个骰子和十二个棋子，技巧浅短，不值得一玩。围棋有“手谈”和“坐隐”的别称，是一种颇为高雅的游戏，但使人沉溺其中而昏乱，旷废丢掉的正事实在太多，不可经常下。

原文

投壶[①]之礼，近世愈精。古者实[②]以小豆，为其矢之跃也。今则唯欲其骁[③]，益多益喜，乃有倚竿、带剑、狼壶、豹尾、龙首之名。其尤妙者，有莲花骁。汝南周瓒[④]，弘正之子，会稽贺徽[⑤]，贺革之子，并能一箭四十余骁。贺又尝为小障，置壶其外，隔障投之，无所失也。至邺以来，亦见广宁、兰陵[⑥]诸王，有此校具[⑦]，举国遂无投得一骁者。弹棋[⑧]亦近世雅戏，消愁释愦[⑨]，时可为之。

注释

①投壶：我国古代宴饮的礼制。宾主将箭投入特制的壶内，以投中多少决胜负，负者要饮酒。 ②实：装满。 ③骁（xiāo）：勇猛矫健的意思。此指投壶之竹箭投入后又跳跃而出，但不落地。 ④周瓒：南朝陈人，官至吏部郎。 ⑤贺徽：南朝梁山阴（治今浙江绍兴市）人。 ⑥广宁、兰陵：广宁王为北齐文襄王第二子高孝珩，兰陵王为第四子高长恭。 ⑦校（jiào）具：投壶旁边设置的屏障。 ⑧弹棋：古代博类游戏，后失传。 ⑨释愦（kuì）：消除烦乱的心绪。

译文

投壶之礼，到近代更加精妙。古时候，在壶里装上小豆，这是怕箭弹出壶外。现在则只希望箭投进去又弹出来，弹出的次数越多就越让人高兴。于是就根据箭投入壶中的位置及弹出的多少，设立了倚竿、带剑、狼壶、豹尾、龙首等名目。其中最妙的，要数莲花骁。汝南周弘正的儿子周瓒，会稽贺革的儿子贺徽，都能用一枝箭反弹出来四十余次。贺徽又曾在壶前做一小屏障，隔着屏障投箭，没有投不中的。我到邺城以后，也看见广宁王、兰陵王等有这种小屏障，但全国没有一个人能把箭投进去反弹出来的。弹棋也是近代的一种雅戏，可以消除忧愁和烦乱，不时可以玩玩。

终制第二十

题解

终制即送终的礼制。该篇是作者的遗嘱。全篇回顾了作者一生中所遭遇的祸患，叙述了未能将父母灵柩葬回故乡的遗憾及自己没有辞官归隐的原因，对如何安排自己的后事作了详细交代。

原文

死者，人之常分[①]，不可免也。吾年十九，值[②]梁家丧乱[③]，其间与白刃[④]为伍者，亦常数辈[⑤]；幸承余福[⑥]，得至于今。古人云："五十不为夭[⑦]。"吾已六十余，故心坦然，不以残年[⑧]为念。先有风气[⑨]之疾，常疑奄然[⑩]，聊书素怀[⑪]，以为汝诫。

注释

①常分：定分，常理。 ②值：遇到，碰上。 ③梁家丧乱：指梁武帝末年侯景之乱。梁家，即梁朝。 ④白刃：锋利的刀，指非常危险的境地。 ⑤辈：次。 ⑥余福：即祖上的余荫和福佑。 ⑦夭：夭折，指短命。 ⑧残年：人将尽的岁月，指人的晚年。 ⑨风气：病名，类似于风湿。 ⑩奄然：奄忽，急遽的样子，指突然死亡。 ⑪素怀：平素的想法。

译文

死亡是每个人的必然归宿，不可避免。我十九岁时，赶上梁朝发生战乱，这中间奔走于刀光剑影之中就有许多次。幸承祖上的余荫福佑，才得以存活到今天。古人说："活到五十岁就不算短命。"

现在我已经六十多岁了，所以面对死亡内心十分坦然，并不以风烛残年为顾虑。我早些年即得了风气病，时常怀疑自己会突然死去，姑且在此写出我平素的一些想法，以作为对你们的告诫。

原文

先君先夫人皆未还建邺旧山[①]，旅葬[②]江陵东郭。承圣[③]末，已启求扬都[④]，欲营迁厝[⑤]。蒙诏赐银百两，已于扬州小郊北地烧砖，便值本朝[⑥]沦没，流离如此，数十年间，绝于还望。今虽混一[⑦]，家道罄穷[⑧]，何由办此奉营资费？且扬都污毁，无复孑遗[⑨]，还被[⑩]下湿[⑪]，未为得计[⑫]。自咎自责，贯心刻髓。计吾兄弟，不当仕进。但以门衰，骨肉单弱，五服之内，傍[⑬]无一人，播越[⑭]他乡，无复资荫[⑮]；使汝等沉沦厮役，以为先世之耻；故靦冒[⑯]人间，不敢坠失[⑰]。兼以北方政教严切，全无隐退者故也。

注释

①“先君先夫人”句：先君先夫人，对已故父母的称呼。还，归葬。旧山，此指故乡，即建业（今江苏南京市）。 ②旅葬：指葬在外地而不曾归葬故乡。 ③承圣：南朝梁元帝萧绎的年号，在552—555年。 ④启求扬都：启求，提出请求。扬都，南北朝时称建康为扬都，这里指代朝廷。 ⑤迁厝（cuò）：即迁葬。厝，浅葬以待改葬，停柩待葬。 ⑥本朝：此指梁朝。 ⑦混一：指隋灭陈统一中国。 ⑧罄穷：精光，荡然无存。 ⑨孑（jié）遗：残存，遗留。 ⑩被：遭受。 ⑪下湿：指地势低洼而且潮湿的地区。 ⑫得计：合乎心意。 ⑬傍（bàng）：依附，依托。 ⑭播越：流亡，流离失所。 ⑮资荫：凭先代的功勋或官爵而授官封爵。 ⑯靦（tiǎn）冒：羞惭冒昧。 ⑰坠

失：废弛，此指辞官退隐。

译文

我去世的父母亲都没有运回建业归葬，他们的灵柩仍葬在江陵的东郊。承圣末年，我已经向朝廷提出请求，想把父母的灵柩迁回故乡安葬。承蒙朝廷下诏赏赐一百两银子，我已在扬州郊区北面烧制墓砖，不料赶上梁朝的覆灭，我辗转流离来到这里，几十年间，已断绝了归还故土的希望。现在天下虽然统一了，我们的家境却一贫如洗，到哪里去筹措迁葬的费用呢？况且扬州已被毁弃，什么都没有留下，将父母的灵柩运回葬在低洼潮湿的地方，也不是办法。我内心自罪自责，愧疚之情刻骨铭心。想来我们几兄弟，都不应当走仕途，只因为家族衰微，骨肉至亲孤单弱小，五服之内的亲属，没有一个人可以依托，又流离他乡，失去了门第祖荫的庇护；如果让你们沦落到仆役的地位，就会成为祖先的耻辱。所以我只能惭愧冒昧留在人世间，不敢随意地辞官隐退。加上北朝政纪十分严厉，根本不允许官员隐退，这也是我仍居官位的原因。

原文

今年老疾侵，傥然[①]奄忽，岂求备礼[②]乎？一日放臂[③]，沐浴而已，不劳复魄[④]，殓[⑤]以常衣。先夫人弃背[⑥]之时，属[⑦]世荒馑，家涂空迫[⑧]，兄弟幼弱，棺器率薄，藏[⑨]内无砖。吾当松棺二寸，衣帽已外，一不得自随[⑩]，床上唯施七星板[⑪]；至如蜡弩牙、玉豚、锡人[⑫]之属，并须停省，粮罂明器[⑬]，故不得营，碑志旒旐[⑭]，弥在言外。载以鳖甲车[⑮]，衬土而下，平地无坟[⑯]。若惧拜扫不知兆域[⑰]，当筑一堵低墙于左右前后，随为私记[⑱]耳。灵筵[⑲]勿设枕几，朔望祥禫[⑳]，唯下白粥清水干枣，不得有酒肉饼果之祭。亲友来餟酹[21]者，一皆拒之。汝曹若违吾心，有加先妣，则陷父不孝，在汝安乎？其内典功德[22]，随力所至，勿刳竭生资[23]，使冻馁也。四时祭祀，周、孔所教，欲人勿死其亲[24]，不忘孝道也。求诸内典，则无益焉。杀生为之，翻增罪累。若报罔极之德[25]，霜露之悲[26]，有时斋供[27]，及七月半盂兰盆[28]，望于汝也。

注释

①傥然：倘若，假如。 ②备礼：礼仪周备。 ③放臂：撒手离开人世，此指死亡。 ④复魄：古代丧礼，悬挂死者衣物于屋中，以召其魂魄归来。 ⑤殓：给死者穿衣下棺。 ⑥弃背：死的婉称，指离开人间。 ⑦属（zhǔ）：适值。 ⑧家涂空迫：即家境困窘。“涂”亦作“途”。 ⑨藏：寿藏，即坟墓。 ⑩随：指随葬品。 ⑪“床上”句：床，即棺材底部。施，安放。七星板，古代棺木中所用的垫尸木板，上面凿有七个孔，故名七星板。 ⑫蜡弩牙、玉豚、锡人：均为古人常用的随葬物品，即蜡做的弓弩、玉制的猪和锡制的人形。 ⑬粮罂明器：粮罂，口小腹大的盛酒器。明器，即“冥器”，专为随葬而制作的器物，一般用陶或木、石制成。 ⑭旒旐（liúzhào）：旧时出丧时为棺柩引路的旗，俗称魂幡。以黑布为之，广二尺二寸，长八尺。 ⑮鳖甲车：即灵车，因车盖像鳖甲而称。 ⑯平地无坟：古代埋葬死者，筑土隆起的称坟，穴地而葬的称墓。平地无坟，即指穴地而葬，不留下坟堆。 ⑰兆域：墓地四周的疆界，即墓地。 ⑱私记：自家的标记。 ⑲灵筵：供奉死者的几筵，又称灵床。 ⑳朔望祥禫（dàn）：朔望，朔日与望日，指农历的每月初一和十五日。祥禫，丧祭名。祥分为大祥和小祥，大祥指父母丧二周年的祭礼，小祥则为父母死后周年的祭名。禫，指除去丧

服的祭祀。㉑餟酹（chuòlèi）：祭奠死者。餟，同“醊”，祭奠。酹，指洒酒于地祭奠死者。㉒内典功德：指举办念佛、诵经、布施等佛教仪式。㉓刳（kū）竭生资：刳竭，挖空，此处意为耗尽。生资，赖以生活的钱物。㉔勿死其亲：即莫忘死去的亲人。㉕罔极之德：指父母的恩德。罔极，无穷。㉖霜露之悲：指因感时思念去世的双亲而引起的悲伤。㉗斋供：祭祀神佛、死者时上供的食品。㉘盂兰盆：梵语，意译为“救倒悬”。《盂兰盆经》说，目连以其母死后极苦，如处倒悬，求佛救度，佛令他在僧众夏季安居终了之日（即夏历七月十五日），备百味五果，供养十方僧众，可使母解脱。南朝梁武帝依此创设盂兰盆会，其后，便成为民间超度先人的仪式。

译文

我现在年已老迈疾病缠身，倘若突然死去，怎能要求你们为我准备周备的丧礼呢？哪一天我死了，只要为我沐浴遗体就可以了，不劳神你们行复魄之礼，只需穿着普通的衣服。你们祖母去世的时候，正碰上闹饥荒，家境穷困窘迫，我们几兄弟又都年幼单弱，你们祖母的棺木及明器都很简朴单薄，墓内没有一块砖。我也只应该用二寸厚的松木棺材，除了衣服帽子外，其他东西一概不得随葬。棺材底部只要垫上一块七星板，至于像蜡弩弓、玉豚、锡人一类的东西，都应该裁撤不用，粮罂明器，根本不要置办，而墓志铭、魂幡等，就更不用了。只需用鳖甲车运载灵柩，棺材底下只要用土衬垫就可下葬，墓上是平地而不要留下坟头。如果你们担心祭拜扫墓时找不到墓地的域址，只要在墓地周围修筑一堵低墙，做一个自己知道的标志就行了。灵床上不要设置枕席几案，逢有朔日望日祥禫等祭祀日，只需用白粥清水干枣等物，不许用酒肉饼果作祭品。亲戚朋友们来祭奠的，应一概拒绝。你们如果违背我的心意，把我的丧礼规格办得超过你们的祖母，就是把我陷于不孝的境地，你们又能心安吗？至于念佛诵经做道场之事，你们量力而行，不可过分浪费资财，使你们遭受冻馁之苦。一年四季对已逝先辈进行祭祀，这是周公、孔子所倡导的，是希望人们不忘记那些死去的亲人，不忘记孝道。如果到内经中去寻找根据，就没有什么好处了。用杀生来进行祭祀活动，反而会增加罪过。如果你们要报答父母的恩德，抒发思念亲人的伤悲，除了有时候供奉斋品外，到每年七月十五的盂兰盆会，我也希望能得到你们的斋供。

原文

孔子之葬亲也，云："古者墓而不坟。丘东西南北之人也，不可以弗识也。①"于是封②之崇③四尺。然则君子应世行道④，亦有不守坟墓之时，况为事际⑤所逼也！吾今羁旅⑥，身若浮云，竟未知何乡是吾葬地；唯当气绝便埋之耳。汝曹宜以传业扬名为务，不可顾恋朽壤⑦，以取堙没⑧也。

注释

①"丘"句：出自《礼记·檀弓上》。东西南北之人，指到处漂泊、居无定所的人。识（zhì）：作标志、记号。 ②封：堆土为坟。 ③崇：高。 ④应世行道：应世，处理世间事务。行道，按道的要求去行事。 ⑤事际：即情势。 ⑥羁旅：寄居他乡。 ⑦朽壤：腐败的土壤，此指先人的坟墓。 ⑧堙（yān）没：埋没。

译文

孔子安葬他的父母亲时说："古时候，人们安葬先人只筑墓不垒坟。我孔丘是东西南北漂泊不定的人，墓上不能不做个标记。"于是他给父母垒了一个四尺高的坟头。然而，君子处理世

事，实践自己的主张，也有不能守着祖上坟墓的时候，何况被情势所逼迫呢！我现在客居他乡，像浮云一样漂泊不定，全然不知道哪里是我的葬身之地，只能在断气后便就地埋葬。你们都应以传承家业、播扬名声为自己的理想，切不可因眷恋我葬身的墓地，以至于埋没了自己的大好前程。